上

QING SHENG
SHUO KEPU

"青"
声说科普

苏 青 著

时代出版传媒股份有限公司
安徽科学技术出版社

图书在版编目(CIP)数据

"青"声说科普 / 苏青著. -- 合肥:安徽科学技术出版
社,2025.3(2025.6重印). -- ISBN 978-7-5337-9066-0

Ⅰ. N4-53

中国国家版本馆 CIP 数据核字第 2024P1W977 号

"青"声说科普 苏 青 著

出 版 人:王筱文　　　　　选题策划:陈芳芳　　　责任编辑:陈芳芳
责任校对:张晓辉　王一帆　　责任印制:廖小青　　装帧设计:王　艳
出版发行:安徽科学技术出版社　　　　http://www.ahstp.net
　　　　(合肥市政务文化新区翡翠路 1118 号出版传媒广场,邮编:230071)
　　　　电话:(0551)63533330
印　　制:合肥锦华印务有限公司　　　电话:(0551)65539314
(如发现印装质量问题,影响阅读,请与印刷厂商联系调换)

开本:720×1010　1/16　　　印张:26.25　　　字数:400 千
版次:2025 年 3 月第 1 版　　2025 年 6 月第 2 次印刷

ISBN 978-7-5337-9066-0　　　　　　　　定价:58.00 元(全 2 册)

序

梁进

学海无涯,书洋浩瀚。我们徜徉其中,面对这一片茫茫漫漫,常常会有彷徨、无助之感。收到好友苏青老师寄来的《"青"声说科普》样稿,不由得眼睛一亮,一扫心中阴郁。

这是科普作家苏青教授的第五部科学人文随笔集,收录了他有关科技人物、科技知识、科学人文、科学场馆等方面的74篇科普图书评论文章。如果说大海中的每一朵浪花都有其不一样的精彩,那么,能撷取其中的独特、精华之处的人,必定有与众不同的博爱心和洞察力。如果读者在科普这片海域中既想自由畅泳,又想大有收获的话,《"青"声说科普》无疑就是导航册!

从另一角度来说,科普可比喻为我国这些年科技巨大成就百花园中的一朵奇葩,年轻又艳丽。身为这片海域的弄潮儿,苏青深谙其发展过程中一言难尽的艰辛,因此,《"青"声说科普》又可视为苏青在科普这片海域里劈风斩浪的探险体会和珍贵心得,同时也可视为我国科普波澜壮阔发展历史的亲历见证和鲜活记载。

全书分为"人物·典范""创新·探索""自然·博物"和"人文·情怀"四部分,有人物,有知识,有故事,有情操,涵盖科普的方方面面。这些文章或是作者为优秀科普书籍写的评论,或是为朋友所著科普图书写的序,或是为读者科普阅读写的推荐文,读后不得不感叹全书所涉及科技研究的高精尖,所涵盖科技内容的宽深广,所探讨科学问题的睿智明。

全书第一部分是关于科技风云人物的书评。作者与其中许多名享天下的科学家交情匪浅,他用简短的文字将这些叱咤风云又神秘莫测的科技人物呈现给读者,给读者描绘了一群既平易近人又卓尔不凡且真实鲜活的科学家,读者从中可以真切地感受这些科学家的精神风范和人格魅力。

第二部分的书评直接将读者带到科技前沿。对普通大众而言,尽管每天都享受着高科技给生活带来的舒适和便利,但前沿科技却像一座座横亘在面前的崇山峻岭,令人望而生畏。苏青长期从事科普出版和科学教育工作,深知提升公民科学素质的意义所在,他用通俗易懂、平和简单的语言,体贴入微地为读者扫除了心理障碍,巧妙地激起了读者的阅读兴趣,不露声色地把读者带到了高精尖的科技前沿。读到这部分的时候,我相信,读者一定会有继续探索的冲动和勇气。

书中第三部分和第四部分与百姓生活密切相关,诠释了科技与人们日常生活之间的关系,充满了人间烟火气,彰显了作者的人文情怀。是的,科学技术并非是冰凉、生硬的,科学普及更不是呆板、寡味的,它们都和有热温、有生命的人休戚相关。因此,科学普及不仅有科学的严谨冷峻、理性内敛,更有人文的温情脉脉、激情澎湃。我以为,这两部分的文章最能反映作者的个性和特点。苏青为我的散文集《如河的行板》所写的序《撷朵浪花做书签》,就被收入这部分中,让我倍感荣幸。

全书让我读来最为感动的是第四部分的最后一篇文章《叩谢高堂享欢颜》。这篇文章与其说是苏青为他的父亲自传体著作《筑梦人生——一个地质勘探工作者的心路历程》写的后记，不如说是苏青对自己父母、兄妹和家庭爱的回忆和表达，字里行间流淌的尽是令人动容、感人至深的温情和赤诚。作为苏青的同龄人，我非常熟悉作者生长的时代环境，能体会到有知识的父母施行的家庭教育对子女成长所起的重要作用。生活的清贫，父母的善良，家庭的温暖，成长的烦恼，书香的熏陶，读书的乐趣……让人感同身受，读来欣喜不已，感动不已。

我和苏青的结缘颇具传奇色彩。我本是一个不太善交际的人，作为一名数学教授，更喜欢默默研究，静静写作。然而，我的兴趣又比较广泛，喜欢读书，喜欢旅游，喜欢作诗，喜欢猜谜……互联网的发展给了我们更多的社交空间，提供了跨越空间结交朋友的机会。在这个虚拟世界里，有的人穿了"马甲"，有的人戴了"面具"，但仍然有人坦诚相见，没有任何包装，苏青就是这样一个和我直接用心交流的朋友。

十几年前，我开始在科学网上发博文，不久便注意到了一位名叫苏青的博主，他经常发一些很耐读、很有趣的博文，还时不时点评一下我的博文，经常给出善意的批评和建设性的意见。一来二去，尽管我们未曾谋过面，但彼此之间却颇有些惺惺相惜的真诚。此时，我对这位博主的背景还一无所知，仅仅是以文会友，可谓君子之交淡如水。

我和苏青都关注并热衷于科普写作，但关注和写作的角度有所不同，我更多的是从自我出发，以自己的兴趣和专业向读者袒露自己对科学，特别是对数学的感受和理解。苏青则站得更高，关心的远不止科普的细枝末节，有一种宏观的视野和博大的胸怀。与此同时，我和苏青有对诗歌、猜谜等传统文化的共同爱好，这也是当我读到这部书稿,看到每篇文章里都至少有一首隽永的小诗、小词时,会莞尔一笑的原因所在。这就是苏青,这就是苏青独有的科普创作文风。

那些年,每逢节庆日子,我都会把科学网的博主名字编成灯谜,放在自己的博客上让博友们猜。这个活动广受欢迎,一时间,科学网博客热闹非凡,其乐融融,让人好不开心。苏青是积极参与猜谜的主力军之一,并展示了强悍的战斗力,他的知识面之广和文学素养之高,令我印象深刻。苏青的名字很文气,也很好制谜,记得当年我给他的姓名编的谜面是"东坡之春"。我对这则灯谜还是比较满意的,比较雅致,也有一定的寓意,但是猜中的难度却不很大,很快就被科学网上另外一位才华横溢的博友"武夷山老师"破解。不过,今天我又给苏青想到一个更好的谜面——直接引用王安石《泊船瓜洲》中的一句著名诗句"春风又绿江南岸",对应"苏青"这个谜底是非常贴切的。此处的"苏"蕴含双意,既有苏醒之意,又可指江南的苏州。

也许正是这种对中国传统文化和科学普及工作的热爱,让我和苏青成为科学网上的好友。然而,我们的君子之交并没有停留在网上。事实上,后来苏青对我的科普生涯给予了极大的帮助,从某种意义上说,是苏青引导我走出大学"象牙塔",使我在做好本职教学科研工作之余,开始花费更多的精力投身面向大众的科普工作。

2010年5月1日,上海世博会正式开园。为了配合这一文化盛会,我在科学网上以"淌过博物馆"的形式,开始写关于自己逛过的那些世界各地博物馆的系列博文。这个系列的文章越写越多,并受到博主们的关注和欢迎。这时,苏青开始和我联系,鼓励我将这些文章整理成书出版。我这才知道,当时他正担任科学普及出版社社长兼党委书记,乃科普领域"大咖"。在他的倾情帮助下,我的第一本科普图书《淌过博物馆》，很快就在科学普及出版社出版。苏青还介绍我走进中国科技馆大讲堂，举办《淌过博物馆》新书首发式，给青少年普及博物馆的相关知识。

就这样，我在全新的科普领域由此起步，科普创作从此一发不可收拾，至今已闯出一片令自己欣喜不已的灿然天地。这期间，苏青不仅为我介绍优秀编辑，还为我的新书写序，将我的书稿推荐给合适的出版社，邀请我参加科普活动，给了我很多帮助。点点滴滴，尽在心里；借写序之际，谨表谢意。

最后，我也学习苏青教授的文风，以一首小诗结束本序。

网缘幸续十几载，

耕笔踏歌撷浪行。

但慰科苑百花盛，

赋诗以颂知己情。

2024年6月28日于上海

梁进：同济大学数学科学学院教授、博士生导师，著名科普作家，出版有《淌过博物馆》《如河的行板》《名画中的数学密码》《诗话数学》《大自然是个数学老师》《生活是堂数学课》《谁持数学当空舞》等科学人文著作；作品曾获文津图书奖提名奖、上海市优秀科普作品奖、中国好书月度奖等奖项，个人曾获上海市大众科学奖提名奖、上海市科普教育创新奖科普贡献个人一等奖、"十三五"全民科学素质先进工作者等荣誉。

目录

第一篇
人物·典范

第二篇
创新·探索

第三篇
自然·博物

第四篇
人文·情怀

第一篇

人物·典范

信仰实践颂忠诚

　　钱学森，这是一个如雷贯耳的名字，相信每个青少年都不会感到陌生。

为庆祝建党100周年、纪念钱学森诞辰110周年，人民邮电出版社于2021年10月出版了《科学与忠诚——钱学森的人生答案》（以下简称《科学与忠诚》）。作者吕成冬副研究馆员在博考新发现的档案文献材料、大量重读现有史料、认真解读历史照片的基础上，以传记文学形式，从人生信仰、科技贡献、治学方法、理论探索以及个人思想历程等维度，生动讲述了钱学森为国家命运和民族前途拼搏奋斗的感人故事。

钱学森院士是享誉世界的空气动力学家、系统科学家、战略科学家，1911年12月11日出生于上海，1934年毕业于上海交通大学，1935年赴美国学习、研究航空工程和空气动力学，1938年在美获博士学位；1955年回国后，历任中国科学院力学研究所所长，国防部第五研究院院长，第七机械工业部副部长，国防科学技术委员会副主任，中国科学技术协会（后文简称"中国科协"）主席、名誉主席等职；2009年10月31日因病逝世，享年98岁。

科学与忠诚，是钱学森的人生答卷。《科学与忠诚》一书真实地展现了以钱学森为代表的中国科技工作者们根植于心的家国情怀，以及始终对人民忠诚、对国家忠诚、对党忠诚的迷人风采。

钱学森对人民有着深厚的感情和无私的大爱。《科学与忠诚》记载：1948年，钱学森在撰写那篇影响力极大的《工程和工程科学》论文时，专门引用了美国著名化学家、物理学家、诺贝尔化学奖获得者哈罗德·克莱顿·尤里的一句名言作为结束语："我们希望从人们生活中消灭苦役、不安和贫困，带给他们喜悦、悠闲和美丽。"1955年离美归国,他在接受《洛杉矶时报》记者采访时表示:"当我回到祖国时,我将竭力和中国人民一道建设自己的国家,使我的同胞能过上有尊严的幸福生活。"

《科学与忠诚》用生动的故事诠释了钱学森一心为人民的初心、使命。正是为了兑现"使我的同胞能过上有尊严的幸福生活"这一诺言,回到祖国后,钱学森用尽一生奋斗、拼搏,殚精竭虑科教兴国,夙兴夜寐为国造才,废寝忘食为人民治学,把聪明才智无私地奉献给了人民。在他看来,唯有人民的满意才是最高奖赏。

科学无国界,但科学家有祖国。钱学森将个人事业融入国家命运和民族前途之中,彰显了他对祖国最大的忠诚。《科学与忠诚》用多个章节描写了钱学森创立工程控制理论的经过。钱学森曾这样解释自己为什么选择研究这类重大前沿科技问题:"我研究这些东西的动机有两个。第一,我要用自己的行动来证明帝国主义者对中国人的看法是错误的。他们总爱说中国人搞工程技术不行。所以,什么是世界上最新的科学技术,我就研究什么,而且要研究得比他们更好。第二,我认为中国总有一天要翻身。翻身后要实行工业化,必须用最新的科学技术来加快工业化速度,因为时代不同啦!"

早在20世纪40年代,钱学森就已经是航空航天领域杰出的科学家之一了。美国海军次长丹尼·金布尔曾这样评价他:"无论走到哪里,钱学森都值五个师。"但是,即使在外人看来多么功成名就、生活多么锦衣玉食,钱学森仍义无反顾冲破美国政府重重阻挠,毅然回国效力。作为"中国导弹之父"、中国航天事业奠基人、"两弹一星"元勋,钱学森献身国防,立志报国、兴国、强军,成就了"两弹一星"伟业,为中国火箭、导弹和航天事业以及科技教育事业发展做出了不可磨灭的贡献。

钱学森去世后，讣告开篇便是"中国共产党的优秀党员，忠诚的共产主义战士"，覆盖在他遗体上的是一面鲜红的党旗。在钱学森心中，占据首要位置的永远是中国共产党党员这一身份。《科学与忠诚》第四章"忠诚于共产党员的信仰"重点讲述了他从一名爱国学生成长为坚定共产主义者的心路历程，给读者以深刻启迪。

钱学森出生于一个爱国知识分子家庭，倡导教育救国思想的父亲对他的人生选择无疑影响重大。但是，作为一名科学家，钱学森更多的是基于科学理性选择自己的人生道路。早在读大学期间，他就阅读了大量进步书刊，觉得"要中国能得救，要世界能够大同，只有靠共产党。"在美求学期间，他积极加入加州理工学院马列主义学习小组，学习了包括恩格斯《反杜林论》等在内的马克思主义著述，多次现场聆听时任美国共产党总书记白劳德的演讲。1955年钱学森回国，1958年他就向党组织提交了入党申请书，并于翌年成为中共预备党员，立下了"一朝入党，终身为党为人民"的誓言。

阅读第十八章"与马克思的'对话'"可知，钱学森成为一名信仰坚定的共产党员是以坚实的马克思主义理论作根底的。钱学森藏书丰富，他的藏书包括《共产党宣言》《国家与革命》《路德维希·费尔巴哈和德国古典哲学的终结》《自然辩证法》《列宁主义问题》《法兰西内战》《反杜林论》等。1987年，时任中国科协主席的他率代表团访问英国，还专门到位于伦敦海格特公墓的马克思墓前瞻仰并敬献鲜花。

诚如《科学与忠诚》"前言"所总结："这是一本以翔实史料为基础，经过甄别、考证和研究之后创作的非虚构作品""一本以个人思想历程为故事线，突出钱学森不断通过学术创新绘制个人思想坐标和构建个人思想体系的传记""一本以钱学森为典型人物，阐述科学家精神内涵与外延的精神读物""一本以中国共产党历史为时代背景，描写一个中国共产党党员为党的事业而奋斗拼搏的生动读物"。以钱学森为代表的老一辈科学家，正是因为他们的人生理想和价值追求与时代召唤相呼应，与民族命运紧密相连，与人民呼声相契合，才能够不断焕发出惊人的创新能量，持续喷薄出无限的创造生机。他们为当代青少年人生选择、价值追求和奋斗目标提供了鲜活的效仿样本。

《科学与忠诚》一经出版立获好评，次月就登上"中国好书"月度榜单，随后入选《中国新闻出版广电报》月度优秀畅销书榜和中宣部出版局"书映百年伟业"好书荐读月度书单，以及"新华荐书"推荐图书名单。拜读全书，受益良多，掩卷沉思，感慨万分，填《浣溪沙》词一首，以表情怀。

热血一腔献九州，
国强民富志欣酬，
忠诚为党颂咏讴。

巨擘科学彰典范，
精神遗产永存留，
人生无愧耀春秋。

注：

本文刊载于2022年第2期《中国科技教育》中的《开卷有益》栏目。

埋名隐姓愿欣酬

　　中国的氢弹是在拥核国家封锁关键技术的情况下,完全凭自己的努力研制成功的,而那位在中国氢弹原理突破中解决了一系列基础问题,提出了从原理到构形基本完整的设想,并起到关键作用的科学家,就是被誉为"中国氢弹之父"的于敏院士。拜读湖南科学技术出版社2023年2月出版的《于敏:隐身为国铸核盾》(以下简称《于敏》),让我对这位隐姓埋名长达28年的共和国英雄肃然起敬。

> 一部全面反映于敏院士传奇人生的青少年读物。小故事托起大人生，从英雄模范人物那里汲取不平凡的力量。

这是一部全面反映于敏院士传奇人生的青少年读物。于敏是著名的核物理学家，"共和国勋章"获得者，长期领导并参加原子核理论研究，填补了我国原子核理论的空白，为氢弹研制理论突破做出了卓越贡献。《于敏》一书共24章，讲述了于敏传奇、绚烂、高光的人生历程：少年"立志科学救国""文理通达兼修"；青年"孜孜求学北大""数学物理双优"；在中国科学院近代物理所工作，成为"出类拔萃的人"；后来"转入国家任务""开展多路探索""深入研究机理"，最终氢弹研制"百日会战功成""巨龙腾飞惊世"。功成名就后的于敏继续"勇担时代重任"，开展新一代国防尖端武器预研；"联名建言中央"，加快国防尖端科技事业发展进程；他"无私提携后进""悉心指导学生"。作为"揭示氢弹之人"，他"此生心系国防"，一辈子从事"高新技术研究""科学严谨求实""无愧中国脊梁"。当然，"人民不会忘记"他。

据悉，这是市面上第一部全面反映于敏院士传奇人生的青少年读物，首次揭示了于敏从旧社会一个普通家庭的孩子成长为"共和国脊梁"的拼搏、奋斗的人生经历。《于敏》是《"共和国勋章"获得者的故事》丛书的分册之一，丛书旨在用讲故事的形式，将于敏等9位"共和国勋章"获得者的人生重大节点、感人事迹、高光时刻、重大贡献和所获荣誉串联起来，为青少年提供丰富的阅读体验，使其获得人生感悟。诚如丛书主编武向平院士所言："青少年可从这些英雄模范人物身上汲取不平凡的力量，热爱科学，爱岗敬业，担当作为，从点滴做起，把平凡的事做好，获得不平凡的人生，长大后努力为党、为国、为民多做贡献。"

这是一部彰显中国"氢弹之父"探索与创新、突破与超越精神风范的科普图书。在中国研制核武器的权威物理学家中，于敏几乎是唯一一个未曾出国留学的人，完全是中国自己培养出来的专家，许多国内外一流科学家冠之于他"国产土专家"称号，未尝不是对于敏个人才华的赞美与肯定。《于敏》一书通过解读于敏院士在平凡中成就伟大事业的成功密码，彰显了他不懈奋斗、勇于探索、开拓创新的科学精神，以及"淡泊以明志、宁静以致远"的高尚品格，引导青少年从中获得教益、受到启发、得到激励。

于敏原本在北京大学工学院学习，读大二时，他谢绝了同学父亲的资助，改学自己喜爱的理论物理专业，为之后从事核物理理论研究奠定了坚实基础。他肯于钻研，"碰到有难度的学习内容，他的方法是反复研读，反复琢磨。一本《电磁学》不知道被他翻阅了多少遍，他不放过任何一个疑点，但凡觉得有知识点需要深入探究，他就到图书馆借阅相关图书认真学习。"他"咬住青山不放松"，曾一心一意从事原子核理论研究近10年，带领研究小组取得了具有国际一流水平的成绩。

于敏十分重视实验研究，善于通过观察实验结果、分析相关的物理现象，总结有关物理规律，从而有所发现，有所创新。分析物理问题时总是从物理量纲入手，估计数量级大小，很快就能抓住问题的本质，并绘声绘色地描绘出物理过程。书中给出了于敏坚持真理、不畏权势、实事求是的生动事例。1970年，在青海核武器研制基地，于敏领导的研究团队三次重要的冷试验都没有获得满意结果，上级领导严令团队严肃对待，按照他们的意图表态发言，否则就不让"过关"，并将作为反面典型批判。于敏秉持实事求是的工作态度，坚持原有的理论方案只需在技术上进行修改。上级领导很不满意，要求于敏深挖意识形态方面的问题。于敏被逼急了，拍案而起，厉声说道："我讲的话完全实事求是，完全遵从科学规律，要我违背科学说话，那是绝不可能的！"铮铮铁骨，学者风范，令人肃然起敬。

这是一部集思想性、科学性、文学性于一体的励志图书。《于敏》的作者吴明静女士曾与于敏院士共事，她长期从事科学家口述访谈和科技发展史研究工作，承担过于敏、邓稼先、周光召等"两弹一星"元勋学术资料采集工程课题，对于敏院士的生平十分了解，是于敏传记的不二人选。她善于用一个个动人的故事展现于敏的优秀品格和崇高精神，给青少年的成长和发展予以教育、引领和示范，帮助青少年系好人生"第一粒扣子"，激励他们向往并努力追求人生的"第一枚勋章"，绽放真正属于自己的青春华彩。

书中描写了于敏服从国家分配，两次转行的感人故事，彰显了他服务国家、顾全大局、无私奉献的高尚情操。1961年1月，钱三强先生约谈于敏，直截了当告诉他："国家希望你参加氢弹理论的预先研究！"于敏意识到，一旦转向氢弹研究，自己就要放弃正在从事且已经看到重大突破曙光的原子核理论研究了，从此再也不能公开发表论文、自由地参加学术活动，必须隐姓埋名，在学术上销声匿迹。于敏没有犹豫，欣然接受了时代赋予的光荣使命，郑重表示："为了国家利益，我个人的一切都可以舍弃！"

《于敏》一书语言朴实、文笔优美、插图生动。在作者笔下，于敏院士文理兼修、多才多艺，在古典文学和京剧艺术方面造诣极高，经典文学名篇能随口吟诵，对京剧大家和门派的风格、特点如数家珍。读到动情之处，让人莞尔一笑。书后附有"大事年表"，高度概括了于敏的光辉人生；"知识窗口"对文中所涉"裂变反应""聚变反应"等专业名词予以通俗释义，让人获益良多。

掩卷沉思，感触万千，元勋已逝，风范长存，特填《喜迁莺》词一首，以表对"氢弹之父"于敏院士的敬仰之情。

少年志，
欲何求，
发奋固金瓯。
拼将才智解国忧，
科海探核游。

倾身心，
研氢弹，
一爆五洲震撼。
埋名隐姓愿欣酬，
殊功耀千秋。

 注：

本文刊载于2023年第4期《中国科技教育》中的《开卷有益》栏目。

一代师表栋梁英

　　《大地之梁——梁希传》（简称《大地之梁》）2021年11月由浙江科学技术出版社出版，这是科普作家季良纲先生创作的第二部科技人物传记，上一部《科普年华——联合国"卡林加科普奖"获得者李象益》2018年由科学普及出版社出版，两部图书都受到了业界好评，其创作经验值得总结、借鉴。

> 梁希先生是中国近代林学开拓者、新中国林业事业奠基人、新中国科普工作领路人。

一是立体写人，纵向写史。梁希先生1883年12月28日出生于浙江省吴兴县，早年曾留学日本、德国，先后在国立北京农业专门学校、浙江大学、国立中央大学任教，长期从事林产化学方面的教学与研究，1955年当选中国科学院学部委员。他是中国科学工作者协会、九三学社、中国林学会等社会组织主要发起人，新中国首任林垦部部长，曾任九三学社中央委员会副主席、中华全国科学技术普及协会主席、中国林学会理事长、中国农学会理事长、中国科协副主席等党派和社团组织领导职务，是杰出的林学家、教育家和社会活动家，也是中国近代林学开拓者、新中国林业事业奠基人、新中国科普工作领路人。

《大地之梁》是关于梁希个人的传记，全书共14章，每章对应梁希人生不同阶段所担当的社会角色和主要从事的工作以及做出的主要成就。诚如作者在"写在前面的话"中所言："梁希的一生，历经清末革命、民国创立、北洋政府、国民政府、中华人民共和国等历史阶段，从一介书生到政府高官，历经乡绅子弟、晚清秀才、武备军人、大学教授、林学专家、学会理事、民主人士、党派领袖、政府部长等多种身份、多种社会角色的转换，不平凡的生活学习、教育科研经历，心怀美好理想的长期探索，映照着'跨越两个世代'知识分子的独特人生。"因此，《大地之梁》一方面书写了梁希从武备救国、科学救国到爱国奉献、责任担当的辉煌人生，塑造了他毕生从事林业科学教育的科学家形象，彰显了中国知识分子独有的家国情怀。另一方面，因梁希与中国现代史上的许多重大事件、重要人物、重大活动有着千丝万缕的联系，传记勾勒他所处时代背景，展现他在历史大潮中的思想演变，挖掘他在特定时代、特定环境、特定事件进程中的价值、作用，为读者奉献了一部鲜活的社会进步史、思想发展史、科技教育史，可谓立体写人，纵向写史。

二是聚焦科技，落笔人文。《大地之梁》虽然写的是科技人物，但是，着笔却充满人文意味。除书名《大地之梁》别有深意外，全书每一章都以"嘉木名诗"开篇，精心选取一种名木，并配一首描写该名木的诗词作为引子，同时以"林人树语"解读名木所蕴含的寓意，可谓别开生面、别具特色、别有意境。如第一章"书香少年"选的是"树中珍品"银杏，配以宋代文人葛绍体《晨兴书所见》七绝："等闲日月任西东，不管霜风著鬓蓬。满地翻黄银杏叶，忽惊天地告成功。"通过名木、名诗诠释生命的盛衰过程，描写四季的变化更替，为梁希日后的成长、发展作铺垫，给人以珍惜时光、不负光阴的启迪。全书通篇紧扣一个"林"字，很好地体现了作为林业科学家梁希传记的特色，以及林业科普读物的特点。

梁希喜欢写诗，人称"森林诗人"，常常以诗记事、抒情，"一路行来一路诗"，是一位非常有诗意、有情怀、有人文底蕴的科学家。作者特意设立"森林诗人"一章，解读梁希的主要诗作，彰显他对森林、林产和林业教育与科研的深厚感情，增进读者对他诗意人生的理解，让读者领悟文学底蕴、人文情怀和文化浸润对一个人全面发展所起到的重要作用。

三是删繁就简，细处铸魂。梁希的一生是热爱祖国、热爱科学、热爱林业、热爱教育的一生，可谓经历丰富、征程曲折、事业辉煌、人生精彩，可书可写的内容非常多。作者善于提纲挈领、删繁就简、采撷精华。"追梦林人""林化先驱""林学名家""学会掌门""九三领袖""民主教授""政府部长""科普名家"和"一代师表"等章节，都突出了梁希作为林学科学家、林业教育家、新中国林垦部长、社会活动家这4个最重要的角色,用有限的篇幅构筑起了一个丰满、立体、全面、真实、可信的科学家形象。

作者注重实地观察,善于发掘史料,通过细节描写来丰富全书的脉络、主线,营造传记的人文氛围,彰显传主的性格品行。图书开篇描写了梁希故居老宅仅存的一棵银杏树,讲述了梁希童年的生活趣事;书末"附件"收录散文《一棵银杏联想》,记述这棵银杏树的来历、现状及参观者的感悟。一株银杏,前后出现,首尾呼应,突出"林"字主题,贯穿全书主旨,足见作者用心之良苦。

为了彰显梁希作为科学家求真务实的品德、作为政府官员顾全大局的操守,"政府部长"一章详细记述了梁希在黄河三门峡水利建设工程决策过程中的态度。他认为,在泥沙送河问题没有得到有效解决之前,在水情最为复杂、最为凶险的黄河中游建造大坝,失败是必然的。观点鲜明,态度坚决。但是,当中央确定了工程建设方案,他又能以国家利益为重,保留个人意见,积极配合,尽力补救,积极倡导在黄河上游植树造林,建设西北防护林。

四是尊重历史,合理想象。人物传记必须尊重历史,需要在浩如烟海的史料中认真辨析、去伪存真,对史料中记述不全或与历史不尽相符之处,季良纲采取认真考证、适度存疑态度,既如实记载,又给读者和相关研究者留下思考、探究空间。梁希1906年被选送到日本留学,最初入日本士官学校,有资料记述他在那"学习海军"。季良纲查阅了大量资料后,发现那个时期的日本士官学校只培养陆军军官,设有步兵、炮兵、骑兵等科,并没有海军科,故予以纠正。

在基于事实和史料的基础上,作者对梁希在重要人生转折关头或重大历史事件中的思绪和心境,做了合理的想象描写,使传记更加生动、亲切。如,1916年梁希在从日本东京帝国大学农学部林学专业学成回国的远轮上,1943年梁希在周恩来等人在重庆新华日报社驻地为他庆祝60大寿的寿宴上,1945年梁希在毛泽东主席赴重庆谈判时会见民主党派人士座谈会上……作者结合在场人员的回忆等资料,对梁希在当时情境下的心理感受进行了适度的描写,使人物形象更具感染力。

作为曾多年从事科普工作的同人,喜读季良纲的《大地之梁》,多有感慨,特填《画堂春》词一首,以表情怀。

江南望郡栋梁丁,
青春热血国倾。
育林兴会普科行。
一代师英。

传记平生书就,
浓情翰墨盈萦。
精神不朽品德晶。
青史垂名。

 注:

本文刊载于2023年第2期《中国科技教育》中的《开卷有益》栏目。

淦星闪耀照寰球

2018年12月10日，是著名核物理学家、"两弹一星"元勋王淦昌院士逝世20周年纪念日。15年前，即2003年9月，在中国物理学会第八届全国会员代表大会上，一颗由中国科学院国家天文台于1997年11月19日发现、国际永久编号为14558的小行星，经国际天文学联合会小天体命名委员会批准，被正式命名为"王淦昌星"。

作为中国核科学的奠基人和开拓者之一，王淦昌对我国核事业发展贡献巨大。

小行星是太阳系内类似行星环绕太阳运动，但体积和质量比行星小得多的天体。这些天体不能清空其轨道附近区域，且主要集中在火星和木星之间的小行星带之中。自1801年1月1日意大利天文学家朱塞普·皮亚齐在西西里岛巴勒莫天文台发现第一颗小行星，至今人们已在太阳系内发现了大约127万颗小行星。

小行星的正式命名由两部分组成：国际永久编号和名字。今天，当观测者发现一颗"新"的小行星时，国际天文学联合会将会首先授予这个天体一个暂定的编号，以便通过进一步的观测来确定它究竟是不是新发现的天体。当一颗小行星在至少4次回归中被观测到，其轨道又能够被非常精确地确定时，将得到国际天文学联合会小行星中心给它的一个国际永久编号。小行星的命名权通常属于它的发现者，小天体命名委员会一般根据发现者的提议来命名。对于已获得国际永久编号的小行星，发现者有权在编号后的10年内为它提出一个名字用于命名，并报小行星命名委员会审核批准。小行星中心每月都在其出版的《小行星公告》上公布最新获得命名的小行星。

小行星的命名是天文学界赋予其发现者个人的一种权利，也是对发现者为天文学所做贡献的一种奖励。早期人们喜欢用希腊或罗马神话中女神的名字为小行星命名，女神名字不够用后，遂改用人名、地名、花名乃至机构名缩写来命名。对于一些国际永久编号为1000的倍数的小行星，人们通常以特别重要的人和物来命名，如1000皮亚齐、3000达·芬奇、6000联合国、8000牛顿等。据不完全统计，以中国科学家命名的小行星目前大约有100颗，王淦昌先生就是其中之一。

作为一名杰出的科学家,王淦昌先生终身醉心于自己所钟情的科学事业。青年时期,通过在理论上提出验证中微子存在的实验方案,发现世界上第一个荷电负超子——反西格玛负超子,王淦昌奠定了自己在国际物理学领域的牢固地位。晚年,他最早提出了激光惯性约束核聚变概念的雏形;与王大珩、杨嘉墀、陈芳允共同提出发展我国高技术("863计划")的建议,这更彰显了他作为战略科学家的审时度势和远见卓识。

《中国核工业报》原副总编辑常甲辰讲述的王淦昌先生的两个科研小故事,令我印象深刻。一个是有关"变子"的故事:20世纪50年代初期,王淦昌与苏联科学家合作,质疑对方仅凭一个电信号就断言发现了一种新粒子——"变子",并明确表示这样的"发现"靠不住。事实证明,王老判断正确。第二个是有关"第一粒子"的故事,还是和苏联科学家合作探测基本粒子,两国科学家在一张胶片上发现一个很长的粒子轨迹,于是,苏联科学家急于宣布发现了新的粒子,甚至打算命名为"第一粒子"。王淦昌则非常冷静,他认为发现新粒子的证据不充分,很可能是某种介子的反应,需要进一步分析、计算。最后证明,这确实是一种介子的反应。在当时中国正"一边倒"全面学习苏联的情形下,王淦昌实事求是的科学精神和非凡的政治勇气实在令人钦佩。

作为中国核科学的奠基人和开拓者之一,王淦昌对我国核事业发展贡献巨大。1961年3月,受命开展核武器研制工作,他毫不犹豫表示"我愿以身许国",并化名"王京",隐姓埋名17年,战斗在青海高原、新疆荒漠,为我国原子弹、氢弹研制以及地下核试验成功做出了重大贡献。晚年,针对我国经济大发展、能源日益短缺形势,他率先提出和平利用核能,积极推动我国核电建设,为我国核电事业迈出艰难的第一步发挥了极为重要的作用。

2010年,我任职的中国科学技术出版社出版了《纪念核物理学家王淦昌文集》。当年12月10日,我主持召开该文集首发式,纪念王淦昌先生逝世12周年。会上,即兴赋藏头诗一首,以表达对王老的怀念之情、景仰之意。

王老功勋驻千秋,
淦星闪耀照寰球。
昌业强军富国日,
颂偈献君祈愿酬。

注:

本文刊载于2018年11月30日《科普时报》中的《青诗白话》栏目。

杂交水稻解饥情

　　2024年5月22日是"杂交水稻之父"袁隆平院士逝世3周年纪念日。这一天,湖南科学技术出版社以召开《袁隆平全集》出版座谈会的方式,纪念这位伟大的农业科学家。《袁隆平全集》共12卷,收录了袁隆平20世纪60年代初至2021年5月出版或发表的学术著作、学术论文,以及教案、书信、科研日记等,意义重大,影响深远。

> 袁隆平一生都在追求"禾下乘凉梦"和"杂交水稻覆盖全球梦"。

《袁隆平全集》是中国农业科技工作者自立自强的真实写照。中国是世界上最早栽培水稻的国家，1979年7月20日，考古学家在湖南澧县城头山遗址附近发现了距今约6 000年的人工栽培稻，城头山由此被誉为"中华城祖、世界稻源"。中国虽然是人类水稻种植发源地，但真正意义上的水稻育种历史却只有100年左右，袁隆平的出现则让中国水稻育种技术和水平迈上世界巅峰。

常言道，民以食为天。亲身经历过20世纪60年代初期因天灾人祸挨饿的日子，袁隆平深感粮食问题之重要，从此，"解决粮食增产问题，不让老百姓挨饿"成为他毕生追求。凭借卓越的智慧和超人的毅力，1973年他带领团队成功培育出世界上第一代杂交水稻——三系杂交水稻，将水稻产量由每亩(1亩≈667平方米)300千克提高到500千克以上。1994年，他又成功破解二系杂交水稻技术难题，同时解决了低温敏不育系繁殖产量低的问题，使二系杂交水稻生产成为现实。

20世纪90年代后期，以袁隆平为代表的中国农业科学家开始实施"中国超级稻"研究，并分别于2000年、2004年、2011年、2014年实现大面积示范亩产"四连跳"，2018年超级稻育种更是突破亩产1 100千克大关，让中国人的"饭碗"牢牢端在自己手中。

作为我国杂交水稻研究的总设计师，早在1986年袁隆平就提出了杂交水稻育种由三系法到二系法再到一系法、从品种间到亚种间再到远缘杂种优势利用的三步发展战略设想，并成为国内外公认的杂交水稻育种指导思想。《袁隆平全集》第一卷至第六卷收录的袁隆平全部公开发表的学术著作,尤其是第五卷收入的《中国杂交水稻发展简史》,全面反映了以袁隆平为代表的中国农业科学家从"三系"到"二系"再到"超级水稻"和耐盐碱水稻的研制历程,是中国农业科技工作者在杂交水稻育种领域创新发展、自立自强的真实写照。

《袁隆平全集》是宣传以袁隆平为代表的中国科学家精神的极好素材。袁隆平一生都在追求"禾下乘凉梦"和"杂交水稻覆盖全球梦"。为实现这两个梦想,他年轻时就义无反顾报考农学专业,毕生潜心研究杂交稻,无怨无悔,刻苦攻关,终成大业。《袁隆平全集》第八卷收录的《发展超级杂交水稻,保障国家粮食安全》《发展杂交水稻,造福世界人民》等文章,展现了他热爱祖国、一心为民、胸怀天下、放眼全球的高尚品德和博大情怀。

"宝剑锋从磨砺出,梅花香自苦寒来"。袁隆平的杂交水稻研究历程同样充满艰辛,是爱国、创新、求实、奉献、协同、育人科学家精神的鲜活体现。如何证明水稻具有广泛的杂交优势? 在20世纪中叶,这是国内外农业专家普遍认为不可能完成的任务。但是,袁隆平并没因此放弃,1964—1966年,他通过不断寻找,终于发现了6株天然雄性不育稻株,开启了我国杂交水稻育种先河。《袁隆平全集》第七卷开篇收录的《水稻的雄性不孕性》是袁隆平发表的第一篇论文,刊登在1966年第四期《科学通报》上,记录了他身处信息闭塞、条件简陋的湘西山区,在既没科研机构帮助又无研究经费支持的情况下,孤身一人站到了国际杂交稻育种研究的最前沿。袁隆平是中国科学家的典范,《袁隆平全集》无疑是宣传以袁隆平为代表的中国科学家精神的极好素材。

《袁隆平全集》是研究袁隆平以及中国杂交稻育种历史的重要史料。袁隆平一生致力于杂交水稻技术的研究、应用和推广,发明了"三系法"籼型杂交水稻,成功研究出"二系法"杂交水稻,创建了超级杂交稻技术体系,提出并实施"种三产四丰产工程",为农业科技发展、中国粮食安全、世界粮食供给做出了不可磨灭的贡献。《袁隆平全集》第九卷至第十二卷收录了他的包括教案、书信、科研日记等在内的珍贵资料,其中绝大部分还是首次公开的手稿,具有重要的史料价值。

阅读第十一卷收录的袁隆平写给同事、上级领导、国内外同行的书信手稿,可以看到他为研究、推广杂交稻育种技术所经历的种种艰辛和付出的不懈努力。第十二卷收录的科研日记手稿尤为珍贵,从《无花粉型粳稻记载》和《在贺家山杂交的组合记录》等科研笔记中,读者可以感受到这位农业科学家的严谨、细致和执着。第十二卷的附件"袁隆平大事年表",更系统记录了袁隆平先生光辉、伟大的一生。

《袁隆平全集》全面记录、再现了袁隆平的教学和科研思想、完整的科研历程、辉煌的科研成就,呈现了中国杂交水稻的求索与发展之路,记录了中国杂交水稻的成长与进步之途,成为研究袁隆平以及中国杂交水稻育种历史的重要史料。

《袁隆平全集》的出版是我国科技出版领域一件值得褒赞的盛事。袁隆平的工作足迹主要在湖南,《袁隆平全集》第一卷收录的袁隆平第一部著作《杂交水稻简明教程(中英对照)》于1985年由湖南科学技术出版社出版,2022年该社出版的《"共和国勋章"获得者的故事》丛书就包括《袁隆平:一生一稻济天下》一书。可以说,湖南科学技术出版社既是最早出版袁隆平著作的出版社,也是最适合出版《袁隆平全集》的出版社。

《袁隆平全集》收录的资料时间跨度大,涉及的人员多,在编纂出版过程中遇到诸多困难和挑战;全体编纂人员怀着对袁老真挚的感情,认真研究专家提出的每一条意见和建议，多方求证书稿中的每一个疑问，在编排体例等方面多有创新，向世人展示了一个真实、全面、温暖、亲切、立体、丰满的科学家形象，成就了科技出版领域的一桩盛事，成为纪念袁隆平先生的最好礼物。

有感于斯，填《柳色新》词一首，褒赞《袁隆平全集》的出版，纪念袁隆平先生辞世3周年。

一饱难求饿忆萦。
杂交培水稻，
解危情。
世人当谢袁隆平。
禾下梦，腹暖享凉亭。

出版慰英灵。
汗青铭。
创新激励史，
功德无量智结晶。
欣释卷，后浪涌前行。

注:

本文刊载于2024年第6期《中国科技教育》中的《开卷有益》栏目。

几何拓扑诗吟赋

少年十五遇罡风，
不畏闲言不畏穷。
二十学成羽毛丰，
冲天无惧效冥鸿。
三十论剑畴林丛，
横跨两城世罕同。

四十镜对卡丘中，
算学物理得共融。
五十重谈时与空，
相对论叹造化工。
六十疏发未成翁，
老骥伏枥立新功。

2016年4月4日,丘成桐在他67岁生日之际,写下了题为《六七感怀》的七言诗(见26页)。这首诗不仅是他多难童年困顿清苦、异国求学艰苦卓绝、功成名就风起云涌坎坷人生的真实写照,也是他初入数界一鸣惊人、数学物理跨界夺隘、屡克难题登顶摘冠辉煌成就的高度概括,更是他科学人文交相辉映、施教育人博大胸怀、爱国情怀拳拳丹心科学精神的自我凝练。在我看来,这首诗也是品读《我的几何人生——丘成桐自传》(以下简称《我的几何人生》)的最佳索引和导读。

丘成桐,当代最具影响力的数学家之一,美国国家科学院院士、美国艺术与科学院院士、中国科学院外籍院士,现任清华大学求真书院院长、丘成桐数学科学中心主任,香港中文大学博文讲座教授兼数学科学研究所所长,北京雁栖湖应用数学研究院院长等职,曾荣获菲尔兹奖、沃尔夫奖、克拉福德奖、美国国家科学奖、马塞尔·格罗斯曼奖、中华人民共和国国际科学技术合作奖等国际大奖,成为当代数学界的传奇人物。

《我的几何人生》2021年3月由译林出版社出版,由丘成桐口述,史蒂夫·纳迪斯英文笔录,全书讲述了丘成桐从一个中国乡村的贫穷少年成长为一名举世闻名的顶级数学家的励志故事,不仅是普及数学、几何、物理等学科知识的优秀科普图书,更是激励青少年健康成长、发奋成才的极好教材。

凡成大事者必经坎坷,丘成桐也不例外。他14岁时父亲突然病逝,家中栋梁摧折,顿陷贫困,以致他几近失学。好在母亲坚强刚毅、深明大义,独自扛起全家生活重担,坚定不移地支持丘成桐继续学习、深造,成就了儿子日后的辉煌。父亲的去世,也让丘成桐很快懂事、成熟,小小年纪就开始兼职做数学家教,不仅帮助母亲补贴了家用,还对自己所教授的数学内容有了更加深刻的理解。每读"童年颠沛""何去何从"两章,都让人感慨万千:父母言传身教、目光远大,孩子自强不息,遇挫奋发不馁,这些走向成功的经验值得青少年及其家长学习、借鉴、铭记。

1969年9月1日,这是丘成桐人生的重要转折点。这一天,他在萨拉夫博士的举荐下,被加州大学伯克利分校破格录取,投到著名数学家陈省身教授门下读研究生,离开香港只身奔赴美国深造数学。成功者除勤奋外,最优秀的品德是懂得感恩,从而为自己赢得更多的机遇。在《我的几何人生》中,丘成桐记录了所有曾经给予过他帮助的人和事,对自己父母亲的感恩就不用说了,无论是初中老师梁君伟予以的数学启蒙,善良班主任潘宝霞的慈怜关爱,大学期间周庆麟、萨拉夫、奈特等数学教师的慧眼识珠,关键时刻萨拉森、小林昭七、陈省身等知名数学家的鼎力举荐,或是初入异国他乡埃尔伯格、里费尔、林节玄的热情接待、解囊相助,攻博时莫里、费舍尔、卡拉比等数学大师的言传身教,还是尼伦伯格、辛格、米克斯等数学同道的惺惺相惜,甚至世界级科学家华罗庚、霍金潜移默化的影响,尤其是中美两国文化对自己成长、发展的浸润和帮助,丘成桐无不铭记在心、感恩不已。在丘成桐看来,如同每一个科学难题的攻克都离不开前人所付出的努力,自己人生每一个重要转折点都有贵人相助,感恩就是给自己的成功铺路搭桥。

人的一生难免会遇到各种各样的选择,不同的选择将决定不同的人生走向。丘成桐在面对重大选择时的主见和果断,成就了他的科学成就和辉煌人生。父亲去世时,丘成桐如果听从大舅建议去农场打工挣钱,这个世界将失去一位伟大的数学家。上大学时,他如果天真地相信电影《心灵捕手》里的数学大咖只需几分钟就能搞定数学难题,也不可能日后百折不挠地去攻克卡拉比猜想等科学难题。读博时,恩师陈省身建议他将黎曼猜想作为论文题目,丘成桐深知自己"对几何问题的兴趣远比对解析数论的大",同时意识到黎曼猜想并非一日之功所能攻破,因而"不为黎曼猜想所动",坚持按自己选定的方向研究。"有主见,有远见"还表现在丘成桐志存高远,不为一时之利所动。博士毕业后,同时有哈佛大学、麻省理工学院、耶鲁大学、普林斯顿高等研究院等6个机构愿意聘用他,但他却听从了导师陈省身的忠告,最终选择了薪水最低的普林斯顿高等研究院,因为陈先生告诉他"每个人在事业生涯中总要去一次高研院"。由此可见,志存高远,拥有主见,不随大流,乃是事业走向成功的重要特质。

《我的几何人生》还彰显了丘成桐广博的数理知识、深厚的国学根底和博大的人文情怀,这无疑也是他走向辉煌的重要基石。全书共12章,每章都以一首高度凝练本章内容的原创短诗词作引子,附录大都为他的重要学术演讲,文采斐然;末篇《中华赋》从华夏远古到五代十国点评颂唱,洋洋洒洒两万五千余字,指点江山,评点历史,纵横捭阖,才气逼人,让人叹为观止。

在学术研究上,丘成桐立足数学、渗透物理,横跨数理两界。他成功破解了卡拉比猜想、正质量猜想、弗兰克尔猜想、史密斯猜想、镜像对称猜想等一系列数学、物理科学难题。他是几何分析学科的奠基人,以他的名字命名的卡拉比-丘流形是物理学中弦理论的基本概念,关于凯勒-爱因斯坦度量存在性的卡拉比猜想破解结果被应用到超弦理论中,对统一场论有重要影响。他的研究成果极大扩展了偏微分方程在微分几何中的作用,影响遍及拓扑学、代数几何、超弦理论、广义相对论等众多数学、物理领域。丘先生真可谓"数理共融，人文交汇，创几何分析之学，穷物理宇宙之源"。

《我的几何人生》文笔幽默风趣，故事曲折传奇，作者高山仰止。细细品读，受益良多，不胜感慨，特填《蝶恋花》词一首，以表对丘成桐先生的褒赞、敬佩情怀。

几何拓扑诗吟赋。
旁骛心无神贯注，
果硕花繁树。
融汇人文，
物理数学相景慕。

猜想定理攻无数。
仰望卡峰拨雾雾，
不倦登攀步。
此美求知，
颠沛童年贫坎路。

注:

本文刊载于2022年第6期《中国科技教育》中的《开卷有益》栏目。

书写归国报效篇

　　2020年9月13日,作为北京理工大学80周年校庆系列文化活动之一,《待到山花烂漫时——丁儆传》(以下简称《丁儆传》)新书发布会暨学术座谈会在该校机电学院举办。

> 丁儆教授是我国著名的爆炸力学专家、爆炸理论及应用学科的倡导者和主要奠基人。

北京理工大学是我的母校。丁儆教授是我国著名的爆炸力学专家、爆炸理论及应用学科的倡导者和主要奠基人，曾任北京工业学院（北京理工大学前身）副院长，力学工程系（机电学院的前身）由他亲手创办。我就是在这个系读的本科和研究生，又是最早写丁先生小传的人，还是"老科学家学术资料采集工程——丁儆传"项目的负责人之一，因而对《丁儆传》的出版尤为关注，深感欣喜。

丁先生一生历经坎坷，贡献颇多，其中两个鲜为人知的事件最令人称道，一是参与创建"留美中国科学工作者协会"（以下简称"留美科协"），二是澄清火药发明权归属西方学者的谬误。我有关这方面的文章可见于1997年福建教育出版社出版的《中国科学技术专家传略·工程技术篇力学卷2》和2000年第2期《国际人才交流》杂志。

1948年9月，目睹国民党政府的腐败，从浙江大学毕业3年后，丁儆遂赴美国求发展，并入得克萨斯农工大学化学工程系读研究生。还在浙大读书、任教期间，丁儆就结识了中共地下党员，并受他们影响给师生宣传进步思想。到美国后，他在国内共产党员朋友的指导下，继续在留学生中开展各类爱国进步活动。

1949年6月12日，鉴于国内革命形势迅速发展，在美留学生开始聚会讨论应该为即将诞生的红色政权做些什么工作等问题，"留美科协"遂在匹兹堡成立，并通过了由丁儆起草的会议宣言，推选葛庭燧、侯祥麟、华罗庚和丁儆等主要发起人为协会理事。在之后的一年多里，丁儆负责主编并蜡刻《留美科协通讯》简报，报道国内形势变化，转载解放区和香港进步报刊文章，刊登回国参加新中国建设的"留美科协"会员来信,给在美中国留学生以巨大鼓舞。

到了1949年10月,年仅25岁的丁儆已任"留美科协"常务理事、总干事,全面负责协会工作。1950年6月,"留美科协"召开年会,丁儆主持会议,确立了以"认识新中国,为回国参加建设做准备,一切为了回国去"的协会工作重点,继续广泛动员留学人员回国参加社会主义建设。新中国成立初期,"留美科协"近800名会员中,就有400多名会员先后离美回国,为祖国输送了一批高级专门人才。参与创建、领导"留美科协"并动员广大留学生回国,成为丁先生一生中最光辉的事迹,意义深远,影响巨大。

搞了几十年燃烧与爆炸理论研究,丁儆教授怎么也没有想到,火药是我国古代四大发明之一,这在国内可谓是妇孺皆知的事实,但在国外竟然没有得到专家学者们的认可。1980年10月,丁儆出席第七届国际烟火技术学术年会,并就中国发明火药以及烟火技术发展做专题报告。他非常惊讶地发现,与会国外专家学者对火药是中国发明的这一事实并不认同,在他们看来,火药应该是13世纪英国人罗吉·培根(Roger Bacon)发明的。

这件事对丁儆的震动非常大。回国后,他马上开始多方收集资料,考证中国古代火药的起源、火药在中国的早期军事应用、火药技术的发展,以及火药理论的早期研究等问题。经过近两年的努力,他以大量确凿的文献资料和事实,进一步证实了火药是中国人最早发明这一铁的事实。

丁先生的研究表明,火药的原始配方及其燃烧性能初见于公元8世纪前后中国炼丹家的著作;到了公元10世纪,火药在中国开始应用于军事;宋仁宗时期(公元1040年)出版的官修兵书《武经总要》,就记载了火炮、蒺藜火球和毒药烟球的火药配方。这是世界上最早冠以火药名称并直接应用于3种实战武器的火药,远早于生活在13世纪的英国学者罗吉·培根。

丁儆还第一个考证出中国是世界上最早对爆炸冲击波及其杀伤作用进行科学描述的国家,明代科学家宋应星在《论气》这部著作中已经对火药爆炸产生冲击波的杀伤作用做了接近实际的描述和分析,并认识到冲击波可使人耳聋、内脏损伤或致人死亡。1990年在美国召开的第十七届国际烟火技术学术年会上,丁儆专门做了"火药和冲击波在中国的发现"学术报告,以无可辩驳的研究史料,让与会者十分信服地接受了火药是中国人最早发明的事实。

有感于丁儆教授做出的上述两大突出贡献,特填《南乡子》词一首,祝贺《丁儆传》出版,以表对已故老领导、老专家的由衷敬意。

历史澄清正本源。
欣然,
考证确凿驳谬论,
怎叫英人冠名前?
火药禹城研,
书写归国报效篇。
魂牵,
新政慕崇协会创,
求索贠笈美利坚。
内战起烽烟,

注:

本文刊载于2020年9月18日《科普时报》中的《青诗白话》栏目。

高超医术解危局

　　2019年11月12日，北京媒体公开报道，内蒙古自治区锡林郭勒盟苏尼特左旗2人经专家会诊，被诊断为肺鼠疫确诊病例，遂转至北京市朝阳区相关医疗机构并得到妥善救治。消息一经披露，立刻引起公众高度关注。16日，为解除民众担忧，媒体又发布消息，称目前一名患者病情相对稳定，另一名危重患者病情出现反复，正在进行对症治疗，同时强调目前全市无新增鼠疫病例。

肺鼠疫为鼠疫的一种,鼠疫与霍乱一道被《中华人民共和国传染病防治法》列为甲类传染病。肺鼠疫可依靠飞沫传播,临床症状主要表现为起病急、畏寒高热、头痛胸痛、呼吸急促、嘴唇发紫、咳嗽等,具有潜伏期短、传染快、死亡率高等特点。感染肺鼠疫后,患者若得不到及时有效的治疗,常因心力衰竭、出血、休克而在2~3天内死亡。

鼠疫在历史上曾有过三次大爆发,其中最近的一次就发生在中国。1910年10月,肺鼠疫从西伯利亚传至中国东北;当月26日,第一例病例报告出现在满洲里;27日,哈尔滨被肺鼠疫攻陷,随后疫情蔓延至长春、沈阳;11月15日,在疫情最严重的哈尔滨傅家甸的人们已被隔离;到了12月,东北地区疫情"如水泻地,似火燎燃""死尸所在枕藉,形状尤为惨然"。此时,整个东北地区人心恐慌,人们四处逃亡。

我们应该记住这样一个人,他就是时任天津陆军军医学堂副监督的伍连德博士。年仅31岁的伍连德受命于危难之际,被任命为"总医官",派往东北疫区开展防治工作,用了不到两个月的时间,就彻底消灭了肺鼠疫,成功控制住了疫情。

2010年4月,我调任科学普及出版社暨中国科学技术出版社社长兼党委书记。这一年正值东北抗击肺鼠疫100周年,出版社的肖叶副总编辑策划出版了《发现伍连德——诺贝尔奖候选人华人第一人》(以下简称《发现伍连德》)一书,使我对伍连德这个之前完全陌生的人物,以及他在100年前那场惊心动魄的抗击肺鼠疫战斗中所建立的丰功伟绩有了全面的了解。

到达东北后,伍连德深入疫区,凭借高超的医术和过人的胆识,实施了一系列惊世骇俗的防疫、治疫创举:第一次打破国人禁忌解剖尸体,从而准确判断出疫情为肺鼠疫;第一次提出肺鼠疫主要通过飞沫传播,并发明了用于防疫的加厚口罩;主持了中国首次大规模的对瘟疫死者尸体的焚烧;第一次通过隔离病患接触者、调动军队封城,来阻断疫情的扩散。

这真是:

> 死亡恐怖罩冰城,
> 无人知晓是鼠瘟。
> 水银泻地染病快,
> 星火燎原传播疯。
> 临危受命判疫准,
> 涉禁担责施爱浓。
> 高超医术解危局,
> 国士无双伍德隆。

2010年9月21日,《发现伍连德》新书出版首发式暨新闻发布会在北京大学人民医院举行。在这所当年SARS疫情最为严重的医院的"伍连德讲堂"里,我在致辞中发出了如下感慨:"我们都经历过2003年的SARS疫情,感受过由此带来的恐慌,完全能够想见伍连德博士当时所面临的是什么样的危局,遇到的是何等的困难。伍连德对肺鼠疫传播途径的准确判断并及时隔离病人,挑战了当时日本、法国、俄罗斯医学同行的权威;他为探究病理而对染病死亡者尸体进行解剖,为阻断疫情而焚烧全部疫情死难者尸体,都冒犯了当时中国的风俗民情。这些举动不仅需要创新的智慧、无比的勇气,更需要博大的胸怀、悲天悯人的大爱,以及舍生忘死的职业道德。"

我们应该记住伍连德,因为他对中国乃至全人类的防疫工作以及医学事业的发展做出了巨大的贡献。东北疫情危机解除后,他不仅在中国主持召开了万国鼠疫研究会议,还通过不竭努力使中国收回了海关检疫主权。他先后在中国不遗余力地主持兴办检疫所、医院、研究所,还创办了医学高等学校(哈尔滨医科大学前身),与同道共同发起建立了中华医学会,创办了《中华医学杂志》等医学刊物。1935年,伍连德获诺贝尔生理学或医学奖候选人提名,成为中国历史上最早被提名诺贝尔奖候选人的科学家。

肺鼠疫虽然恐怖,致死率极高,但今天中国的医疗条件和防护措施已经能够很好地控制疫情的扩散与传播。据媒体报道,2014年7月,甘肃省玉门市曾有过鼠疫暴发,151位密切接触者被隔离观察,虽有1人因患鼠疫死亡,但因医疗管控、防治措施及时有效,疫情很快得以平息。这次北京接收外地疫情患者,市疾病预防控制中心为此专门发布公告:"北京不是鼠疫自然疫源地,经过多年监测从未发现鼠间和人间疫情,本地发生鼠疫的风险极低。因此,市民不要为此感到恐慌,但有必要了解有关鼠疫的防控知识。"

这正是:

久绝鼠疫今又闻,
防范把控众志城。
疫情知识勤科普,
不必蛇影惊杯弓。

注:

本文刊载于2019年11月22日《科普时报》中的《青诗白话》栏目。

济世悬壶 博爱单

　　2023年9月22日,《国医大师熊继柏手书疑难危急病症医案》(以下简称《医案》)新书首发式,以别开生面的形式在湖南中医药大学举行,81岁的国医大师、湖南中医药大学熊继柏教授将图书手稿捐赠给学校,并向湖南中医药大学15所附属医院赠送新书。《医案》由湖南科学技术出版社倾情出版,内容包括熊继柏教授书写的48个经典疑难杂症医案,是熊先生从医60余年的经验总结和心血结晶,个个精辟可师。细读《医案》,感触良多。

《医案》是熊继柏教授中医诊治成果的精华呈现。熊继柏先生于1956年6月开始行医,之后在湖南省常德市石门县维新中医院从事中医一线临床工作。1979年被选调至湖南中医学院(现湖南中医药大学)工作,历任内经教研室主任、中医经典古籍教研室主任。1999年获评湖南省"名中医",2008年和2022年先后获聘第四批至第七批"全国老中医药专家学术经验继承指导老师",2017年入选第三届"国医大师",2020年当选中国中医科学院学部委员。长期以来,他坚持中医理论与临床实践相结合,善于辨证论治,精于理法方药,擅长诊治内科杂病、儿科病及妇科病,在诊治急性热病和疑难病症等方面更是有独到的经验,可谓理、法、方、药俱佳,是一位名副其实的中医全科老专家。《医案》收录的48个经典疑难杂症医案,凝聚了熊继柏先生毕生从医的心血,是他一辈子从事中医诊疗经验的高度总结和丰硕成果的精彩呈现。

新书发布会上,据同行专家介绍,熊继柏先生尤其擅长疑难病症和急症的诊治,曾创新性地提出辨清病性与病位的诊治思路,以及中医因证选方、依方遣药的治疗方法,治疗病患百万人有余,临床疗效十分显著。2020年,为抗击新冠肺炎疫情,熊继柏先生临危受命,担任湖南省中医高级专家组顾问,亲临一线诊治、抢救新冠危重病人,所定方略彰显疗效,广获好评。如今,熊先生精选医案,结集出版,慷慨公布,可谓大爱仁医,功德无量,泽被后人。

《医案》是传统中医诊疗方法的直观演示。清代江苏名医徐大椿尝言:"欲治病者,必先识病之名;能识病名,而后求其病之所由生;知其所由生,又当辨其生之因各不同而症状所由异；然后考其治之之法。"中医大夫诊疗医病，首先得"望""闻""问""切"，以察病情，以究病因，以明病理，以开药方，遂对症施药、观察疗效、继作改进。可见，认真书写中医处方，仔细书列方中药名、克数、剂量、煎服方法，既是传统中医诊疗的重要步骤，又是中医大夫的基本功，患者据此可体察出行医人的爱心、医术、品行、作风……熊继柏先生亲写的医案，字体俊秀、笔迹流畅、疏朗有致、收放自如，尽展扎实书法功底，可谓赏心悦目，尽显深厚人文情怀，让人肃然起敬。

《医案》中的处方尽量选用寻常中药，鲜见名贵药材。大医者总能多为黎民百姓着想，宅心仁厚，医爱博大。《医案》处方行文精准洗练：病情描述清晰，病史载录翔实，病因诊断明确，病方开得利落。处方文字既不故弄玄虚，更不拖泥带水，读来通俗明了。医案字体工整、清晰。熊继柏先生处处替就诊患者考虑，时刻把药品质量放在心上。品读《医案》，国医大师"高大上"的医德、医术、医风、医貌历历在目，让人难忘。

《医案》是中华优秀中医文化遗产的宝贵传承。《医案》的这种传承分别体现在形式传承、内容传承和精神传承上。在形式传承上，《医案》的装帧、设计、印刷可谓匠心独具。中医乃中国传统医学，《医案》按古籍样式付梓，文字全部竖栏书写、排版，全书往右翻展书页、从右至左阅读；封面采用米色缎面精装，尽显古朴、典雅、周正；内页选用上等宣纸，单面印刷对折装订，油墨优质，黑灰养眼；全书仿照线装书锁订，翻阅轻松，摊展顺畅。《医案》的内容传承，前文已叙，不再赘述。至于精神传承，读者可通过阅读《医案》，知晓熊继柏，了解熊继柏，认识熊继柏，继而学习熊继柏先生的高超医术及其精神品德。

熊继柏先生从医67年，治病救人无数，栽桃育李万千，硕果累累，精神感人。

自2014年始，他开办"中医临床现场教学课"80余期，专选疑难病人，边诊疗、边讲析、边传授，近万名临床中医大夫听课受惠。他在全国各地开设学术讲座300余场，分别在《中国中医药报》和《中华中医药杂志》开设"熊继柏医案专栏"和"熊继柏经典指导临床系列讲座"，桃李满天下。他还把在湖南东健药业有限公司担任顾问的收入，每年以20万元的额度连续捐献5年，设立"东健·国医大师熊继柏奖励基金"，用于奖励中医学科优秀青年师生。为此，熊继柏先生先后荣获湖南省卫生厅优秀教师奖、三湘好医生"大医精诚奖"、专家门诊医生德艺双馨奖、湖南省新冠肺炎疫情防控先进个人等奖项、称号。拜读《医案》，内行学医术，外行学精神，各有所得。

中医药学是中华民族的伟大创造，是中国古代科学的瑰宝，《医案》无疑是一份宝贵的文化财富，当倍加珍惜。有感于斯，填《南乡子》词一首，祝贺《医案》出版，褒赞熊继柏先生。

险重疑难，
妙手开方转乐安。
问切观闻医大道，
心宽，
济世悬壶溥爱单。
付梓书坛，
翰墨珍稀细阅勘。
今古揽收奇病案，
标杆，
文化传承惠杏繁。

注：

本文刊载于2023年第11期《中国科技教育》中的《开卷有益》栏目。

大爱仁医术业精

　　培养一个医术高超的大夫，并不是一件容易的事情。若这样的医生对病人还有悲天悯人的菩萨心肠，就更加难能可贵了。满足上述条件，同时又能撰写畅销科普图书、"吸粉"开公众号，这样的医生可谓凤毛麟角。具备这三方面的素质，还能写漂亮的毛笔字，灵魂更是有趣，这样的极品网红优秀大夫恐怕打着灯笼都难找。

但是，我却可以自豪地告诉大家，我就认识这样一位大夫，他就是北京协和医院妇产科主任医师、博士生导师谭先杰教授。拜读他的科普大作《协和妇产科医生手记》，更是坚定了我对他的认识和看法。

《协和妇产科医生手记》2022年9月由人民卫生出版社出版。这是一部临床一线医生写的科普手记，总共46篇文章，分"身为医生""诊问随笔""协和印记""医在旅途"和"百味人生"5章。作者从临床医生的视角，真实记录了自己在学医、接诊、医治疑难病症过程中所发生的故事，全方位展现了一位出身农家的医生成长的酸甜苦辣，悉心描述了一个个重病甚至绝症患者求医艰难曲折、令人唏嘘的经历，深刻展示了医生和病人及其家属之间相互信任的真挚情谊。46个有趣、感人、励志的故事，汇成了一部传播妇科知识、关爱女性健康、重视生命教育、体现人文关怀的温馨交响曲。

第一章"身为医生"收录的都是发生在妇产科手术前后的真实故事。"手术背后"讲的就是谭先杰冒着巨大手术风险，成功从一位青年孕妇腹中摘除两个比足球还要大的肿瘤，成功挽救病人生命的故事。故事情节惊心动魄、扣人心弦，作者更多的是赞颂病人及其家属对自己的绝对信任，麻醉师及其同事们的全力配合，以及恩师郎景和院士的倾力支持，读来感人至深。这一章既讲述了作者"过五关，斩六将"的成功医案，也披露了"输吕蒙，走麦城"值得吸取教训的手术。在作者看来，对于极为罕见的疑难病患，医生必须万分重视，不能心存丝毫侥幸。因为，"万分之一只是概率，摊到了就是百分之百。过去了，就是故事；过不去，就是事故。"对生命如此敬畏,对工作如此负责,这样的医生能不优秀? 谁还能比他更优秀?

第二章"诊问随笔"收录了谭大夫9篇医学随笔,"多半是在出完门诊之后,或等待手术开台之前的灵光一现,庄谐成趣,并包含健康知识。"我读这一章更多地感受到的是谭先杰大夫设身处地为病人考虑所彰显的关爱、仁慈、体贴和细心。"进妇科诊室别带'闺蜜'"是作者给年轻女性求医者苦口婆心的忠告,因为对于医生提出的与病情有关的性生活、怀孕史之类极为私密的问题,女性就医者在闺蜜陪伴下极有可能不讲实话,这有可能导致医生误判,从而耽误治疗。因此,谭大夫一如既往地给出了金句般的规劝:"有一种财富,叫作隐私;有一种关爱,叫作回避。"

谭先杰为什么选择学医?他是怎样走进协和医院这座医学圣殿的?协和医院的学子们又是怎样传承前辈们的优良传统的? 第三章"协和印记"给出了这些问题的答案。"从医的头20年,我一直在兑现自己对母亲的承诺——上医学院,当医生;到大医院,当什么病都能治好的医生。"协和医院有实习医生给病人抽血的制度,实习医生即使一针不能见血,通常也不会招来病人责骂。谭大夫由此感叹道:"医生不是天生就会抽血的, 病人是医生真正的老师, 医生需要感谢病人。"正因为对医患关系有着如此通透、清醒的认识,步入协和医院的第二年,谭先杰就被评为"年度最佳住院医师"。协和素来以住院医生培养严格、规范著称,即使之后又获得过许多重要的奖项,谭先杰至今仍把"最佳住院医师"这个奖项看得最重,因为它影响了自己的人生走向。

作为医生尤其是临床医生,人在旅途遇见病患,你会怎么办?此时此刻,不仅考验人性和良知,更考验医生的医术和担当。《飞机上,有人捂住了女子的嘴》《7

号车厢,紧急呼救》《高铁上,又有人"非法行医"》,这3篇文章讲述了作者旅途出诊的故事,既惊心动魄又感人肺腑。三个故事中遇到的都不是作者主治的妇产科病例,但是,谭先杰每次都是第一时间冲出去,毫不犹豫参与抢救。真可谓,人间有真情,仁医有大爱啊!

第五章"百味人生"讲的是作者脱下白大褂后,作为父亲、作为兄长、作为儿子、作为亲戚、作为朋友、作为一名普通人生活中的另一面,充满亲情、温情和友情。《协和妇产科医生手记》文笔平实,幽默风趣,娓娓道来;作者敢于自嘲,感情真挚,亲近可爱;书中故事因真实而格外生动,因有趣而耐读,因隽永而值得品味。

和谭先杰教授打交道,你会觉得他像个孩子,喜怒哀乐溢于言表,情绪丝毫不加以掩饰。他在书中写道:"我不是一个优秀的医生,因为,我不够单纯,想得太多。但我是一名合格的医生,因为,我敬畏生命,尽心尽力。"在我看来,正是因为单纯,毫无私心杂念,才能如此优秀;正是因为敬畏生命,尽心尽力,才能如此出类拔萃。

品读《协和妇产科医生手记》,不胜感慨,特填《浣溪沙》词一首,以表对谭先杰教授的敬佩之情,对这部优秀图书的赞扬之意。

大爱仁医术业精，
扶伤救死解危情，
协和妇产美扬名。

接诊医疗书手记，
传知叙事写冰清。
先锋科普踏歌行。

注：

本文刊载于2023年第9期《中国科技教育》中的《开卷
有益》栏目。

科普人生谱诗篇

　　值中国科协60周年华诞、中国科学技术馆建馆30周年之际,季良纲先生所著《科普年华——联合国"卡林加科普奖"获奖者李象益》(以下简称《科普年华》)一书由科学普及出版社出版发行,可喜可贺。

《科普年华——联合国"卡林加科普奖"获奖者李象益》平实记录了李象益先生几十年如一日,坚持不懈从事科普的人生历程。

李象益先生曾任中国科协科普工作部部长、中国科学技术馆馆长,从事科普工作至今已35年,是科普领域的老前辈、科技馆事业的先驱者。拜读《科普年华》一书,颇有感慨。诚如中国科协党组副书记、书记处书记徐延豪"序"中所言:"这一本《科普年华》,平实记录了象益先生几十年如一日,坚持不懈从事科普的人生历程,体现了他对科普事业的一往情深。他精彩而丰厚的科普人生,是一笔宝贵的精神财富,能给广大科普工作者和科技工作者以启迪与精神感召,并真切地告诉我们,科普人生可以这样的充实,这般的精彩!"

这正是:

科普人生谱诗篇,
朝霞绚丽晚霞妍。
勤奋执着皆金句,
优美韵律好华年。

感慨之一:年华好,勤奋当趁早;拼搏进取求实干,华丽转身事科普,机遇抓得牢。李象益从事科普工作可谓半路出家。《科普年华》第三章"铸造翱翔蓝天的利剑"详细介绍了他早年从事航空发动机研制工作的艰辛历程。李老师1961年8月毕业于北京航空学院(北京航空航天大学前身),毕业后从事航空喷气发动机研究、设计与教学工作,主持的研究项目曾获国防工业办公室重大技术改进成果协作一等奖,航天工业部科技成果二、三等奖等多项科技奖励。23年砥砺奋进的科研、教学生涯，铸就了他迎难而上、勇于创新的信念，如果继续已有的事业，无疑前途无量。

1983年9月，45岁的李象益迎来了人生和事业的一个重大转折——从北京航空学院调入中国科协，参与中国科学技术馆筹建工作。《科普年华》第四章至第七章介绍了李象益在职从事科普工作的丰富人生经历和灿烂辉煌业绩。从那一天开始，他从一名高校科研与教育工作者，转型为一名科普工作者，开始抒写科普人生新的篇章。中国科学技术馆一期建成后，他实践了美国核物理学家、旧金山探索馆创始人弗兰克·奥本海默的展教模式，使中国科学技术馆成为全国第一座"科学中心"式的国家级综合性大型科技馆，揭开了中国以"科学中心"建馆的新纪元。

1995年9月至2000年5月，李象益在担任中国科学技术馆馆长期间，全身心投入规划建设中国科学技术馆二期项目，每一个展品、每一个细节，都倾注了他百倍的精力和全部的热情。在跟踪研究世界科技馆教育发展的基础上，他引入了新的综合技术展示分类和科普教育创新理念，科技馆每件展品如同他哺育的一个个新生命，从头到脚都展示出前所未有的魅力。他牢牢地抓住了发展机遇，在事业上实现了华丽转身。

感慨之二：桑榆好，红霞漫天烧；莫道夕阳正西下，踏遍青山人未老，情浓兴愈高。2000年5月，李象益退休，开启了他科普人生的第二个春天，铸就了他科普事业新的辉煌。《科普年华》第八章至第十一章对此有着重描写。在李象益看来，退休并不意味着从此步入人生"宁静的港湾"，而是新征程的起点。作为中国科技馆创业团队的重要成员、"科学中心"式科技馆理论与实践方面的资深专家，他很快被十多家科技馆聘为顾问，开始在全国各地奔波，认真做科普报告，真诚提咨询建议，继续展示自己对科普事业的热爱。当年10月，他当选中国自然科学博物馆协会理事长，积极推动协会改革，促进科技馆与企业合作，加强咨询开发工作，扩大国际交流合作，开创了协会工作新局面。随后，他推动成立了“北京师范大学科学传播与教育研究中心”，使其成为中国科协与高校联合创建的第一个科学传播与教育研究机构，推进学校教育与社会教育有机结合，促进科普教育纵深发展，努力提高公众对科学的认识水平。

2004年10月，李象益当选国际博物馆协会（以下简称“国际博协”）执行委员，成为新中国成立以来第一个进入国际博协领导层的中国人。2007年8月，连任国际博协执委，助力中国成功获得“第22届国际博协大会”主办权。2013年，他荣获由联合国教科文组织颁发、被誉为“科普界诺贝尔奖”的卡林加科普奖，成为联合国教科文组织自1951年设立该奖以来第一位获此殊荣的中国人。

有感于《科普年华》逢喜出版，庆贺年届八十的李象益老领导为科技馆事业做出的重大贡献，特作藏头诗一首，以表情怀：

李树桃林果繁硕，
象大无形巧若拙。
益智科普勤启迪，
获知展教奋开拓。
卡握质效彰严谨，
林耸国际耀科博。
加鞭耄耋奋蹄马，
奖掖后学胸襟阔。

注：

本文刊载于2018年9月28日《科普时报》中的《青诗白话》栏目。

浓情翰墨映丹心

　　合上《笔墨丹心——陈康白诗文赏析》（以下简称《笔墨丹心》）文稿，思绪万千，颇多感慨。该书主要编著者王民先生不仅曾是我在北京理工大学工作时的同事，还是与我志趣相投的好朋友。拜读《笔墨丹心》，自然倍感亲切、喜悦，禁不住要为新书的付梓连连点赞。

《笔墨丹心——陈康白诗文赏析》是王民先生的新作，具有很高的史料和文献价值。

一赞王民好友坚持不懈研究中国共产党自然科学高等教育发展历史，发掘延安时期著名科学家、教育家陈康白的历史价值，全面展现陈康白的精神风采，成为研究陈康白先生第一人。王民自1986年起就一直在北京理工大学工作，早在校招生办公室工作时，他就注意搜集学校不同历史时期的重大事件、重要人物、重要新闻和重要成果，将其编入招生简章予以重点宣传，以增强学校对考生的吸引力。2008年调任校档案馆副馆长后，他开始参与学校历史上第一个常设校史馆筹建工作，着手收集、整理、研究学校历史资料，聚焦我党创办自然科学高等教育尤其是延安自然科学院发展史研究。延安时期的自然科学院是北京理工大学的前身，创办于1940年9月，是中国共产党创建的第一所理工科大学，由此开启了我党创办自然科学高等教育的先河。作为真实的历史存在，延安自然科学院虽然广为人知，但由于解放战争期间延安曾一度"沦陷"，中央和各个单位的许多历史资料或被销毁或被掩埋或不幸遗失，保留下来的物证、档案少之又少。为此，王民一直在思考一个问题：用什么来展示延安自然科学院的诞生和早期建院的意义，以及对日后学校不同历史发展阶段的影响？校友们写的回忆录和为数不多的老照片，以及已出版的《延安自然科学院史料》固然珍贵，但仍然显得单薄，不足以说明延安自然科学院建院的伟大历史意义。带着这个问题，王民开始了持续十余年的艰难查找、探寻、收集、整理、研究工作，并取得了一系列骄人的成果。

功夫不负有心人。王民最终从中央档案馆、陈康白遗孀黎扬等处，找到了有关延安自然科学院创建等方面的许多重要档案资料。通过文献查询、实地勘察、走访校友等，他和其他同志一道落实校党委指示精神，创建了新校史馆，复原了延安自然科学院旧址沙盘，主编出版了《中共中央在延安十三年资料（4）——中央机关工作和建设》一书，协助拍摄了《徐特立》《党旗飘飘》《奠基中国》《传奇共产党人——刘鼎》《抗战中的财经》《红色育人路》《寻宝校史馆》等多部有关延安革命史的电视片，在《光明日报》《自然辩证法研究》《中华魂》等报刊上发表多篇相关研究文章，为研究延安时期党史和北京理工大学红色发展历史增添了新的内容。

在延安自然科学院近6年的办学历史上，李富春、徐特立、陈康白、李强曾先后担任院长。王民在研究过程中发现，李富春、徐特立、李强三位老院长都出版过个人传记，相关史料都很多，唯独第三任院长陈康白既未见其个人传记，相关的历史资料也非常少，校档案馆和互联网上也很难找到有关他的详细介绍。作为当年延安最大的科学家，新中国成立后，陈康白先后任东北军区军工部总工程师、东北人民政府文化部副部长、哈尔滨工业大学校长、中国科学院秘书长、中共中央高级党校哲学教研室副主任兼自然辩证法教研室主任、中华全国自然科学专门学会联合会副主席、中共中央华北局文教办副主任和农办副主任、国务院参事等职，这样一位传奇历史人物却几乎被后人遗忘，实在是不应该。于是，王民又着手研究陈康白，经过11年的努力，终于写就《陈康白传》一书，并即将由中央文献出版社出版。如今，现任北京理工大学校史馆馆长、档案馆副馆长，中国延安精神研究会理事的王民，已成为中国共产党自然科学高等教育发展历史尤其是延安自然科学院院史研究方面的专家，成为研究陈康白先生的第一人和绝对权威。《笔墨丹心》则是王民撰写《陈康白传》的附带研究成果，它与《陈康白传》一道,全面展示了陈康白革命的一生、奋斗的一生、公而忘私的一生、坎坷多难的一生、坚贞不屈的一生,同时也对《陈康白传》做了很好的细化和补充,使《陈康白传》中的人物形象更真实、更立体、更饱满、更具吸引力。

二赞王民慧眼识珠,抢救性发掘陈康白诗文史料,为研究我党在延安时期的革命、科技、教育和工农业发展历史提供了极为珍贵的素材,填补了诸多空白,具有较高的史料和文献价值。为了撰写《陈康白传》,王民曾多次带领同事前往陈康白的遗孀黎扬和女儿陈明珠家,发现了大量陈康白遗存的诗文手稿和文件资料。2020年夏,他带领同事在整理这些手稿、资料时,被几个陈旧的笔记本所吸引,细心的王民在其中一个笔记本里发现了几首记载延安时期事项的诗词,诗的题目有《追记延安豹子川访田三》《跬边开盐田》《寿徐老》等。显然,这些诗并不是陈康白摘抄的古诗文,将诗歌下方标注的创作时间与陈康白在延安的经历比对,王民惊喜地发现,这些都是陈康白原创的诗文。沿着这条线索,之后在陈康白遗存的各种资料中,他们又陆续找到了陈康白创作的几十首诗词作品和一批从未面世的文稿。

陈康白,原名陈运煌,1903年8月30日出生于湖南省长沙县麻林桥乡(今长沙县路口镇明月村)。他1927年毕业于厦门大学化学系,先后在浙江大学、北京大学任教,1933年经诺贝尔化学奖获得者阿道夫·温道斯引荐赴德国哥廷根大学化学研究院讲学并从事科学研究。1937年回国后,在徐特立指引下,陈康白奔赴延安参加革命,1939年入党。延安时期,他先后担任中共中央军事委员会军工局技术处处长、边区工业展览会筹委会主任、三边盐业处处长等职,成为延安时期著名的科学家。

1939年5月,作为筹建小组组长,陈康白在李富春领导下,负责筹建延安自然科学研究院并担任副院长；1940年3月，又作为筹建小组组长，在中央和边区政府领导下，筹建延安自然科学院并任副院长；1944年5月，出任延安自然科学院院长。王民考证的结果表明，陈康白先后担任延安自然科学研究院和延安自然科学院两个筹建小组的组长，是这项工作最具体、最直接的领导者和实施者，可谓是创建延安自然科学研究院和延安自然科学院的最大功臣，是延安时期知名的教育家。

王民团队抢救性发掘的这些陈康白诗文史料，有延安时期、解放初期和新中国成立后的手稿和印刷品，几乎涵盖了陈康白老院长奋斗的一生。诗文不仅全面展示了陈康白在诗词方面深厚的历史底蕴和文学功底，以及在不同历史时期的主要工作成就，更展示了延安时期他在化学研究、石油开采、农业开发、经济管理、哲学研究、教育教学、军工生产、重工业管理、矿产开发、高等教育、科学机构设置和自然辩证法研究诸多方面的突出贡献，是我党在延安时期的革命、科技、教育和工农业发展史料的重要补充，填补了诸多空白，具有较高的史料和文献价值，为了解、研究我党领导的科技、教育发展史提供了珍贵的参考资料。

第二部分"文章荟萃"中的《五月初在延安举行边区工业展览会》《边区工业展览会之召开与抗战之经济建设》《边区工业展览会的意义》3篇文章，全面、系统地介绍了我党第一次举办大型边区工业展览会的初衷与筹备、办展和总结工作的全部过程及详细情况，为研究我党展览会历史提供了鲜活的史料和成功的案例。研读《笔墨丹心》，读者可以真切地感受到，陈康白不愧为我党在延安时期不可多得的科学家、教育家、政治家和社会活动家。

三赞王民带领团队成员对陈康白诗文进行认真、细致、全面、客观的解读，深入挖掘其内涵、价值，为北京理工大学文化建设做出重要贡献，为新生入学教育提供了极好教材。《笔墨丹心》分"诗词赏析"和"文章荟萃"两部分,共收录陈康白诗词66篇、文章32篇。第一部分"诗词赏析"重在对陈康白创作的诗词进行认真、细致、全面、客观的注解、翻译、赏析,第二部分则在认真考证陈康白撰写的每篇文章历史背景的基础上,给出了有助于读者阅读、理解的必要说明。可以说,在此基础上编著完成的《笔墨丹心》一书,体现了王民编著团队对陈康白诗文内涵、价值的深入挖掘,是一次文学、艺术上的再创造,不失为北京理工大学文化建设的一项重要成果,可作为新生入学教育的极好教材。

例如,第一部分"诗词赏析"中的《跋边开盐田(一)》写道:"革命旌旗映北山,长城万里敢登攀。春日繁花沙漠里,牧群棋布彩云端。平湖盐石欢心白,晶体骄阳满目斑。事到于今歌出塞,来游此地不知还。"此诗写于1940年春,正值延安艰难困苦之际,陈康白利用所学化学知识在边区组织开发盐田,克服重重困难开展生产自救。虽身处人迹罕至的荒漠,他却并未感到孤单寂寥,如同慷慨远征的将士高歌出塞,革命激情高涨,雄心壮志凌云。读罢此诗,相信今天的莘莘学子能学习到老一辈革命家的乐观主义精神,"攻城不怕坚,攻书莫畏难",在攀登科学新高峰的征程上,一定也会充满豪迈的情怀。

第二部分"文章荟萃"中的许多文章,对今天的读者仍多有启发、多有教益。读《整理陕北石油矿建议书》《陕甘宁边区垦荒报告书》等文章,一个重调查研究、重实地考察、重分析研究、重数据事实、重系统规划、重实操落地的科学家形象跃然纸上,令人感动,让人敬佩。而写于1952年2月的《对〈巩固国防、发展经济〉草稿的修改意见》一文,则彰显了陈康白作为科学家不唯上不媚上、实事求是、坚持真理的精神风范,以及作为政治家襟怀坦荡、勇于担当、敢于谏言的品德修养。《巩固国防、发展经济》是时任东北人民政府主席高岗准备在东北人民政府委员会第三次扩大会议上所作的重要报告稿，陈康白的修改意见没有一味逢迎或是简单敷衍，而是一针见血地指出了当时东北工业存在的大量问题，痛陈这些问题的严重危害性，并特别强调"为了建立制度而不流于形式，就应该认真反对形式主义。"时至今日，这些铮铮建言，仍然振聋发聩，催人警醒。

陈康白早年专攻化学，在专业领域颇有成就，从德国学成回国后，他并未就职校园、沉迷安逸、享乐生活，而是毅然奔赴延安，从此投身革命，献身祖国，服务人民，殚精竭虑，为今天的青年才俊树立了爱国爱民、拼搏奋斗、无私奉献的人生榜样。这位地道的理工男有着极高的文学造诣、艺术修养，品读《笔墨丹心》便可见一斑。陈康白写诗填词善于用典，尤喜借鉴诗圣杜甫的名诗，将古诗名句写出新意，写出新境界。其论文、报告、建议、书信、讲话、笔记等涉猎学科之广泛、探研问题之深入，更彰显了他见识之高远、学问之渊博、见解之独到、才情之不凡。对今天文理偏科的青年人来说，品读《笔墨丹心》，细究陈康白的成长之路，将更加知晓文学艺术对健全人格培养的重要作用，更加懂得科学人文相互融合对创新发展的积极意义。

四赞王民克服重重困难，组织编著出版《笔墨丹心》一书，彰显了他锲而不舍、坚韧不拔、努力钻研、虚心求教、无私奉献，忠实践行"团结、勤奋、求实、创新"校风的工作作风和优秀品质。陈康白的诗文被发现后，王民带领团队成员认真抄录、悉心整理。有的文稿字迹模糊，难以辨认，有的遣词用句较为生僻，不好理解，这些困难都没有难住他们，最终都被一一解决。团队成员只有一人是文学专业毕业，对古诗词也只是爱好而已，并无相关的专业基础，要想比较全面、客观、准确地解读、赏析陈康白的每一首诗词，难度之大、挑战之艰可想而知，但是，这同样没有难倒他们。为使诗词解读更为严谨、准确，王民带领团队成员发挥集体智慧,共同研究探讨,虚心吸收朋友的意见和建议,反复修改、不断完善。以第一部分中的第七首诗《夜渡汾河平原》为例,全诗如下:"夜寒风黑到汾西,水灌冰封步步迷。过客正须愁出入,行军不自解东西。寻村问路亏枪托,野店山桥信马蹄。敌顽缩首乌龟壳,百八平川未足奇。"编著者最初将诗中四五两句理解为,"寻村问路"要凭借"枪托"做探杖,途经"野店山桥"要靠"战马"辨别方向。友人指出这样的理解过于浅显,不一定正确。该诗创作于1944年冬,正值抗日战争"大反攻"时期,陈康白随南下部队跨汾河、过同蒲,日夜征战,此处"枪托"和"马蹄"应该是代指南下武装力量。王民欣然接受友人建议,全诗重新翻译后,我军攻城略地、摧枯拉朽、一路南下,打得敌人闻风丧胆的英姿顿现,全诗的文学、艺术、思想境界立刻提升到了一个新的高度。

陈康白生性耿直,按他夫人黎扬所说:"陈康白是一个书生似的科学家,不会当官,说话不会拐弯,很容易得罪人。他干工作总有自己的想法,他的有些想法很超前,所以很多人不理解他,不赞同他。有的时候,一些领导也不支持他,批评他是'大军工、大计划、教条主义'。"或是个人性格使然,陈康白在新中国成立后的一段时期内屡遭排挤,"文革"期间更是遭人迫害,身陷囹圄,受尽磨难。这或许就是在此之前人们见不到陈康白的传记、很难查找到有关他的详细资料的缘故吧。

编著出版《陈康白传》《笔墨丹心》等史料图书,并非王民的本职工作,而是出于他高度的使命感和责任感。这也需要他拥有高超的理解和把握现行出版政策的能力。在不少人信奉"多一事不如少一事"的复杂官场,王民这种爱党忧国、主动担当、积极作为、敢于创新的精神,更是弥足珍贵。我以为,这也是王民带领团队成员践行"要实事求是,不要自以为是"延安自然科学院精神和"团结、勤奋、求实、创新"北京理工大学校风的具体体现。

有感于老一辈革命家陈康白的一片丹心光照日月、新一代学者王民的赤诚情怀忠心可鉴，遐想于数代人隔空互为知音、惺惺相惜、共担忧乐，特填《浪淘沙令》词一首，以示褒赞之心，以表敬佩之意，以抒感慨情怀。

喜遇知音。
赏析诗文圆鹤梦，
浓情翰墨映丹心。
孤枕沉吟，
行路雨风侵，
鼓瑟鸣琴。
建院办学才俊育，
科研生产手拿擒。
沐浴新霖。
陕北理真寻，

 注:

本文是为宋逸鹤、王鹏、王民编著的《笔墨丹心——陈康白诗文赏析》一书所写的序，该书2023年4月由北京理工大学出版社出版。

出版肩任勇为先

　　《翰墨鸿影——陈芳烈科学文化随笔》(以下简称《翰墨鸿影》)2021年3月由人民邮电出版社出版时,我曾撰写推荐联概括该书内容,庆祝该书付梓:

　　科技新域苦探索,穷究宇宙信息奥秘,椽笔深解知识传播谐趣事;

　　梨枣故园勤耕耘,铸造图书特色品牌,美文畅抒编辑出版善真情。

今天,重温这本出版大家的随笔力作,尝试破解陈芳烈老师功成名就的奥秘,为青少年成长成才树立学习的榜样。

青壮当努力,莫负时光鲜。陈芳烈1962年毕业于北京邮电学院(今北京邮电大学),同年入职人民邮电出版社,曾任《电信技术》和《电信科学》主编、人民邮电出版社总编辑,获授"有突出成绩的科普作家""全国先进科普工作者"等荣誉称号,策划、主编的《e时代N个为什么》丛书荣获2007年度国家科学技术进步奖二等奖。《翰墨鸿影》分"文化记忆""科普随笔"和"编创杂谈"三部分,读罢全书,你就能清晰地理出陈老师不懈努力、不负韶光、艰辛跋涉、走向成功的人生轨迹。

"小院的故事"展现了陈老师对事业的追求和热爱,即使在艰苦环境下,他仍然始终保持积极向上的精神状态。"悠悠笔墨情"彰显了他对工作的积极主动:担任《电信技术》载波专业编辑时,他在天津和苏州的载波站设立了联络点,经常与两站技术人员联系,鼓励他们写作,帮助他们改稿,先后在两站发展10多名作者。自25岁在《人民邮电报》发表第一篇科普文章,他的创作从此便一发不可收拾,《留住兴趣》一文道出了他成功的奥秘:兴趣教他学会坚持,学会积累,学会沙里淘金,学会珍惜时间,引导他走向事业成功。

感恩重情义,不负前辈贤。在《翰墨鸿影》中,陈芳烈以感恩之心深情地回顾那片培育他的土地,怀着高山仰止之情缅怀对他有引路之恩的先辈。第一部分"文化记忆"收录的文章大多与他成长过程中的人和事有关,无论是《难忘恩师崔东伯》写中学恩师教书育人、言传身教的经历,《主编遗风》写佟树龄老主编对编辑工作的极端认真、对下属和弱者的慈爱,还是《风波》写出版社老书记张惠仁在恶劣政治环境下为下属主持正义、鼎力呵护,读来都十分感人。《成长的沃土,生命的摇篮——为人民邮电出版社65华诞而作》,更是将陈芳烈对为之奋斗了36个春秋的工作单位的深厚感情表达得淋漓尽致。

陈老师十分感恩、珍惜这些前辈先贤对自己的指导、关心和帮助,视他们或为"编辑精神的集中体现者",或为"人生的楷模",并将他们的优秀品质予以传承、发扬光大。刘庚业还是一位普通基层电路技术员时,陈芳烈就鼓励他投稿,并一遍遍帮他修改稿件,使他的文章终于登上《电信技术》,后又成为这份学术刊物的老作者。刘庚业由此逢人便说,他是人民邮电出版社培养出来的。

铁肩担使命,创新敢为先。古今中外,凡有成就者,无不具备"铁肩担使命,创新敢为先"的品质,陈芳烈亲历与外资合作创办《米老鼠》连环画月刊的全过程就是最好的佐证。《邂逅〈米老鼠〉》一文,讲述了实现这一创举的生动故事。1992年6月1日,经过整一年的艰辛谈判,克服重重困难,突破种种"禁区",人民邮电出版社与丹麦艾阁萌公司终于达成协议,由中国出版的第一本《米老鼠》杂志正式与读者见面。在此基础上,1994年在中国又诞生了首家中外合资出版企业——童趣出版社。

陈芳烈的使命意识、创新思维,在"科普随笔"和"编创杂谈"里都多有体现。他创作的许多科普文章,如《一个伟大的预言——克拉克与卫星通信》《剪断"脐带"的革命——浅谈移动互联网》《走向融合》等,都传播了当时的高新电信技术。他撰写的论文,如《创意:出版业不竭的源泉》《跨界思维与融合意识》《对科普创新的认识和思考》等,都反映了时代最新的编辑出版理念。

编辑甘作嫁,成果丰硕妍。人们常说,编辑工作就是为人作嫁,难成大气候。陈芳烈老师一辈子从事编辑工作,不仅成为优秀的编辑家,还是出色的出版家、著名的科普作家和电信专家。在陈芳烈看来,为人作嫁是编辑的神圣使命,但编辑同时也可为自己做几件"新衣"。于是,"多年来,在书香中夜读,在孤灯和清茗的陪伴下寻章觅句,成了我生活中的一项重要内容,也给我平添了几多乐趣。"他从写编辑应用文开始,然后写一些"豆腐块"大小的文章,再后来写与自己专业有关的科普文章,最后出版自己的科普图书。

数十年来,陈老师著、译有《电信革命》《现代顺风耳——电话》《我的科普情结》等书籍20余种,主编《e时代N个为什么》丛书、《爱问科学》丛书、《少年科技百年图说》丛书等10余种,发表科普文章、论文300余篇。他以科学文化的积累和传播为使命,努力探索编辑出版规律,将编辑学带入大学课堂,成为把编辑出版实践升华为理论建构的积极尝试者。《翰墨鸿影》昭示读者,即使是编辑这样普通的职业,只要你尽心尽力,同样可以做得出彩、出色、出类拔萃。

如今,陈芳烈老师虽已年届耄耋,但仍活跃于业界,著书、撰文、授课、咨询……正如刘嘉麒院士"序一"标题所言,"不要人夸好颜色,只留香气满乾坤"。掩卷沉思,感慨万千,填《水调歌头》词一首,褒赞陈芳烈老师及其大作《翰墨鸿影》。

前辈富何有?
解密阅高篇。
科学文化随笔,
鸿影翰墨妍。
皓首传知编创,
电信激情探访,
梨枣沁甘鲜。
作嫁绣衣慰,
成美育人甜。

字诚切，
丰意蕴，
善达贤。
著书授课，
出版肩任勇为先。
实践真经凝聚，
理论杂谈撷取，
付梓普及宣。
莫道秋菊晚，
香气满坤乾。

注：

本文刊载于2024年第1期《中国科技教育》中的《开卷有益》栏目。

诗意远方寄念情

  日常生活中，人们心中常怀有一种向往未知的梦想和情愫，那是一种对诗意远方的想象和期许，更是一种心灵深处对美好、真善、仁爱以及自由的探索和追求。拜读好友刘合院士的《诗意远方》，我以为，这部新著对"生活不止眼前的苟且，还有诗和远方"这句名言做出了直观、深刻的诠释。

《诗意远方》对"生活不止眼前的苟且,还有诗和远方"这句名言做出了直观、深刻的诠释。

刘合是中国工程院院士、著名能源与矿业工程管理专家,作为科技领域响当当的人物,他在摄影界同样声名显赫,2022年出版了《科学之光 艺术之影——刘合摄影作品集》,2023年又应邀出任北京公益摄影协会名誉主席。《诗意远方》是他新近出版的摄影、诗文作品集,全书共分"人间印迹""人间风物""人间四时""人间烟火"4篇,收录摄影作品125幅,配五言绝句123首。摄影与诗词交相辉映,文字与图片相得益彰,诗意与远方相互融会,令人赏心悦目、心旷神怡、击节称赞。

远方,因赋予诗意,更加浪漫绚丽、意蕴丰富,给人无限遐想。刘合老师用镜头记录地球上的万千气象,捕捉自然界的百态美景,以物咏人,摄物抒怀,呈现的是自然写真,表达的是真情实意,创作的摄影作品和五言绝句自然别具一格、独具魅力。"蜡梅花吐蕊,一缕暗香飘。绽放枯枝上,忠贞傲骨娇。""盛夏荷花映,多姿百态仙。暗香浮动净,傲骨配红莲。"拍的、写的都是凌霜傲雪的蜡梅和姿态万千的荷花,《蜡梅》和《夏荷》这两首五言绝句,映照的是刘合院士身为知识分子的铮铮风骨和高洁品德,令人敬佩,让人仰慕。

我和刘合老师相识已五六年,与之交往,如饮甘泉,总是被他的真诚、坦率打动。2022年6月,刘合院士应邀在第二届科学、艺术与文化遗产高峰论坛上做主旨报告,因报告人多,我担心时间失控,主持时便对第一个做报告的他提出了必须守时的要求。谁知他竟提前15分钟结束报告,给后续报告人做出了表率、预留了时间,令人感动。"幽谷观君子,缤纷五彩妆。花开香四溢,风雅自流芳。"《咏兰》

摄影作品和五绝诗句,描述的不正是刘合老师这种乐于成人之美、待人宽厚诚恳的谦谦君子吗?

远方,因存续友爱,更加感情丰沛、温馨动人,让人倍加珍惜。我与刘合老师交往,受益良多,感触颇深。2023年我出版科学文化随笔集《青诗白话道真言》,刘老师欣然撰写推荐语,并专门赋诗祝贺:"好书情意读,受益者心欣。布道从容谈,诗文学海勤。"这首题为《好书推荐》的五绝,也被收入《诗意远方》,是对我文学创作的莫大鼓励,令我深受鼓舞、十分惊喜。

刘合老师是东北人,生长于白山黑水,一生从事石油勘探、开采、管理工作,虽外表粗犷、性格豪放,但内心纤细、心藏仁爱。"夜眠清早起,应有惜花人。夏日艳阳照,平安你我身。"对应这首《惜花》五绝的摄影作品,是蓝天下三朵盛开的娇媚睡莲。表面上看,作者是在写惜花、拍爱花,内心表达的却是对亲朋好友身体健康、生活美满的衷心祝福。

2020年12月8日,刘合老师的一位老领导、好友因病不幸逝世,一年后,刘合写下五绝《老友周年祭》:"周年诗祭拜,师友谊亲情。心感知恩遇,苍天念至兄。"与诗相配的是一丛鲜艳的金菊摄影作品,表达了刘合老师对亦师亦友故人的深深感激和怀念,读后令人动容。

《诗意远方》完成于三年新冠肺炎疫情期间,第三篇和第四篇中有多首五绝记录了广大民众在这段艰难时期的苦闷情愁、担心期盼、拼搏抗争的复杂心理,而《疫情狞》《齐援手》两诗则彰显了刘合院士的忧思和大爱:"静赏飞花落,随缘旨在清。心翔矜动跃,谨记疫情狞。""江城临病毒,肺疾染黎民。四面齐援手,炎黄一脉亲。"

远方,因寄托愿景,更加多彩多姿、充满神秘,令人无比向往。人们努力工作、学习,就是为了追求美好的生活,实现自己的愿景和梦想。远方,或许是一朵悠然自在的白云,或许是一片广袤青盛的草原,或许是一汪蔚蓝雪卷的大海,也或许是一片浩瀚无涯的星空,更或许是一方安宁友善的净土。这些都是我们向往的地方,它们有着无穷的魅力,吸引着我们为之跋涉、登攀。"夜色雪山秀,蓝天寂静清。高原行摄苦,美景眼球赢。"这就是刘合镜头里、诗意中的《雪山》——险峻、圣洁、深邃。没有"高原行摄苦",哪来"美景眼球赢"?

有梦想的地方,就会有风景;有愿景的地方,就要去追寻。当我们怀揣着诗意远方的梦想和愿景前行时,随处都可感受到这个世界种种的神奇美妙,时时都能触动我们内心细细的感动琴弦。此时,你会觉得,所有的付出、痴迷、癫狂,都是值得的。有刘合老师拍摄的《夕照佛香阁》和配写的五绝为证:"夕照佛香阁,金光沐浴朦。百年奇景美,影友摄魂疯。"

远方,因预示难达,更加艰辛曲折、筚路蓝缕,催人努力奋进。刘合院士是我国采油工程领域的重要领军人物,常年工作在油田一线,单在大庆油田就工作了28年之久。科研、摄影与诗词创作,看似风马牛不相及,但他却在这三个截然不同的领域自由行走、融会贯通、硕果三收。我想,这无疑得益于他的专注、勤奋和创新。

抽油机是油田中数量最为庞大、最具标志性的设备和景物,也是刘合老师最为专注的摄影对象。"叩首荒原上,油龙出海忙。黑金能奉献,机采美名扬。"五绝和摄影作品《抽油机》,与其说是在颂赞不分昼夜地向大地"鞠躬叩头"、把埋藏在地下的石油源源不断地举升到地面的抽油机,不如说是千千万万个像刘合这样"身披天山鹅毛雪,面对戈壁大风沙。嘉陵江畔迎朝阳,昆仑山下送晚霞"中国石油工人的真实写照。

我和刘合老师曾多次一同参加学术、科普活动,每次见他都是见缝插针安排活动,常常赶最早的飞机出发,乘最晚的航班归来,公务繁忙,但效率奇高。一首《夜航》五绝,道尽了奔波中的辛劳和收获后的欣慰:"红眼航班乘,身心疲乏怜。辛勤加使命,努力肯钻研。"

刘合院士善于将理论联系实际,创造性地解决生产实际中的各种疑难技术问题。他创建了采油工程技术与管理"持续融合"工程管理模式,攻克了精细分层注水、油气储层增产改造等一系列采油工程关键技术,解决了尾矿资源最大化利用和低品位储量规模效益开发等重大难题,先后5次荣获国家发明奖和科学技术进步奖。"创新无止境,认识再提升。勘探禁区进,能源产业兴。"这首《创新无止境》五绝,从侧面反映了他对科研、生产中创新、创造、创意的永无止境追求,是"诗意远方"仰望星空、脚踏实地的具体体现。

远方,因充满禅意,更加超凡脱俗、清澈明透。诗意的远方是一种美好的精神寄托,更是一种生活的探索和拼搏。现实生活中,当我们陷入琐碎和烦恼之中时,远方成为我们心灵的避风港,成为引导我们搏风斗浪的灯塔。2007年,刘合老师被诊断患有恶性肿瘤并做了大手术,术后曾一度情绪低落、不知所措。后经朋友点拨,他开始拿起相机钻研摄影艺术。从此,自然风景、历史遗迹、人文景观、工作场景都成为他镜头捕捉的对象;行山川湖泊,观落日朝霞,看花鸟虫鱼,揽晨云暮霭。以镜头为笔,以摄影为乐,以作品抒情,对生活和世界的热爱再度被激发。"得失随缘走,心无苦恼愁。只求轻简过,更上一层楼。"一首《随缘》五绝,昭示着他生活的变化、身体的好转、心境的转换、眼界的提升、思想的升华。

刘合老师待人随和、宽容、大度,与人交谈,脸上总是挂着微笑,让人如沐春风。2023年底,我拉他参加在温州举办的科普活动,一同为公众做科普讲座;接待方是一群热心科普、有志作为的年轻人,主人在街头排档用十几元钱一碗的当地特色鱼粉招待我们。刘合老师吃得津津有味,我想添一点小菜、饮料,他硬是不肯。大会报告时,年轻的主持人既没事先告知刘老师报告的时间安排,还把他安排在最后一位做报告,轮到刘老师时,他已在台下坐等了4个多小时。我直埋怨主持人考虑不周,刘老师却毫不介意,不让我批评活动组织者。"清雾湖滨起,微风绿树飘。仙家缘自我,心绪伴明昭。"读《清雾》五绝,赏《清雾》摄影,一个淡然、洒脱、宽厚、仁慈的学者形象浮现在我眼前。

近年来,刘合老师又开始学写诗,"试图给自己的生活增添乐趣和文化人的恬淡""把中华文化底蕴加深一点,把自己的文学素养提升一点,把老年生活丰富一点"。他从字数最少的五言绝句起步,四处拜师,随时讨教,笔耕不辍,诗影合璧,《诗意远方》便是他坚持不懈的收成、孜孜不倦的回报。

科学研究旨在破解未知、了解真相、寻求真理、发现规律;摄影通过光学镜头用眼睛观察世界、探寻自然,重在精神文化创意;诗词创作更是一门直击灵魂的艺术,重在人文情怀的表达。在刘合老师看来,这三者并没有严格的界限,本质上是相通的,都是求真、求善、求美,都寄托着人类对美好生活的向往和追求。

诗意的远方也是一种内心的自由,更是一种生活的体验和享受。当我们受到各种束缚和限制,无法尽情展现自己的才华时,在诗意的远方,我们可以放飞想象的翅膀,尽情表达自己最真挚的情感和渴望,释放内心的冲动与激情。"日上白山夜江听,黑水云航静。素衣孤影,丘壑难平,年少踏歌行。借得东风化寒冰,九州会群英。尘烟拂尽,寒窑生辉,归来自清明。"(调寄《少年游》)曾经书生意气、风华正茂、激扬文字的少年,如今已是功成名就、横跨多界、超脱卓然的花甲学者,端的是:"蓦然回首事,欲语少言轻。淡泊头清爽,心平悦色明。"(《淡泊》)。

作为中华传统诗歌的一种常见体裁,五言绝句具有简洁明了、含蓄深远、以小博大、以少见多的特点,了了二十个字便能展现出一幅清新、壮丽的图画,描绘出一种壮美、辽阔的意境,传达出深邃、隽永的哲思。因字少、句短、意丰,五绝可谓最难写,要求炼字、炼句、炼意,惜字如金,力争每个字都具有最大的弹性和张力,每一句诗都包含最为丰富的意蕴和情感。如此看来,刘合老师在这方面还有更大的提升潜力,也给我们留下了更多的欣喜期盼。

谨填《浣溪沙》词一首,祝贺《诗意远方》出版:

诗意远方寄念情,
五绝摄影念情倾,
交叉跨界贺才英。

科技人文相照映,
真仁美善共和鸣。
新书付梓献瑰琼。

注:

本文是为刘合院士的摄影、诗词文集《诗意远方》写的序,该书2024年3月由石油工业出版社出版。

群星闪耀照科航

　　自2017年起，中国科学院学部科学道德建设委员会举办"科学人生·百年"院士风采展，线上线下征集百年诞辰院士的箴言语录、科学故事、影像资料等，多角度、立体化展现这些科学大家刻苦攻关、献身科学、服务祖国的精彩人生。浙江少年儿童出版社"嗅觉"灵敏，迅速跟进，强强联手，以此为主题策划重大选题，于2022年12月就出版了相应的图书《国之脊梁——中国院士的科学人生百年》（以下简称《国之脊梁》）。品读这部面向青少年读者的优秀科普佳作，倍感欣喜，不禁点赞，以表心迹。

> 《国之脊梁——中国院士的科学人生百年》是一部面向青少年读者的优秀科普佳作。

《国之脊梁》策划精心，多层次普及科技历史知识，启迪青少年追梦。该书从100年前左右出生的中国科学院院士当中，精选出了40位有代表性的杰出科学家，按年龄排序，最长者为地质学家李四光院士，出生于1889年，年龄最小者1924年出生，为核物理学家朱光亚院士。通过讲述这些科学大师在各自领域拼搏奋斗的故事，展现他们所取得的杰出成就，绘制出一幅现代中国科技事业发展波澜壮阔的历史画卷。这40位院士研究的领域涉及数学、物理、化学、天文、地理、地质、考古、医学、生物、化工、建筑、气象、农业、航空、航天等学科，读者据此可了解这些学科的基础知识、发展历史、代表人物、科学传承和重要成果。40位院士当中既有人们熟知的李四光、竺可桢、茅以升、周培源、华罗庚、钱学森等，也有一些媒体宣传得比较少但同样杰出的科学家，如在国际上第一个证明豆科植物根瘤中含有血红蛋白、成功组织了世界上首次"人工合成结晶牛胰岛素"和"酵母丙氨酸转移核糖核酸的人工全合成"两项重大研究工作的王应睐院士，我国抗生素事业的开拓者、生物有机化学的先驱者之一——汪猷院士，巾帼不让须眉、成功领导研制我国第一台大型铀扩散机、为我国第一座铀浓缩气体扩散工厂分批启动做出重要贡献的王承书院士，等等。诚如中国科学院学部科学道德建设委员会主任胡海岩院士在序言中所言，这些科学家的事迹"全方位地展示了极具中国特色的科学精神与科学力量"。可以说，《国之脊梁》同时也是一部浓缩的中国现代科技发展史，一扇重要学科精选的重大成果展示窗，一张彰显科学大师风采魅力的光荣榜，是青少年了解科技发展史、接受爱国主义教育、追逐科学梦想的优选课外读物。

《国之脊梁》故事精彩,全方位弘扬科学家精神,陶冶青少年情操。2020年9月11日,习近平总书记在科学家座谈会上发表重要讲话,总结、归纳了独具中国特色的科学家精神:"科学家精神是胸怀祖国、服务人民的爱国精神,勇攀高峰、敢为人先的创新精神,追求真理、严谨治学的求实精神,淡泊名利、潜心研究的奉献精神,集智攻关、团结协作的协同精神,甘为人梯、奖掖后学的育人精神。"《国之脊梁》从不同侧面精选40位院士科学家的故事,用生动的事例诠释"爱国、创新、求实、奉献、协同、育人"的科学家精神,诠释什么是公众榜样、民族精英、国家栋梁。20世纪50年代,钱学森、郭永怀、林兰英、华罗庚、师昌绪等一大批科学家放弃国外优厚的科研、生活条件,义无反顾回到祖国,参与新中国建设。"隐于时代的女先生"王承书在谢绝导师乌伦贝克的挽留时说:"我的祖国现在的确很穷,但是我不能等到别人把条件创造好了再回去,我的事业在中国!"为了中国的核武器研制工作,"从1961年到1978年,王淦昌隐姓埋名整整17年!但他无怨无悔,只为践行那一句'我愿以身许国'的誓言"。叶企孙院士是我国物理学界的一代宗师,他长期从事教育工作,大力培养物理学人才,为我国物理学发展以及科技人才培育做出了不可磨灭的贡献。他一生共培养了79名院士,23位"两弹一星"功勋奖章获得者中,有一半以上都是他的学生,他由此被誉为"大师的大师"。这些鲜活的院士形象和感人事迹,无疑能滋润青少年的心灵,陶冶他们的情操,激励他们的人生。

《国之脊梁》设计精巧,高站位展示民族脊梁风采,激励青少年奋进。从图书的整体策划、编排,可以看出编辑和出版者的用心、精心、上心、费心。"院士名片"高度概括科学家的生平简介和主要成就,让人一目了然,过目难忘。"院士语录"则是科学家价值取向、生活感悟、科研经验、人生智慧的精心提炼，可谓传道授业，睿智隽永。"院士故事"取材真实、内涵丰富，读来生动有趣，给人启迪。介绍每位院士的文章都配以黑白老照片，尽显历史沧桑，读者仿若身临其境、穿越百年。巨幅院士个人照片洋溢生活气息、创造激情、智者风采，极具时代感、冲击力、感染力。40篇文章的标题显然都经过仔细斟酌、精心打磨，凝练出每位院士百年科学人生的"魂"，入木三分，直抵人心。封面设计更是独具匠心，除李四光、竺可桢、茅以升、叶企孙、俞大绂5位院士外，其余35位院士的肖像均被折叠的封面遮住，意蕴着这些科学家"干惊天动地事，做隐姓埋名人"的奉献精神。

高尔基说："书籍是人类进步的阶梯。"我以为，《国之脊梁》给青少年成长提供了优秀的榜样力量，留下难忘的精神印记，架设了心灵沟通的桥梁，相信将会给青少年成长提供强大的精神动力。有感于斯，填《浪淘沙令》词一首，以赞《国之脊梁》的出版，以表对40位院士的敬佩之情怀。

何者谓脊梁，无上荣光？国家危难勇担当。严谨创新甘奉献，桃李芬芳。
情蕴铸华章，榜样弘扬。群星闪耀照科航。院士精神传万代，民富邦强。

注：

本文刊载于2023年第10期《中国科技教育》中的《开卷有益》栏目。

敬绘元勋彰典范

　　得知郭曰方先生作诗、杨华女士绘画的《报国——诗画共和国功勋科学家》（以下简称《报国》）一书将由广西科学技术出版社出版，倍感欣慰，谨表祝贺。

《报国——诗画共和国功勋科学家》以郭曰方老师写的科学抒情诗为主，配以杨华女士创作的科学家肖像绘画，可谓珠联璧合。

《报国》以郭曰方老师为23位"两弹一星"功勋奖章获得者科学家写的科学抒情诗为主，配以杨华女士专门为每位"两弹一星"功勋科学家创作的肖像绘画，可谓诗情画意，珠联璧合，图文并茂，交相辉映。

郭曰方历任中国驻索马里大使馆随员、方毅副总理秘书、中国科学报社总编辑、中国科学院机关党委书记、中国科学院文联主席，兼任过全国科技报研究会副理事长、中华新闻工作者协会理事、中国科普作家协会副理事长兼科学文艺委员会主任，现任中国科学院文学艺术联合会名誉主席、俄罗斯艺术科学院荣誉院士，常年坚持科学诗创作，被誉为"中国科学诗人"。

郭曰方老师与病魔顽强搏斗、与死神拼命抗争近40年的感人事迹，一直是业界的佳话。他1981年做胃癌手术后，仍然坚持文学创作、科普写作，著述颇丰，影响颇大，先后出版有《唱给大自然的歌》《科学的旋律》《飞跃吧，China》《爱的星河》《生命奏鸣曲》《科学精神颂》《郭曰方爱情诗选》等诗集，《生命是一条长长的河》《苦恋今生》等散文集，《邓小平与中国科学院》《方毅传》《国家荣誉——最高科技奖获得者报告文学》等纪实文学，以及《心中的世界》《杰出的机器翻译专家》等影视文学剧本。他的科学抒情诗史料翔实、感情充沛、独树一帜，颇得郭小川、何其芳真传，深受读者喜爱，是全国各地高等学校、科研院所专场诗歌朗诵会的长期演唱内容。

我和郭老师乃忘年之交，我当年出任中国科普作家协会科学文艺委员会主任，就是他主动卸任并力荐我继任的结果。郭老师爱才、助才殷殷之心和提携、举荐切切之情,由此可见一斑。我在担任科学普及出版社社长兼党委书记期间,多得郭曰方老师的支持、帮助和指导,有幸出版了他的《科学的星空——郭曰方朗诵诗选》和《科学之恋:郭曰方散文随笔选》,并据此打造了"科学·文化与人经典文丛"图书品牌。2017年1月23日,有感于郭曰方老师的厚爱和提携,我专门作藏头诗一首,以表敬仰思念之情、春节慰问之意。

> 郭城逢春满挂红,
> 曰安道福喜庆浓。
> 方辞旧岁祛疾痛,
> 先登新楼阅著丰。
> 生机无限颂科技,
> 过雁两行写诗文。
> 年关已近思良师,
> 好酒遥祝体健葱。

《报国》的另外一位作者杨华女士,是由郭曰方老师引荐的新朋友。那是2017年9月20日,郭老师领着杨华来到我的办公室,告诉我这是一位非常有才华的青年女画家,她花了好几年的时间专门为23位"两弹一星"功勋奖章获得者绘制了巨幅肖像,希望能在中国科技馆办个展览。在我的印象中,除中国科普作家协会理事、科普美术专业委员会副主任杜爱军先生一直坚持创作科学家题材的油画外,这年头好像还没有听说过有哪位画家这么热心专事科学家肖像绘画创作。为对国家、对民族贡献巨大的"两弹一星"功勋科学家作画宣传,这当然是大好事,也是中国科技馆义不容辞的社会责任。于是,我们很快商定,在2018年5月30日全国科技工作者日这天举行杨华女士"'两弹一星'功勋人物肖像画展"开幕式,以庆祝中国8 100万科技工作者自己的节日。

杨华,国家一级美术师,中国美术家协会会员,中国科学院文联理事,中国科学院美术家协会副秘书长。她擅长水墨人物画创作,绘画作品主题鲜明,把握时代脉搏,充满正能量,多次参加国内外重大主题美术展览并获奖。2005年,作品《罪恶》参加纪念抗日战争胜利60周年全国中国画作品展,获银奖;2005年,作品《历史的回忆》参加纪念世界反法西斯战争胜利60周年国际艺术展,被中国美术馆收藏;2006年,作品《回忆》参加纪念红军长征70周年全国中国画作品展,获优秀作品奖;2009年,作品《白露》参加第十一届全国美术作品展,获优秀奖,首届中国美术奖·创作奖。

杨华女士这次创作的是23位"两弹一星"功勋科学家的绘画肖像。所谓"两弹一星",是指核弹(包括原子弹、氢弹)、导弹和人造卫星,是20世纪下半叶中华民族在科技领域创建的辉煌伟业。1999年9月18日,在庆祝中华人民共和国成立50周年之际,中共中央、国务院、中央军委决定,对当年为研制"两弹一星"做出突出贡献的23位科技专家予以表彰,并授予于敏、王大珩、王希季、朱光亚、孙家栋、任新民、吴自良、陈芳允、陈能宽、杨嘉墀、周光召、钱学森、屠守锷、黄纬禄、程开甲、彭桓武"两弹一星"功勋奖章,追授王淦昌、邓稼先、赵九章、姚桐斌、钱骥、钱三强、郭永怀"两弹一星"功勋奖章。

23位"两弹一星"功勋奖章获得者,既是"两弹一星"全体研制工作者的杰出代表,更是广大科技工作者的光辉典范,堪称时代楷模、国家脊梁、民族英雄。党和国家领导人将"两弹一星"精神概括为"热爱祖国、无私奉献、自力更生、艰苦奋斗、大力协同、勇于登攀"。如今,"两弹一星"精神已成为科学家精神的集中体现,成为中华民族宝贵的精神财富。在全国科技工作者日举办"'两弹一星'功勋人物肖像画展",对于展示"两弹一星"功勋人物风采,弘扬中国科学家精神,营造尊重劳动、尊重知识、尊重人才、尊重创造的良好氛围,激励广大科技工作者投身创新争先行动,为建设世界科技强国奋力拼搏,无疑具有重要的意义。

杨华创作的"两弹一星"功勋人物肖像画，突破了中国绘画的传统创作形式，以令人震撼的大肖像特写形式来表现人物的神韵，突出了人物的精神面貌和高雅气质，一个个人物刻画得栩栩如生，精神气质表现得淋漓尽致。这些人物肖像作品既继承了中国传统水墨的精华，又吸收了西方写实主义的精髓，形成了兼具民族性与国际性、传承文化传统并彰显时代特色的水墨写实主义绘画风格，是弘扬科学家精神、坚定文化自信的绘画精品力作。

在著名国画家、中国美术家协会展览部主任胡宝利先生看来，杨华女士属中国青年美术家中的优秀分子，她对中国画的发展进行了大胆、深入的探索与研究，在中国传统水墨、中国传统水墨与绘画材料的结合、中国传统水墨与写实主义结合3个方面已经形成了独特的绘画语言风格，"两弹一星"功勋人物肖像画的创作就是她在中国传统水墨与写实主义结合方面的最新成果展示。胡先生认为，杨华创作的这种尺寸超大的"两弹一星"功勋人物肖像画，难度相当之大，彰显了她扎实的绘画功底和大胆的探索精神。

画展开幕式前一两个月，我曾就展出内容和形式多次与杨华女士沟通，建议她尝试多媒体展示方式，以丰富展示的内容。具体设想是：每幅画作增设一个二维码，观众扫描二维码后，可对每一位"两弹一星"功勋科学家进行延伸阅读，通过文字、图片、视频等多媒体形式，进一步了解这些科学家的生平、学术成就、科技贡献和感人故事。我同时建议，每幅肖像画同时配发郭曰方先生为每一位"两弹一星"元勋专门撰写的科学赞美诗。谦逊、文静的杨华女士均一一欣然采纳。

2018年5月30日，"'两弹一星'功勋人物肖像画展"在中国科技馆如期开幕，科学文艺界高朋云集，观众踊跃参展。在之后为期两个月的画展里，中国科协、中国科学院等部门所属的许多单位的党组织,纷纷把参观"'两弹一星'功勋人物肖像画展",作为宣传贯彻党的十九大报告、学习践行"两弹一星"精神的党建活动,新华社、《光明日报》《中国科学报》《科技日报》《科普时报》《文艺报》等媒体纷纷报道,产生了很好的社会反响。

杨华是山东淄博人,有着山东人的朴实、真诚和执着,这些性格特点也体现在"两弹一星"功勋人物肖像作品之中,使画作充满感染力,令人过目难忘。杨华还很年轻,绘画创作的道路还很漫长,衷心地祝愿她永远保持勇于探索、不断进取的精神,创作出更多更好的绘画佳作。

拜读《报国》付梓书稿,我再次被"两弹一星"功勋科学家们的精神所感动、所激励,不禁赋诗一首,以表敬佩之情、感怀之意。

群贤跃马号角催,
自主攻关勇作为。
三老四严作风硬,
两弹一星丰碑巍。
重才尊知强科技,
兴军卫疆耀国威。
敬绘元勋彰典范,
创新争先后学追。

 注:

本文是为郭日方作诗、杨华绘画的《报国——诗画共和国功勋科学家》一书写的序,该书于2021年6月由广西科学技术出版社出版。

科学大师目光远

　　2009年2月7日至19日这近半个月的日子里，全世界的目光都聚焦在丹麦的哥本哈根。192个国家和地区的政要在这里出席的世界气候变化大会，被认为是人类联合起来遏制全球变暖行动的一次最重要的努力。会议的声势浩大和牵动人心无可争议地说明，气候变化已成为人类历史上无法回避的严峻挑战。

"20多年前，'人类活动引起气候变化'这一观点还没引起人们重视，在学术界内部还存在着争议。但多年从事气象研究、开创了中国全球变化研究的叶笃正，却敏锐地意识到这是一个前沿而且重大的战略问题。"我手中这本《国家荣誉——最高科技奖获得者报告文学》（以下简称《国家荣誉》）中由郑培明专门撰写的报告文学"站在珠峰之巅——记大气物理学家叶笃正院士"，就有上述这段精彩的文字描述。

尽管由于各个国家、不同代表的利益诉求不同，哥本哈根的谈判显得异常芜杂艰巨，会议也只是取得了很有限的成果，但中国代表在会上所表现出来的从容和自信，以及中国政府为推动哥本哈根会议取得现有成果所发挥的建设性的重要作用，联系《国家荣誉》里的上述文字，我认为，跟这次会议毫无关系的叶笃正院士对此却可以说功不可没。我们理应记住这位著名大气物理学家，理应对这位科学大家的远见卓识和未雨绸缪感到由衷的敬佩。

科学工作者的责任是追求真理，优秀的科学工作者主动把自己的事业与祖国的命运和人类的利益紧密地联系在一起，这实际上展现了一个科学家的目光和情怀。在郭曰方先生主编的这本《国家荣誉》里，和叶笃正先生一样，吴文俊、黄昆、王选、刘东生、吴孟超、李振声、闵恩泽、吴征镒、徐光宪这9位国家最高科学技术奖获得者，同样都具有高瞻远瞩的如炬目光和悲天悯人的博大情怀。

"关注人类的命运，肩负科学家的责任，叶笃正每天都在思考人类的生存环境问题。"(郑培明《站在珠峰之巅——记大气物理学家叶笃正院士》)这就是叶先生的胸怀和情怀。2003年,叶笃正的研究团队首次提出"有序人类活动"概念。支持这一理论的论据是:科学家经过长期的研究已经证明,如果没有人类无序活动的影响,是不会出现像现在这样严重的全球变暖现象的。因此,倡导"有序人类活动",实际上就是号召人类自己拯救自己。

《国家荣誉》2009年由江西高校出版社出版,是庆祝中华人民共和国成立60周年、中国科学院成立60周年的献礼图书,本书的10位作者都是活跃在我国文坛的作家和新闻记者。丛中笑撰写的报告文学《汉字作证——记计算机专家王选院士》生动地讲述了王选院士攻关创新的感人故事。我长期从事编辑出版工作,之所以对王选院士敬佩有加,最主要的原因是我深切地感受到,如果没有王选主持研制成功的汉字激光照排系统,我国的印刷业就不可能"告别铅与火,迎来光与电",就不可能迅速跟上日益迅猛发展的计算机技术和媒体传播技术的步伐。王选院士在选择科研课题上的超前意识和将科技产品推向市场的超人洞察力,以及改变中国印刷业落后现状的强烈使命感,同样体现了一位科学大师的长远目光和伟大情怀。

其实,关于科学家的目光和情怀,中国科学院院长路甬祥院士在《国家荣誉》这本书的序言中已经做了很好的表述:"他们是我国科技战线上的杰出代表,在他们身上集中体现了我国科学家热爱祖国、无私奉献、求实求是、创新开拓、团结协作的时代精神,和科学民主、严格严谨、严密严肃的优良学风,以及我国科学家的高尚品德、人格魅力。在数十年的科研生涯中,他们不仅为我国的科技发展、社会进步和人类文明做出了重大贡献,而且还为国家培养了大批科技人才,成为广大科技工作者学习的楷模。"

拜读《国家荣誉》，科学大师的目光和情怀，令人震撼，让人感动。这真是：

科学大师目光远，
高瞻远瞩做科研。
博大情怀人感动，
创新创造惠人间。

注:

本文刊载于2009年12月25日《科学时报》中的《读书周刊》栏目。

宣讲精神培幼少

　　2020年9月11日，习近平总书记在科学家座谈会上发表重要讲话，对科学家精神做出了全面、精准的概括："爱国，创新，求实，奉献，协同，育人"。自此，有关科学家精神的科普图书大量涌现，而江西高校出版社2023年9月专门针对青少年出版的《礼赞科学家》一书，则独树一帜，备受欢迎。

一是篇章结构有特色。市场上常见的有关科学家精神的科普图书，或是某位卓越科学家的传记，或是一批著名科学家小传的集合，或是优秀科学家事迹的汇总，青少年读者很难从中体味科学家精神的方方面面，因而难以有的放矢地学习科学家精神。《礼赞科学家》由"爱国篇""创新篇""求实篇""奉献篇""协同篇"和"育人篇"6篇组成，分别对应科学家精神的6大特质，青少年阅读起来非常方便、顺畅，据此可对应学习科学家的高尚品德、卓越成就、崇高精神、博大情怀。

因为爱国，物理学家叶企孙少年时期便立志科学救国，为民族解放舍生忘死。为了创新，杂交水稻育种专家袁隆平一生躬耕稻田，期盼早日实现"禾下乘凉梦"。为了造福苍生，药学家屠呦呦一门心思搞科研，求真务实发明了青蒿素类新一代抗疟药。核潜艇设计师黄旭华隐姓埋名三十载，默默奉献为国铸核盾。在航天专家孙家栋引领下，科技工作者们团结协作、集智攻关，成就了"两弹一星"伟业。物理化学家徐光宪耕耘三尺讲台六十余载，桃李满天下。这样的篇章结构可谓条清理晰，对应的科学家故事生动感人。可见，策划编辑是动了脑筋、下了功夫的，效果自然显现。

二是精心遴选科学家。《礼赞科学家》每篇讲述了3位科学家的故事，全书共遴选18位杰出科学家作为典型代表。他们当中既有生于19世纪末期的老一辈科学家如茅以升、叶企孙、竺可桢，又有新中国培育的中坚才俊如王选、王泽山、南仁东等。他们当中有的是"两弹一星"元勋如钱学森、程开甲、王大珩等，有的是"共和国勋章"获得者如孙家栋、屠呦呦、黄旭华，还有的是国家最高科学技术奖获得者如袁隆平、吴文俊、李振声等。这些科学家所从事的学科涵盖物理学、电子学、天文学、气象学、应用力学、农学、植物学、数学、中药学、计算机科学、船舶工程、应用光学、航空航天、土木工程、物理化学等领域。他们是弘扬科学家精神的楷模，是中国科学家群体的榜样，具有典型性和代表性。

三是内容取舍见功夫。科学家精神是科技工作者在长期科学实践中积累的宝贵精神财富，"爱国，创新，求实，奉献，协同，育人"既是中国科技工作者行为规范的历史记载和传承，又彰显了时代的特征，更是新时代科学家精神风貌的真实写照。茅以升的故事可谓妇孺皆知，但在"爱国篇"中，作为"中国现代桥梁之父"的他，既在积贫积弱的旧中国主持修建了铁路、公路两用的钱塘江大桥，终结了近代以来中国铁路桥梁的设计、施工全由外国工程师垄断的历史，又在抗日战争危难时刻毅然亲手炸毁了这座自己修建的大桥，以阻断日寇疯狂南侵的脚步，抗战胜利后他又主持大桥的修复工程，使之重获新生。从这样的角度讲述茅以升爱国的故事，可谓新颖、独特，进一步深化了"为国架桥，自立自强"主题。

在讲述小麦遗传育种专家李振声"麦田拓荒，兴农强国"故事时，作者选用了"荣誉属于集体"这件令人难忘的事，巧妙地彰显了"协同"这一科学家精神。2007年，李振声荣获国家最高科学技术奖，同时获500万元奖金。按规定，其中的450万元用作获奖人的自主科研选题经费，另外50万元可归获奖者个人。但在李振声院士看来，远源杂交的成果不是他个人的，而是团队全体成员共同努力的结果，奖金也应该属于集体。于是，他将这50万元个人奖金全部捐给了中国科学院遗传与发育生物学研究所，所里也拿出50万元，共同设立了"振声奖学金"。

四是作者群体彰实力。《礼赞科学家》的编撰集合了尹传红、李峥嵘、姚昆仑、从中笑、吕春朝、星河、熊杏林、曹静等一批知名科普作家。尹传红现任科普时报社社长、中国科普作家协会副理事长，其作品曾荣获国家科学技术进步奖二等奖等奖项；李峥嵘现任北京日报出版社副社长，曾长期担任《北京晚报》科学记者。尹传红、李峥嵘二人采访过许多科学家，尹传红还曾以《科技日报》记者身份采访、报道过"红色科学家"罗沛霖院士。在《礼赞科学家》一书中，这两人分别撰写了罗沛霖、吴文俊、王大珩、茅以升、叶企孙5位科学家的故事。

现任王选纪念陈列室主任的丛中笑，曾担任王选院士的秘书，非常熟悉王选的先进事迹，她撰写的《王选：献身科学，创新典范》真实、感人。《程开甲：隐姓埋名，功勋卓著》的作者熊杏林将军，是程开甲院士唯一授权研究其生平和思想的专家，她曾多次深入戈壁滩搜集创作素材，文中披露的最新史料和照片令人耳目一新。姚昆仑研究员曾就职于国家科技奖励工作办公室，是最早出版袁隆平传记的创作者之一，他撰写的《袁隆平：躬耕稻田，心怀天下》无疑具有权威性。中国科学院昆明植物研究所原副所长吕春朝研究员曾任吴征镒院士办公室主任，与吴征镒一同编纂过《中华大典·生物学典》；他现任吴征镒科学基金会办公室主任，是讲述吴征镒科学家精神故事的不二人选。

科学家精神不仅是科学技术发展的动力和源泉，也是社会主义核心价值观的生动体现，更是人类社会发展和文明进步的重要支撑。这些优秀科学家群体为广大民众，尤其是青少年树立了榜样，我相信，《礼赞科学家》将激励青少年读者保持对科学的热爱和对未知的好奇，爱国为民，追求真理，勇于创新，甘于奉献，团结协作，砥砺前行。

有感于斯，特填《浪淘沙令》词一首，褒赞《礼赞科学家》一书，并在2024年"全国科技工作者日"来临之际，向广大科技工作者致敬。

赤胆爱国家，

奉献年华。

创新科技探无涯。

协作求实彰典范，

桃李繁花。

事迹感人嘉，

学者骈骓。

鲜活生动纵情夸。

宣讲精神培幼少，

书映彩霞。

注：

本文刊载于2024年第5期《中国科技教育》中的《开卷有益》栏目。

第二篇

创新·探索

科技创新多启示

　　2012年6月13日，时任第十一届全国人大常委会副委员长的路甬祥院士给时任中国科协党组书记、书记处第一书记的陈希同志去函，附上了他近两年写的4篇有关科技创新的科普文章，希望陈希同志提意见。陈希书记读后十分高兴，当即批示："路甬祥同志的这几篇科普文章写得很好，大科学家亲自为科普写文章确实令人敬佩！请征求路甬祥同志意见，如同意，我们帮其联系公开发表。"这个批示连同路甬祥副委员长的4篇科普文章几经批转，2012年7月6日到了时任科学普及出版社暨中国科学技术出版社社长我的手中。

路甬祥院士是著名的科学家，曾担任浙江大学校长、中国科学院院长和全国人大常委会副委员长等重要职务。他长期工作在科研、教育和管理第一线，对科技创新、科技管理、科技与社会发展等问题有深刻思考。他在中国科学院组织实施的"知识创新工程"，在战略高技术、重大公益性创新和重要基础前沿研究领域取得了一批重大创新成果，带动了国家创新体系建设，提高了科技支撑经济社会发展能力和我国科学技术的国际竞争力、影响力。这4篇文章都是通过解读近百年来引领相关学科领域科学技术发展的伟大科学家，探寻创新在促进科学技术发展和人类社会进步中的重大作用，继而思考如何推动我国科技全面创新和创新型国家建设。

路甬祥院士不仅是著名的科学家，同时也是科普大家，近年来撰写、发表了许多科普文章，并在高校和科研机构发表演讲。他的文章高屋建瓴，见解深邃，在社会上引起强烈反响。

路甬祥院士对科学普及出版社暨中国科学技术出版社十分关心，2005年、2010年和2011年先后组织相关学科领域的专家学者编撰了《走近科学》科普丛书、《中国机械史》和《中国机械工程技术路线图》等重要学术著作，并分别由科学普及出版社和中国科学技术出版社出版。我本人在科技导报社任副社长直至兼任社长职务期间，工作上一直得到他的大力支持和无私帮助。我曾3次约他为《科技导报》"卷首语"栏目撰写文章，他也多次主动为《科技导报》撰写专稿，在

《科技导报》发表的一些文章还被《新华文摘》转载。

拜读完这4篇有关科技创新的科普文章后，为了让更多人了解路甬祥院士对创新的思考和实践，从中受到启发，我建议作者围绕"科技创新"这个主题增补七八篇文章在中国科学技术出版社结集出版。路甬祥院士欣然应允，随后补充了6篇同类文章，并于2012年8月21日上午约见我和中国科学院自然科学史研究所刘益东研究员，以及我社副总编辑杨虚杰，一同商讨整个书稿的篇章结构、出版风格、装帧设计、图片版权、出版时间等具体事宜。书稿出版的大框架、设计风格、写作体例等大事项商量妥当后，具体的编辑加工等工作全部由杨虚杰负责。《创新的启示》付梓后，杨虚杰告诉我，与路院士的合作十分愉快，从中受益匪浅。

《创新的启示》包含路甬祥院士众多有关创新与发展的文章中的10篇，内容涉及伽利略、达尔文、麦克斯韦、卢瑟福、海森堡、居里夫人、图灵和乔布斯等科技大师的非凡创新创造业绩，制造技术的发展与未来，技术的进化与展望，物理和化学学科的发展历史，等等。作者通过分析、总结诺贝尔科学奖重大科技成就与20世纪科技原始创新的成功规律，探讨科学大师和创新奇才的重大发现和发明创造、科学技术的历史进程与未来发展，揭示了近百年科技发展与创新的特征和趋势，启发人们对创新与发展进行深入思考。书中有很多令人耳目一新的观点，如"原始性重大发现多来源于对实验事实敏锐的观察和独具创意的实验""新的科学仪器和实验装置的发明，往往打开一扇新的科学之门""重大科学发现和技术与方法的发明，往往对人类健康、社会与经济的进步产生巨大的推动作用和深远的影响"。在路院士看来，创新的方法和手段是多种多样的，"数学与计算机工具创造性地应用，也可能带来自然科学、工程技术、经济与管理科学方法与理论的突破""对已有科学知识的科学整理和发掘，也可能有新的重大发现与理论创新"。他指出"青中年是科学家实现创新突破的高峰期",强调"良好的创新氛围和高水平的创新基地是产生高水平创新成果的温床",呼吁"重大科技创新突破及其推广应用需要相应的创新体制和科学管理机制保证"。

我以为,《创新的启示》乃科学大家对科技发展规律和当代重大科技创新成果的研究心得,是战略科学家对百年科技发展历史的观察与思考,是顶层科研管理者对我国科技创新的理性呼唤。在党的十八大做出实施创新驱动发展战略的重大部署,强调科技创新是提高社会生产力和综合国力的战略支撑,必须摆在国家发展全局的核心位置的今天,相信《创新的启示》一书的出版一定会受到广大科技工作者的欢迎。

这真是:

科技发展贵创新,
高瞻远瞩最关情。
图书出版助发力,
思考心得启迪明。

注:

本文刊载于2013年第33期《科技导报》中的《书评》栏目。

机遇垂青有备人

　　2015年10月5日，中国药学家屠呦呦研究员因首先发现了青蒿素并解释了青蒿素治疗疟疾的原理，找到了有关疟疾的新疗法，与爱尔兰医学研究者威廉·坎贝尔和日本学者大村智一道，共同荣获2015年诺贝尔生理学或医学奖。当月下旬，科学普及出版社迅即出版新书《呦呦有蒿——屠呦呦与青蒿素》。喜讯连连，欣喜之余，不禁感慨万千；这个世界从来没有免费的午餐，机遇总是垂青有准备的人。

> 《呦呦有蒿——屠呦呦与青蒿素》讲述了我国科学家从青蒿中提取抗疟特效药物的故事。

疟疾是全世界广泛关注的重要公共卫生问题之一，历史上它不仅曾给人类造成过重大危害，至今仍在全球一些国家和地区，尤其在非洲广泛流行。人类对付疟疾的最有效药物均源于金鸡纳树和青蒿两种植物提取物。1820年，法国化学家皮埃尔·约瑟夫·佩尔蒂埃和约瑟夫·布莱梅·卡旺图合作，从金鸡纳树皮中分离出抗疟疾成分——奎宁，并于1850年左右开始大规模使用。第二次世界大战期间，美国以此合成了氯奎宁，并在战后成为抗疟疾的最重要药物。之后，奎宁和氯奎宁因被大量应用而逐渐产生抗药性，迫使人们开始寻找具有耐抗性的治疗疟疾的特效新药。

从青蒿中提取抗疟特效药物的故事在中国更为精彩。公元340年，东晋的葛洪在其撰写的中医方剂《肘后备急方》一书中的"治寒热诸疟方"部分，首次介绍了青蒿的退热功能，并描述了提汁制剂的具体方法："青蒿一握，以水二升渍，绞取汁，尽服之"；明代医药学家李时珍在其所著的《本草纲目》中则说，青蒿能"治疟疾寒热"。20世纪60年代，越南战争爆发，为帮助越南共产党部队解决因疟疾流行导致战斗力大减的难题，应越共中央主席胡志明请求，毛泽东、周恩来指示有关部门紧急研制能替代氯喹宁治疟疾的新药，"523项目"（1967年5月23日，总后勤部和国家科委在北京召开抗药性恶性疟疾防治全国协作会议，将防治抗药性恶性疟疾定为一个援外战备紧急军工项目，并以开会日期为代号，将该项目称为"523项目"或"523任务"）研究团队遂开始了历时近20年前赴后继、艰苦卓绝的科研攻关。

研制青蒿素抗疟疾系列药物是一项非常复杂的系统工程，是在中国特定时代下"全国一盘棋，科研大协作"科研模式的又一个成功范例。该项目集中了全国的科技力量，组织、动员了60多个单位的500多名科研人员参与，有近10位科技人员做出了突破性的重要贡献。屠呦呦更是创造了"三个第一"：第一个把青蒿素带到"523项目"组，第一个提取出对疟原虫的抑制率达100%的青蒿素，第一个做青蒿素抗疟临床试验，并由此先后获得了拉斯克奖和诺贝尔生理学或医学奖等科研大奖。

对屠呦呦是否应该获得这些重大奖项，业界和坊间一直没有中断过争论。这些大奖的设置初衷其实很简单，就是鼓励科研工作的原创性，奖励第一个发现者或发明者。曾庆平教授在《呦呦有蒿——屠呦呦与青蒿素》一书的《科研的思路何其重要》文章中指出，"屠呦呦的创意有两个：一是改'水渍'为'醇提'，因为青蒿素为脂溶性而非水溶性，适合用有机溶剂提取；二是改'高温乙醇提取'为'低温乙醚提取'，因为高温能使青蒿素失效。"在曾庆平看来，"屠呦呦发明的青蒿素低温萃取法不仅是一种方法创新，更是一种思路创新"，这对研制项目最终取得成功至关重要。

屠呦呦研究员之所以能够获得这些大奖，主要就是基于她对青蒿素的最初发现，基于她的方法创新和思路创新。诚如诺贝尔物理学奖获得者丁肇中教授所言：科学研究，只有第一，没有第二。屠呦呦荣获诺贝尔生理学或医学奖当之无愧。当然，庆贺屠呦呦荣获诺奖，并不意味着否认其他科技工作者在青蒿素研究中所做出的成绩和贡献。

科学研究从来都是一件老老实实的事情，来不得半点投机和取巧。饶毅教授在总结青蒿素科学史经验教训时曾指出，青蒿素的科学史在今天最大的启示就是扎实做事。发现青蒿素的工作不是天才的工作，屠呦呦研究员和她的小组成员以及参与"523项目"的科技工作者都不是天才，但他们认认真真、扎扎实实做研究，当机遇来临的时候，能够很好地把握并把工作做好，而不是一遇到困难就简单放弃。饶毅一语可谓道出了所有成功者的共同奥秘：机遇总是垂青有准备的人。

长期以来，饶毅教授一直关注青蒿素的科学史研究，2000年曾建议他的一位研究生开展这方面的研究，后来这位研究生做了记者，没能实现他的愿望。2007年回国后，他与北京大学医学人文研究院院长张大庆教授合作指导的研究生黎润红，专门研究青蒿素科学史。《呦呦有蒿——屠呦呦与青蒿素》一书就是由饶毅、张大庆、黎润红师生3人共同编著的，前4章为青蒿素科学史研究，通过翔实的史料，忠实记载了20世纪60至70年代中国科技工作者发明青蒿素治疟新药的攻关历史，热情讴歌了广大科技人员团结协作、无私奉献的精神；第5章分析、总结了青蒿素治疟新药攻关历程的成败得失，客观评价了屠呦呦在其中所发挥的重要作用以及所做出的重大科学贡献；附录列出了"523项目"大事记，以及青蒿素研究大事记。全书具有很强的学术性、史料性和可读性，不仅对屠呦呦荣获诺贝尔科学奖是一份很好的献礼，而且对普及科学知识、弘扬科学精神、宣传科学思想、倡导科学方法更是意义重大。

科学普及出版社历来擅长捕捉新闻热点并迅疾出版相关图书，得知屠呦呦研究员荣获诺贝尔奖的当天，社领导遂即决定出版与屠呦呦相关的图书。社长助理杨虚杰很早就得知饶毅、张大庆、黎润红等学者长期从事青蒿素的科学史研究，并与相关人员一直保持着密切的联系，她所带领的团队当晚即拿出图书编写方案，第一时间与作者接洽，并很快得到作者的首肯和授权，使这本图书能在如此短的时间内顺利出版。由此可见，天道酬勤，机遇总是垂青有准备的人。

严格说来，《呦呦有蒿——屠呦呦与青蒿素》一书的书名与书中内容并不十分贴切，这一书名对图书的热销无疑是有帮助的，却有损于作品的严谨性。但是，瑕不掩瑜，在欢庆屠呦呦研究员作为中国大陆科学家首获诺贝尔自然科学奖的同时，出版这样一本由一流学者撰写、反映一流科学成就的学术科普图书，无疑具有重要的意义，并同样值得庆贺。

这真是：

从来成功无轻松，
一份付出一收成。
莫道成功有捷径，
机遇垂青有备人。

注：

本文刊载于2015年第20期《科技导报》中的《书评》栏目。

谨严风趣说深海

　　"九天揽月""五洋捉鳖",这是人类探索大自然中两个极端世界的梦想和追求。如今,随着人类登陆月球、探测火星、飞向宇宙深处,"九天揽月"已成现实,而"五洋捉鳖"尽管已初现端倪,但却仍然面临一大堆难题。由于受几千米厚层海水压力的阻挡,人类对海洋地形、构造等的了解和认识,还不如月球背面,甚至不如火星。因此,深海探测给世界各国海洋、地质等领域科学家留下了一系列的挑战。

> 汪品先先生所著《深海浅说》一书旨在积极报道深海科学进展、大力开展海洋文化教育、努力传播深海科技知识、着力增强公民海洋意识。

众所周知,海洋约占地球表面积的71%,平均水深约3 700米。长期以来,我们接触的只是地球一部分海洋的表面,对大洋深水区和海底世界几乎一无所知。人类所了解的关于海洋更为科学、全面、准确的知识,绝大部分来自最近的几十年,其中最令人惊讶的发现都来自深海底部。现在,我们不仅知道世界石油未来产量的40%将来自深海,而且还在深海处发现了"可燃冰""深海热液""深部生物圈"等有待开发的丰富资源。

随着我国海洋研究不断深入、成果不断涌现,尤其是深潜探测捷报频传,深海研究越来越吸引媒体眼球,越来越受到公众关注。认识深海,探测深海,开发深海,保护深海,对建设海洋强国意义重大、影响深远。中国科学院院士、中国海洋研究领军人物汪品先先生所著《深海浅说》一书,可谓生逢其时,成为积极报道深海科学进展、大力开展海洋文化教育、努力传播深海科技知识、着力增强公民海洋意识的科普作品典范。

首先,《深海浅说》彰显了汪品先院士作为科学家从事深海研究严谨求实的科学精神。该书由享有"深海勇士"之美誉的汪品先院士亲自撰写,他用深入浅出的语言、生动丰富的实例、精美独特的图片,向读者全方位诠释、展示了深海研究的过去、现在与未来。

汪院士为著名海洋地质学家,现任同济大学海洋与地球科学学院教授。他1960年毕业于莫斯科大学地质系,长期从事古海洋学和微体古生物学研究,以研究气候演变和南海地质见长;致力于推进我国深海科技发展,开拓了我国古海洋学研究领域,提出了气候演变低纬驱动等新观点。

21世纪之交,汪先生开始积极推动深海海底观测,促成我国海底观测大科学工程设立。1999年,他在南海主持中国海区首次大洋钻探,开启了我国深海科学钻探之先河。进入21世纪,他主持了我国海洋科学第一个大规模重大基础研究计划——南海深海过程演变,使中国南海迅即进入国际深海研究前沿。2018年,他又以耄耋高龄深潜南海,获得了发现深水珊瑚林等重要成果。

《深海浅说》从人类对海洋的早期探索谈起,介绍了深海的概貌及其基础科学知识,延伸到深海的开发、保护、利用和权益之争,堪称目前国内最为全面、精准的海洋科普力作。按汪先生"引言"所叙,该书在学术上"争取既能反映国际科研的最新进展,又能追溯历史、揭示科学发现的过程。"拜读全书,我以为,汪先生的这些创作初衷都得以圆满实现。

在展示截至目前深海科研取得的一系列重大成果时,汪先生诠释了全球大洋深部结构与成因,海洋碳循环,海洋深部生物圈,深海洋中脊与海沟的地质、流体和生命过程,以及现代海底金属成矿等最新成果。在呈现最新深海探测技术时,介绍了海洋探测系统、深海遥感、海洋地质钻探,以及深潜器、海底观测网等最新技术。图书后部分还列举了深海前沿研究所面临的重大科学挑战,如:怎样通过技术创新提高海洋地质灾害的测年水平?变化着的海洋是如何影响冷泉生态系统以及生物甲烷屏障的?人类引起的气候变化将对深海产生什么样的影响?

《深海浅说》所论及的内容,无不彰显了汪品先院士深厚的科研积淀、认真的创作态度和严谨的科学精神。

其次,《深海浅说》彰显了汪品先院士作为文学家在科普创作上深入浅出的写作风格。汪先生认为,深海是科普的绝佳材料,不但地球上最大的山脉、最深的沟谷都在深海,连最大的滑坡、最强的火山爆发也都发生在海底,可讲述的故事非常多。据悉,《深海浅说》是他在10多年干部培训和科普报告基础上收集新材料整理加工而成的,荟萃了他10多年深海科普工作的深厚成果,是一部写给所有人看的深海科普图书。

既然是写给所有人看的,就必须通俗易懂,老少咸宜,解学术成科普,化高深为平常,破枯燥得趣味。《深海浅说》名曰"浅说",实则深入浅出、化繁为简、高屋建瓴,读一书即可览深海科技全貌。诚如作者在"引言"中所强调,本书"一不是教科书,并不解释基本概念,也不提供系统知识,二是注意材料的趣味性和文字的可读性。""撰写这本《深海浅说》,就是想提供一份既能获取海洋知识,又能当作消闲读物看的科普材料。"

《深海浅说》写作风格独特,从提出问题入手,以释疑解惑着笔,按叙事传知展开,不紧不慢,娓娓道来,循循善诱,一步步引导读者认识海洋的深处,可谓春风化雨、润物无声。如第一章"初探深海大洋",作者只用两节篇幅,通过"点、线、面"测量案例,就讲清楚了"海底地形测量技术,从用绳子测点,到声波测线,再到遥感测面"的技术发展三部曲。

汪先生喜欢打比方,且比喻形象、生动,一读就懂,一看就明白。在论及地球上海洋总面积和海水总量时,他这样写道:"现在知道海洋总面积为3.6亿平方千米,海水总量有13.3亿立方千米。普通人听这种数据找不到感觉,可以打个比方——长江每年入海流量将近1 000立方千米,就是说,要流140万年才能灌满世界大洋。"读这样的比喻,读者对这些庞大的数据立刻有了非常直观的印象。

汪院士还善于利用图片说明问题,《深海浅说》共选用149幅图片,图文并茂,全彩印刷,阅读体验良好,起到了很好的释疑解惑作用。在说到地球上的海水、地下水和江湖水占全球比例时,他在文中给出了这样一幅插图:地球上的所有水被画成三颗水珠,最大的代表海水,次大的表示地下水,最小的为江湖水(淡水)。这样一比较,在读者的眼里,江河湖海尽管非常辽阔,但与巨大的地球相比,它们所拥有的总水量实在是小得可怜。

再次,《深海浅说》彰显了汪品先院士作为哲学家所拥有的忧乐在心的家国情怀。深海到底怎样,里面究竟有什么,如何进一步探测?中国的"蛟龙号"已下潜到7 020米的深海,"深海勇士号"在南海发现了冷水珊瑚,"奋斗者号"已坐底马里亚纳海沟10 909米……深海,成为21世纪政治家瞩目、科学家关心、老百姓谈论的新话题;深海,也是21世纪政治、科技、经济、军事新热点。

由此可见,深海、大洋涉及的远不只是科技问题,还是一个富含政治、经济、军事、哲学、文化的深层次问题。拥有有众多群岛、直接面向大海的爱琴海文明,与孕育于黄河中游内陆、远离海洋的华夏文明,两者在孕育初期就存在差异。从"东临碣石"的秦始皇嬴政,到派遣郑和七下西洋的明成祖朱棣,他们对海外世界的兴趣并非出于好奇,也不是为了开疆拓土,更多是为了宣示皇权帝威。明朝实行海禁之后,走向海洋更是成为禁忌。昏睡的东方雄狮直到被洋舰利炮轰醒,中国的海洋大门才开始一点点打开。改革开放让中国大受其益,走近大洋,走进深海,走入深蓝,成为新世纪中国人的呼唤。《深海浅说》的出版,无疑担负起了建设世界海洋强国的文化使命。

在汪院士看来,100多年来,人类"对深海生物的认识已经完全改观,从热液、冷泉到海山上的生态系统,从'黑暗食物链'到'深部生物圈',深海的种种发现冲破了生命科学的旧概念。但什么才是'深海生物资源'?'深海生物资源'能不能开发?如果'能'的话,又该如何开发?这一系列问题,摆在了海洋科学界的面前。"正是基于这样的思考,基于人类对深海认识的局限,《深海浅说》表现出强烈的忧患意识，强调探索深海的关键是人类要有自知之明，要避免把陆上"淘金"的狂热带进深海。汪院士告诫，人类"最为可怕的是以'万物之灵'的身份，摆出'征服自然'的架势，与自然规律背道而驰，还没有弄明白深海有些什么，更不知道和深海如何相处，就忙着要发'深海财'。"

《深海浅说》还论及了"海底的保护"，重点讨论了"关于海洋废弃物的两大问题：核废料投放和深海垃圾"，并专门强调"如果能在深海找到长期安全和切实可行的核废料处理方案，将是海洋地质学对人类的重要贡献。"面对日益严重的深海垃圾问题，汪院士指出："人类和海洋的关系正在改变，变得日益密切，而海洋的保护不仅取决于我们从海洋拿走什么，还在于我们向海洋投放什么。"为此，他呼吁："塑料垃圾已引起广泛的社会关注，需要通过世界各国的共同努力，寻求海洋开发的可持续途径。"

最后，《深海浅说》彰显了汪品先院士作为战略家参与谋划的高瞻远瞩。在人口爆炸、陆地资源日渐枯竭的当下，由于深海拥有丰富的海洋资源及生物资源，各国都开始把目光转向海洋，瞄准深海，把对深海的认识作为科技发展和国家决策的重要依据。为此，汪院士在第八章"无风也起浪"中指出，"半个世纪以来，科学界对深海资源所取得的粗浅认识，已经足以产生政治影响，已经加深了世界各国的海权之争。"他强调："科学技术，在深海的国际权益之争中，无疑有着重要的地位，问题一在于是否拥有这种高科技的能力，二在于这种能力能否得到巧妙而有效的使用。"

2013年，笔者兼任科技导报社社长时，曾约请汪品先院士为《科技导报》的"卷首语"栏目赐稿，文章《海洋意识：华夏文明的软肋？》刊登在当年第24期《科技导报》上。汪先生在文中指出："无论是建设海洋强国，还是建设创新型国家，都回避不了海洋文明、海洋意识的问题。中国在海洋上吃亏至少已经有200年……海洋强国首先要强在科技，没有高新技术，即便拥有海洋也只能'望洋兴叹'；海洋强国同时必须强化海洋意识，否则我们还会错过历史的机遇。"重温汪先生大作，仿若警示洪钟，长鸣在耳。

在《深海浅说》里，汪院士进一步阐明了自己的上述战略观点："进军深海，为华夏振兴提供了新的机遇……华夏振兴的道路需要翻山越岭，考验之一就是要过'海洋关'。当前人类进军深海，正好提供了弯道超车的历史良机。了解深海，进军深海，对于中国来说，有着比其他国家更加深刻的意义。"诚哉斯言！

《深海浅说》2020年10月由上海科技教育出版社出版，截至2022年6月已重印7次，销售5万余册；先后入选2020年度"中国好书"，中国科协组织评选的"典赞·2021科普中国"年度十大科普作品，2021深圳读书月"年度十大童书"，荣获第十六届文津图书奖、第十六届上海图书奖一等奖等殊荣，产生了良好的社会效益和经济效益。有感于斯，填《采桑子》词一首，以褒赞这部由科学大师创作的优秀科普图书。

谨严风趣说深海，
研探洋疆。
利用洋疆，
科技攻关果硕强。
十年心血培精品，
文字芬芳。
效益芬芳，
科普图书名美扬。

注：

本文刊载于2022年第2期《前瞻科技》中的《书阅科苑》栏目。

运笔析震说理深

　　"本书站在地震科学的高度,从科学研究和社会实践的广阔领域,选取了50个为公众关注的专题,聚焦于地震科学基础知识的普及,积极渗透和传播科学思辨的思想方法,弘扬科学精神,传递有温度的科学。"这是地震出版社对陈运泰院士科普新著《地震浅说》给出的推荐语。

《地震浅说》可谓集陈运泰院士数十年地震科学研究理论与实践成果的科普经典之作，无怪乎被列为"中国地震局地震科普图书精品创作工程"系列图书之首。

陈运泰院士是著名的地球物理学家，曾担任第二届、第四届、第五届、第八届中国地震学会理事长，国际大地测量学与地球物理学联合会执行局委员、亚洲与大洋洲地球科学学会主席、中国地震局地球物理研究所所长、北京大学地球与空间科学学院院长等职。他主要从事地震学和地球物理学研究，并长期专注于地震波和震源理论与应用研究，开创了我国震源物理过程的研究工作。《地震浅说》可谓集陈运泰院士数十年地震科学研究理论与实践成果的科普经典之作，无怪乎被列为"中国地震局地震科普图书精品创作工程"系列图书之首。

地震，是一种会给人类造成巨大人员伤亡和财产损失的自然现象，通常由地球内部板块与板块之间相互挤压、碰撞造成板块边缘及内部错动、破裂所引起。大的地震通常会引起严重的自然灾害，又具有极难预测的特点，因此成为广大公众关注的热点话题。我国的华北地区、西南地区、西部地区、东南沿海地区以及台湾省及其附近海域均有地震活跃带，加上半个多世纪以来，先后发生了破坏性极大的唐山地震、汶川地震、芦山地震等大地震，国人对地震的恐惧心理和关注程度更是无以复加。因此，普及地震科技知识，强化防灾减灾意识，既是地震科技工作者义不容辞的责任，更是社会稳定、和谐、可持续发展的需要。

陈运泰院士撰写《地震浅说》一书，为大科学家投身科普创作做出了示范、树立了榜样。该书以介绍大陆漂移、海底扩张、板块构造等地球科学理论为铺垫，系统普及了地震的形成机理、特点、相关现象、地理分布、震级、烈度、次生灾害、防灾减灾等知识,并就地震预警预测、全球数字地震台网发展等学术问题进行了有益的探讨和展望。全书内容丰富,图文并茂,深入浅出,不仅依托地球物理学专论地震学,还涉及大地测量学、天文学、地质学、地理学、岩石力学、水文学、自然灾害学、信息科学等学科,诚如著名地质学家刘嘉麒院士在"序"中所言,"既揭示了地震的形成机理,又展现了它的行为特征,为监测预报地震提供了先进的理论和方法,为防灾减灾指明了方向和措施,是了解地震、研究地震、防范地震的百科全书,也是探究地球动力学、地球系统科学的经典之作。"

我曾从事多年科技、科普出版工作,在盛赞《地震浅说》的同时,也想从科普图书出版角度指出它所存在的一些不足。首先,图书的目录安排还可以更加合理,使50个问题排序更具有逻辑性。其次,每个问题的标题有的是专业术语,有的是短语,有的是成句,如果能大体一致,将使全书的写作风格更加统一。再次,我更欣赏"大陆漂移""海底扩张""板块构造"等章节,这些部分将科学知识融于科学故事之中,生动有趣,读来毫不费力;而"聆听地球的音乐——地球自由振荡"一章更是文笔优美,标题与内容高度统一,堪称科普写作范例。其他章节如果也能如此撰写,对非地震专业读者的科普效果将会更好。

陈运泰院士极为重视地震科普并一贯身体力行。2008年汶川地震发生后,他为我就职的《科技导报》出版《汶川地震特刊》做出了重大贡献,先是接受本刊记者采访,成就了专访《陈运泰:地震预报要迎难而进》,接着又惠赐《汶川特大地震震级和断层长度》专稿。他强调,"地震预报要知难而进……困难不能作为放松或放弃对地震预测研究的借口。"他的专稿详细解释了汶川大地震震级为什么要从7.8修订为8.0,被各大媒体纷纷报道、引用,起到了很好的释疑解惑作用,受到各界好评。2013年4月20日芦山地震发生后,我所在的科普出版社仅用10天就出版了《地震应急科普》丛书,陈运泰院士作为丛书顾问,给予我社大力支持和悉心指导。我在中国科学技术出版社组织实施"中国科协三峡科技出版资助计划"时,他又贡献了《可操作的地震预测预报》这一高水平的学术译著。

2017年春节前夕,有感于陈运泰院士对地震科学研究和普及事业的贡献,以及对我工作的支持,我特为他写藏头诗一首,以表敬佩之情、祝福之意。

好酒闽语乡味芬。
节近春浓多念旧,
春晖尽洒育门生。
士气高涨探预报,
院主谦待天下朋。
泰岳耸立地物界,
运笔析震说理深。
陈事桩桩忆感人,

注:

本文刊载于2020年10月16日《科普时报》中的《青诗白话》栏目。

载人航宇上层楼

航天技术多突破，
喜上眉梢。
分外妖娆，
宇宙星空自在遨。

丛书出版彰风采，
质量优高。
业界称好，
学者专家竞自豪。

认真拜读桌上厚厚一摞装帧精美的《中国航天技术进展丛书》(以下简称《丛书》),不禁顿生敬意、感慨万千,遂填《采桑子》词一首(见114页),以表情怀。

这是一套由中国航天领域权威技术专家撰写、具有自主知识产权、全面覆盖中国航天科技工业所涉及的主体专业、完整概括中国航天技术最新进展的精品学术专著书系,是一项具有示范意义的重大科技出版工程。

首先,《丛书》是一项有关中国航天技术进展的重大示范性图书出版工程。中国航天事业始创于1956年,这一年2月,冲破重重阻挠从美国回到祖国刚4个月的著名空气动力学家钱学森,向国务院提交了《建立我国国防航空工业意见书》;同年3月至6月,国务院组织制订了《1956—1967年科学技术发展远景规划纲要(草案)》,提出用12年左右时间使中国喷气和火箭技术走上独立发展的道路。1956年10月8日,我国组建了第一个导弹研究机构——国防部第五研究院,标志着中国航天事业正式起步。自此,中国航天筚路蓝缕,坚毅前行,走上了一条独具中国特色、自主创新的发展之路,实现了空间科学、空间技术、空间应用三大领域的快速发展,取得了以"两弹一星"、载人航天、月球探测、北斗导航、高分辨率对地观测为代表的一系列辉煌成就,使我国跻身世界航天大国行列,在若干重要技术领域达到或接近世界先进水平。

2016年,时值中国航天事业创建60周年、国务院批复同意将每年4月24日设立为"中国航天日"之际,为了全面梳理、总结中国航天60年技术发展脉络,明确并把握中国航天技术发展现状,提出、制订未来技术发展目标,中国宇航出版社提出实施《丛书》重大出版工程设想,并得到上级主管部门——中国航天科技集团公司充分肯定和大力支持。

该工程实施伊始就由中国航天科技集团公司牵头组织,采取个体申报遴选、总体构建拉动相结合方式推进,集整个集团公司航天科研生产主体单位和首席专家之力,进行整体策划、实施、宣传、推广。按照系统思考、整体谋划、重点突破、精细推进、分步实施、全面落实原则,该工程计划用5年左右时间形成规模出版效应,达到全面总结中国航天技术进展的目的。在出版纸质图书基础上,《丛书》将同步推出电子出版物,适时整合数据库,并与"航天科学技术数字化知识库"项目充分融合、链接,推动知识库的完善和升级。与此同时,中国宇航出版社还将与国外出版公司深度合作,加强版权输出,全面提升中国航天国际影响力,彰显中国科技水平和文化实力。

2017年,以《航天器姿轨一体化动力学与控制技术》《航天分离设计》为代表的7种图书出版;2018年,《数字化航天器系统工程设计》等4种图书出版;2019年,推出了《高超声速飞行器气动设计与评估方法》等9种图书;2020年,出版了《液体运载火箭增压输送系统》等2种图书;2021年,出版了《卫星抗辐射加固技术》等4种图书。至今,《丛书》已出版26种,后续出版工作仍在抓紧进行。

其次,《丛书》由中国航天领域一流技术专家编撰,具有很强的权威性。《丛书》由中国科学院院士、国际宇航科学院院士、中国航天科技集团公司科技委员会主任包为民等业内知名专家牵头编纂,国际宇航科学院院士、时任中国航天科技集团公司董事长雷凡培作序。包为民院士曾主持中国新型远程战略导弹控制系统设计工作,使我国战略导弹控制系统技术水平达到世界先进水平,先后荣获国家科学技术进步奖特等奖1项、国家技术发明奖一等奖1项。雷凡培研究员主持研制的新型大推力、高性能、无污染、低成本液氧、煤油发动机,使中国成为世界上第二个掌握该项技术的国家。

《丛书》编委会由中国航天科技集团公司各主体研究院科技委员会主任、各相关专业领域专家及出版单位负责人组成,每种图书的作者均为该领域一线技术专家。例如,《再入机动飞行器气动设计与实践》一书作者朱广生院士长期从事飞行器设计,现任中国运载火箭技术研究院型号总设计师,曾获2013年度"航天功勋奖",2018年度中国航天基金奖特别奖;《数字化航天器系统工程设计》一书由中国航天科技集团公司科技委员会副主任、中国探月工程副总设计师于登云院士领衔编著,体现了技术先进性和学术前沿性。可以说,《丛书》凝聚了中国航天系统的集体智慧,各领域技术专家精细分工、同心协力、密切配合,确保了《丛书》的先进性、前沿性和权威性。

由此可见,这套切合航天实际需要、覆盖关键技术领域的《丛书》,是潜心钻研、拼搏攻关、自主创新的科技工作者对航天技术发展脉络的总结提炼,对学科前沿发展趋势的探索思考,充分彰显了中国航天人不忘初心、不断前行的不懈追求,以及"特别能吃苦、特别能战斗、特别能攻关、特别能奉献"的载人航天精神。

《丛书》全面覆盖中国航天科技工业所涉及的主体专业,完整概括中国航天技术各领域最新进展。中国航天科技工业体系所涉及的主体专业共有11个,分别为总体技术、推进技术、导航制导与控制技术、计算机技术、电子与通信技术、遥感技术、材料与制造技术、环境工程、测试技术、空气动力学、航天医学,以及其他航天技术。

《丛书》的出版改变了以往专业技术著作出版零落分散、多为个体行为或依托项目的特点,从11个主体专业的技术进展入手,通过规模出版,打造一套完整概括、系统描述中国航天技术进展、为航天科技工业后续发展提供支撑的大型丛书。目前,《丛书》已出版《航天电子产品制造过程管理》《运载火箭增压输送系统》《载人航天运载火箭软件研制实践》《空地导弹制导控制系统设计(上、中、下册)》《运载火箭喷流气动噪声》《空间核动力的进展》《半球谐振陀螺惯性敏感器及其空间应用》《高超声速飞行器气动设计与评估方法》《航天器控制系统自主诊断重构技术——系统可诊断性与可重构性的评价和设计》《运载火箭重力场重构与补偿》《航天器连接分离装置技术》《航天器智能装配技术与装备》《旋转防空导弹总体设计》《空间精密仪器仪表可靠性工程》《数字化航天器系统工程设计》《军用嵌入式计算机全生命周期可靠性设计保证技术》《水下垂直发射航行体空泡流》《运载火箭数字样机工程》《再入机动飞行器气动设计与实践》《航天分离设计》《航天器姿轨一体化动力学与控制技术》《战术导弹结构动力学》《疏导式热防护》《卫星抗辐射加固技术》《液体火箭发动机制造技术》《固体运载火箭总体试验设计》26种,《固体火箭发动机设计》《液体火箭发动机结构动力学理论及应用》《复杂航天器先进姿态控制技术》3种即将出版,《航天器视觉感知与测量技术》《空间操作自主导航与控制技术》正在撰写之中,列入规划的其他图书也在抓紧出版。

诚如雷凡培在"总序"中所言,《丛书》的出版达到了下述预定目标:"总结航天技术成果,形成具有系统性、创新性、前瞻性的航天技术文献体系;优化航天技术架构,强化航天学科融合,促进航天学术交流;引领航天技术发展,为航天型号工程提供技术支撑。"从该出版工程实施5年多所取得的成果来看,《丛书》完整概括了中国航天技术各领域的最新进展,形成了具有中国特色、理论与实践相结合的航天知识体系。

再次，《丛书》旨在打造具有中国特色、拥有自主知识产权的精品航天学术书系。《丛书》已列入国家"十三五"规划重大出版项目，入选国家新闻出版改革发展项目库，部分图书获得国家出版基金资助。据《丛书》总策划人、时任中国航天科技国际交流中心主任兼中国宇航出版社社长邓宁丰先生介绍，《丛书》出版项目是受美国、俄罗斯等航天大国高度重视航天学术专著出版的启发而生。美国航空航天学会是全球最大的致力于航空、航天、国防领域科技进步和发展的专业性、非政府、非营利性学术机构，出版了一大批具有影响力的航空航天专业图书，包括《航空航天技术进展系列丛书》等。打造具有中国特色、拥有自主知识产权的精品航天学术书系，成为中国航天出版人的追求和使命。

《丛书》一开始就按照严格的出版标准推进实施：首先，选择航天主要科研生产单位组稿，每种图书的第一作者都是该领域知名专家，确保学术水平的先进性和前瞻性；其次，在11个航天主体专业内，所列选的图书内容应互为补充、相互支撑，涵盖各主体专业全面技术进展；再次，保持每种图书写作风格的一致性，注重接口的关联性；最后，统一整套图书的体例格式、装帧风格、封面设计，打造精品图书品牌。

《丛书》内容坚持体现自主创新，充分反映我国航天各技术领域最新成果，尤其是拥有自主知识产权的最新科技成果。以侯晓院士所著《固体火箭发动机技术》为例，该专著内容涉及大型固体火箭发动机在推进剂、燃烧、流动、热结构、矢量控制和复合材料壳体等方面的最新研究成果，以及相应的工程解决方案，总结了我国固体火箭发动机工程研制中取得的技术进展和宝贵经验，具有重要的实用价值。又比如，随着航天器在轨数量迅猛增加，加上航天器对地面依赖性强，以往自主诊断重构能力难以应对突发故障，导致航天器在轨失效案例时有发生。为解决这一重大技术问题，王大轶研究员带领研究团队经过十余年攻坚克难，独辟蹊径地提出并创建了具有可诊断性与可重构性的理论方法，将以往的后端诊断转变为在系统设计之初就进行可诊断性和可重构性研究，实现了可诊断性与可重构性的一体化设计、正常模式与故障模式的一体化设计，从根本上提升了航天器控制系统的自主诊断重构能力。《航天器控制系统自主诊断重构技术》就是王大轶团队最新科技成果的结晶，其创新理论和技术为实现航天器的安全可靠自主运行提供了坚实的理论基础和技术支撑，对推动航天器自主诊断重构技术发展意义重大。

我相信，《丛书》重大出版项目实施完毕，其作用和意义将日益彰显，影响力将更加强大。有感于斯，特填《画堂春》词一首，以表情怀。

一星两弹志欣酬，
月球探测歌讴。
载人航宇上层楼。
光耀神州。

精品图书出版，
专家远虑筹谋。
知识自主产权优。
硕果丰收。

注：

本文刊载于2022年第1期《前瞻科技》中的《书阅科苑》栏目。

科技丛书树丰碑

　　2022年4月,《航天卷·北斗导航》由国防工业出版社出版,自此,这套由科学出版社、人民邮电出版社、中国水利水电出版社等15家科技出版社共同打造的《中国科技之路》丛书全部出齐。手抚丛书,认真翻阅,颇多感慨,禁不住击节称好,点赞褒奖。

这是一幅展现中国共产党领导中国科技事业发展的壮丽辉煌历史画卷。《中国科技之路》丛书共15卷300余万字,包括总览卷、信息卷、交通卷、建筑卷、卫生卷、中医药卷、核工业卷、航天卷、航空卷、石油卷、海洋卷、水利卷、电力卷、农业卷和林草卷;全面反映了在中国共产党领导下我国科技事业的发展历程、主要成就、关键节点和重大意义,系统总结了我国科技发展的历史经验,激励全国人民为努力实现中华民族伟大复兴的中国梦而奋斗。

以《总览卷·科技强国》为例,该书共三篇,第一篇高度概括了新中国科技发展的辉煌历程、取得的伟大成就和收获的历史经验;第二篇以新中国不同领域典型重大科技成果的攻关、研制历程为切入点,将第一篇中的"辉煌历程"画卷逐一展开,全面展现中国共产党领导下我国科技事业在不同历史阶段所取得的光辉成就;第三篇通过"时代背景""基本路径""光明前景"三个章节,擘画了新时代中国科技发展的宏伟蓝图。可谓历史画卷,波澜壮阔;澎湃激情,溢于文图。

这是一部彰显中国科技工作者文化自信、创新自信的动人华章。《中国科技之路》丛书映照了几代中国科技工作者攀登科学高峰、实现技术创新的伟大征程,丛书在内容结构上既反映各领域的科技发展概况,又聚焦有重大影响力的成果亮点;既介绍重大科技成果,展现攻关研制过程,又讲述中国科技创新故事;力图深入挖掘不同时期典型科技成果背后的科学精神内涵和历史文化意义,展示中国科技发展道路所蕴含的文化自信和创新自信,激励广大科技工作者继承和发扬老一辈科学家胸怀祖国、服务人民的优秀品质，不负伟大时代，矢志自立自强，努力在建设世界科技强国的伟大征程中做出更大的贡献。

《信息卷·智联万物》讲述的是在珠穆朗玛峰建设5G基站，为珠峰登顶、科考、环保监测、高清直播等提供有力通信保障的动人故事，展现了我国通信技术建设者面对来自自然环境、体力、技术上的世界级挑战，克服重重困难为国争光的迷人风采。《航天卷·北斗导航》综述了中国自主研制北斗卫星导航系统的历程，展示了北斗关键技术体制、多样化服务集成、应用产业培育和国际化发展等重大科技和应用成果，彰显了"自主创新、开放融合、万众一心、追求卓越"的新时代北斗精神。可以说，《中国科技之路》丛书是一部中国科技工作者的拼搏奋斗史，充满了科技的力量，饱含着爱国的热情，贯穿于全书的科学精神和科学家精神成为"中国科技"的魂魄和"中国智慧"的标志。

这是一套一流科学家亲力亲为宣传我国高新科技成就的优秀科普图书。《中国科技之路》丛书每卷均由一名院士担任主编，相应领域学术带头人或行业顶级专家负责相关内容撰写。他们不仅是各自领域的学术大家，也是科普创作的行家里手。《总览卷·科技强国》主编杨玉良院士是高分子化学领域知名学者，同时也是中国科学院学部科普与教育委员会主任；《卫生卷·健康中国》主编王辰院士为著名呼吸病学与危重症医学专家，还是抗击新冠疫情的科普网红；《石油卷·加油争气》主编胡文瑞院士出版的高端科普著作《重新发现石油》充满哲学意味，阐述了新能源冲击下传统石油所面临的机遇与挑战。妙笔生花的一流科学家加盟，确保了丛书的科学性、权威性和可读性。

《中国科技之路》丛书充分彰显时代特点，在发扬大众科普读物定位准确、文字通俗、图文并茂等传统优势的基础上，特别强调在融合出版上的大胆探索、勇于创新。全书以文、图、音频、视频、AR技术结合的多媒体方式呈现,各分卷的每个章节都配有一至两个与文字相对应的视频,通过扫描二维码拓展阅读;一些分卷运用动画形式展现科技亮点,使阅读效果更加直观形象。《航天卷·北斗导航》还是北斗导航科普领域首部融媒体图书,融入了大量音视频技术、沙画工艺、VR技术、H5长图等新型出版形式。

这是几代科技出版人用心血和智慧为建党一百周年呈献的一份浓情厚礼。2019年上半年,怀着对党的深厚感情,耄耋之年的出版大家周谊老先生提出创意,出版一套跨行业反映中国科技发展历史成就的高品位、高质量、可读性强、启发性深的图书,作为向中国共产党百年华诞的献礼。中国编辑学会郝振省会长高度重视,会长办公会充分意识到了这个创意的特殊意义,确定以贯彻落实党的十九大实施创新驱动发展战略、建设世界科技强国的重大决策为切入点,编辑出版一套为国家战略所必需、全方位、成系统、宽覆盖、高规格反映我国核心高新科技成果,为广大读者所期待的精品科普力作。学会胡国臣常务副会长组织专家团队精心设计、充分论证选题。《中国科技之路》丛书由此应运而生,并入选中宣部2020年主题出版重点出版物。

中国编辑学会科技读物编辑专业委员会负责《中国科技之路》丛书的组织实施,专门成立编辑委员会和出版工作委员会,15家科技出版社的总编辑(或社长)带领数百名老中青骨干编辑,群策群力,集思广益,以极大的热情投身于丛书的编辑出版工作。丛书出版后,科技读物编辑专业委员会主任郭德征专门创作了《贺〈中国科技之路〉问世》长篇朗诵诗,并制作成精美视频广为播放,深情讴歌为丛书做出贡献的全体人员,褒赞几代编辑出版工作者的责任担当和出版情怀。壮族青年女编辑韦毅是《信息卷·智联万物》的责任编辑之一,她感慨地告诉笔者："能够参与这样厚重的主题出版物的编辑出版工作，我深感荣幸，受益良多，真正感受到了作为先进文化传播者所肩负的重要职责。"

我也曾是一位科技出版工作者，为祖国科技的辉煌成就而骄傲，为出版同人的优异工作而自豪，有感于斯，特填《清平乐》词一首，以表情怀。

恢宏画卷，
成果殊功现。
科技攻关峰登践，
建党百年礼献。

编辑出版情浓，
专家风范如松。
谱写华章传唱，
丛书精品碑丰。

注：

本文刊载于2022年第11期《中国科技教育》中的《开卷有益》栏目。

经验凝集创思涌

　　这是一本很不起眼的学术著作，小32开本，封面简单朴素，全书仅有10万字，放在众多眼花缭乱的图书里，很难引起读者注意，而我却对它情有独钟。它就是2020年8月由国防工业出版社出版的《智能弹药装备工程理念》，作者是现任西安现代控制技术研究所院士工作室主任的赵瑾正高级工程师。

> 《智能弹药装备工程理念》总结归纳了杨绍卿院士团队30多年来在智能弹药技术，尤其是末敏弹技术领域的成功研制经验。

《智能弹药装备工程理念》主要内容包括：智能弹药基本概念，智能弹药工程中的方法论，我国末敏弹技术发展历程的启示，关于弹箭装备质量问题的思考，智能弹药工程研制和如何贯彻军工产品研制程序，智能弹药项目招投标有关问题，总设计师应该是什么样的人，总设计师的威信和领导力是如何形成的，在智能弹药工程实践中塑造工程师，要重视撰写技术文件，国防科技工业科研院所人才流失问题应引起重视，关于团队文化等内容。作为享有"中国末敏弹之父"美誉的杨绍卿院士的得力助手，赵瑾女士在这本专著中，总结、归纳了杨绍卿院士团队30多年来在智能弹药技术，尤其是末敏弹技术领域的成功研制经验，不仅可供武器装备科研领域项目管理人员参考，也可供工程技术人员借鉴。

首先，杨绍卿院士选择像赵瑾这样优秀助手的做法，值得其他武器装备研制项目总设计师学习借鉴。杨绍卿，中国工程院院士，1941年2月出生于辽宁省康平县，是我国著名外弹道学与灵巧(智能)弹药武器系统工程技术专家，现任西安现代控制技术研究所研究员、中国兵器工业首席专家、国家灵巧(智能)弹药工程型号总设计师。1990年，海湾战争打响后，杨绍卿开始接触并从事灵巧弹药，尤其是末敏弹研制工作，成为我国在这一领域的开拓者和奠基人之一。2010年初，他同时担任两个国家重点装备末敏弹系统总设计师，研究所准备选调一位工程技术人员到总设计师办公室协助他工作。当时，杨绍卿提出了选人的4个条件：一是最好是工学硕士，并有3年以上工作经验；二是性格开朗，能与人和谐相处，并有较好的协调沟通能力;三是悟性好,肯学习,责任心强,事情无论大小均能积极认真对待;四是有较好的文字功底和写作能力,能熟练应用计算机。赵瑾正好这些条件都满足,经面试答辩顺利入驻总设计师办公室,加入了杨绍卿的研制团队。

实践证明,赵瑾确实是非常合适的人选,认真践行了自己的诺言,圆满完成了各项工作任务。作为杨绍卿院士的助手,赵瑾除完成总设计师办公室日常工作外,还经常陪同杨院士参加各种技术会议,代表他去协作单位检查、指导、协商研制工作,帮助他整理书稿,撰写有关报告、信函、讲稿及制作多媒体材料等。杨绍卿院士在"序"中这样评价道:"无论参加什么学术会议和技术活动,赵瑾总是专心聆听别人讲话,认真记笔记,并根据所见所闻提出问题向人请教、讨论。这之后,她会像记日记一样写出一篇篇心得体会,正是这种留心、细心、用心、专心的工作态度,成就了《智能弹药装备工程理念》的出版。可以说,这本书是作者对工程技术人员的所做、所为、所想、意见、建议甚至呼吁进行梳理、提炼并经加工和升华后形成的结晶。"

《智能弹药装备工程理念》立足于杨绍卿院士智能弹药末敏弹研发团队的工程实践,通过大量具有较好实践基础的案例展开论述。所以说,也正是有了赵瑾这样优秀的助手,杨院士积累的丰富工程实践经验才得以梳理、总结、传播,其优秀的团队文化才得以传承、光大、弘扬。因此,杨绍卿院士选择像赵瑾这样优秀助手的做法,值得其他武器装备研制项目总设计师学习借鉴。

其次,《智能弹药装备工程理念》的理论总结和实践归纳,对指导重大武器装备系统研制工作意义重大。智能弹药,又称灵巧弹药,从广义上讲,它是区别于传统弹药、能够在发射后通过一定的智能化技术完成命中目标任务的弹药,是真正意义上"打了就不用管"的智能弹药。通常,智能弹药可分为导弹、末敏弹、弹道修正弹三大类。末敏弹,全称为末端敏感弹药,多为子母式结构,即一发母弹装载若干枚末敏子弹;末敏子弹主要由稳定平台(如降落伞)系统、弹上计算机、光电探测装置、战斗毁伤单元(如战斗部)、安全起爆装置等组成;母弹可以是炮弹、火箭弹、航弹、导弹、航空布撒器等。末敏弹是一种能够在弹道末段探测出目标的存在并使战斗部朝着目标方向爆炸的智能弹药,主要用于从顶部准确攻击集群坦克、装甲车等多种目标,可以在数分钟内歼灭敌人全部来犯的装甲力量,发展前景十分广阔。

30多年来,杨绍卿院士领导的团队研制以末敏弹为代表的智能弹药系统的道路艰难曲折。在杨绍卿院士所著的《灵巧弹药工程》一书的"序"中,著名弹道专家李鸿志院士曾这样评价杨院士的工作:"我目睹了杨绍卿研究员及其所率领的科研团队作为我国灵巧弹药领域的拓荒者所走过的艰难曲折历程和付出的巨大努力,见证了他们所取得的令人瞩目的成果和开辟的重大技术领域。他们攻克了灵巧弹药的代表性弹种——末敏弹的关键技术,建立了我国末敏弹的设计、分析、仿真、试验、制造、验收和评估等的方法、规范和理论体系,使我国跻身于美、俄、德、法等少数能自行研制生产末敏弹的国家之列;他们成功研制出在我国弹药发展史上具有里程碑意义的第一个末敏弹武器系统,该系统已成为我军远距离装甲最有效、最具威慑力的武器。"

作者在《智能弹药装备工程理念》第一章"从狂轰滥炸到精确打击——浅谈智能弹药"中写道:"作为典型的智能弹药,末敏弹的发展历程为我国智能弹药发展提供了重要借鉴。从预先研究、演示验证到技术引进,再到自主研制,中国实际上走了一条学习、继承、借鉴、创新、超越之路。之所以我国的末敏弹技术大幅领先世界水平,是因为我们掌握了别人的优点,清楚别人的不足和缺点。借鉴和继承别人的优点,改进和创新别人的不足和缺点,从而实现技术上的跨越和超越。因此,搞好智能弹药技术和装备发展规划,处理好学习、继承和创新的关系,对我国智能弹药的发展是十分重要的。"

作者在第三章"我国末敏弹技术发展历程的启示"中,对杨绍卿院士团队30多年来跌宕起伏的攻关历程进行了全面梳理、分析、总结,归纳出如下5条对我国智能弹药发展有着重要启示意义的宝贵经验:科学的顶层规划为我国末敏弹技术发展指明了方向;产学研紧密结合,组建国家队,是我国末敏弹技术发展的重要保障;深刻理解、正确把握继承、借鉴、创新之科学技术发展灵魂,是实现中国末敏弹技术跨越的有效途径;专一、专注、执着的工程技术研发队伍,是中国末敏弹技术发展的原动力;重视理论、规范、规则建设及其在工程技术实践中的指导约束作用,是中国末敏弹技术可持续发展的基础。这些成功的研制经验值得大力宣传、推广,可供相关领域的技术专家和管理人员学习、借鉴。

再次,《智能弹药装备工程理念》中关于武器装备系统研制工作中存在问题的论述难能可贵。赵瑾在第四章"关于弹箭装备质量问题的思考"中写道:"弹箭装备是我军种类最多、数量最大的装备之一,因此,在使用中出现一些在可靠性允许范围之内的故障、失效甚至是质量问题也就不足为奇。近年来,出现的质量问题数量呈上升趋势,有些质量问题甚至反复出现,这不能不引起我们的高度重视。这到底是为什么?弹箭产品的承研、承制、生产单位都须经严格的质量体系认证,有健全完备的质量管理体系以及相应的管理规范、制度和程序。但是,产品交付部队后,在使用过程中依然暴露出不少质量问题,出了问题后便进行故障归零,同时从生产过程的管理上找原因。虽然收到了一定效果,但在不少情况下,收效甚微。表面上故障归零了,管理改善了,可在以后的生产使用中又出现同样或类似的质量问题;再归零,再找原因,周而复始,恶性循环,浪费了大量的人力、物力、财力,问题仍然得不到解决。"作者由此万分忧虑地发问:"这种现象难道不应该引起我们的深思吗?我们的弹箭产品质量问题只是生产过程的管理问题吗?有没有更深层次的原因?"

问题意识、质量意识、忧患意识、责任意识,这是军工科技工作者最为优秀同时也是最为难得的品质。担任杨绍卿院士助手后,赵瑾亲身经历了好几项型号从立项、研制、定型到生产、交付部队使用的全过程,参与处理过许多产品研制中出现的质量问题,参加过许多部队使用中产品质量问题的归零会议,对产品质量问题有着深切的感悟和体会。为此,她在书中对提高弹箭产品质量问题进行了深入思考:工程研制的"短平快"现象造成产品质量隐患不容小觑;工程研制程序贯彻执行中出现的影响产品质量问题令人担忧;工程研制中设计师系统得不到应有尊重而对产品质量产生的伤害值得关注;应正确区分弹箭产品的失效问题与质量问题。

关于"应尊重设计师系统"问题,作者举例道:"以设计评审为例。设计评审所形成的专家意见应该是咨询意见,是否采纳这些意见,最终应由设计师系统做出决定,而不是设计评审就能形成结论性否定或部分否定原有设计的意见。更要避免的是,以此'意见'为依据,不顾设计师系统的任何说明甚至是强烈反对,强令设计师系统改变或部分改变原有设计,否则就不能进行下一阶段的工作。"赵瑾剖析了不尊重设计师系统造成弹箭装备质量问题的深层次原因:"可想而知,当无人负责的评审能够左右责任主体的行为时,其结果就是无人对产品的设计真正负责,此时,产品性能和质量受到影响也就可以理解了。"

这些论述源自武器装备科研、生产实践，是付出高昂代价之后的肺腑之言，可谓一针见血、入木三分，彰显了优秀一线科技工作者的赤胆忠心、真知灼见、独立思考、科学良知和使命担当。

最后，《智能弹药装备工程理念》可作为军工科研单位、企业的青年技术专家的优秀教科书。每一位入职军工科研单位或企业的青年技术人员，都不可避免地要经历艰难曲折的探索、成长、发展历程，其中会有眼泪、失望、痛苦、失败……通向成功的道路从来都不会一帆风顺，但是，如果有人能给予指导、点拨，就可以少走很多弯路。《智能弹药装备工程理念》第九章告诉青年科技工作者，如何"在智能弹药工程实践中塑造工程师"；第十章提醒青年科技工作者，一定"要重视撰写技术文件"。青年科技工作者如果想进一步向上发展，第七章会告诉他们"总设计师应该是什么样的人""总设计师的威信和领导力是如何形成的"。当青年科技工作者已经有了一定的职位，第十二章"关于团队文化"则用具体的案例告诉他们，如何营造优秀的团队文化，优秀的团队文化对带队伍多么重要。总之，这些用时间、汗水、心血、财力甚至生命凝聚成的无比珍贵的经验，无疑值得青年科技工作者仔细拜读、认真品味。

有感于杨绍卿院士团队在发展我军智能武器装备上所做出的突出贡献，巾帼专家赵瑾所著《智能弹药装备工程理念》一书对弹药工程技术、管理人员的启示作用，特填《青玉案》词一首，以示褒赞，以表情怀。

艰辛研制收新宠，
末敏弹、
三军拥。

弹药智能碑矗耸。

赞誉欢欣捧。

绍卿团队，
拼搏骁勇，

经验凝集创思涌。

工程理念书接踵，

出版薪传播火种。

巾帼助手，
诚惶诚恐，

示范倾情奉。

注:

本文刊载于2022年第4期《前瞻科技》中的《书阅科苑》栏目。

衰老秘密昭世界

　　"今年的诺贝尔生理学或医学奖颁给三位科学家，他们解决了生物学的一个重大问题：在细胞分裂时染色体如何完整地自我复制以及染色体如何受到保护以免于退化。这三位诺贝尔奖获得者已经向我们展示，解决办法存在于染色体末端——端粒，以及形成端粒的酶——端粒酶。"

前面这段话节选自2009年诺贝尔生理学或医学奖颁奖词。而由湖南科学技术出版社2021年9月出版的《端粒：年轻、健康、长寿的新科学》(以下简称《端粒》)一书,则对"端粒"和"端粒酶"这两个最新科学术语及其对人的健康和长寿的作用,给出了通俗、有趣的解读,有助于青少年读者尽早养成健康的生活习惯,树立积极的人生态度,过上幸福美好的生活。

《端粒》一书由伊丽莎白·布莱克本博士和艾丽莎·伊帕尔博士合作完成。伊丽莎白正是2009年诺贝尔生理学或医学奖三位共同获奖人中的一位,她是美国科学院院士、加州大学旧金山分校教授,因学术成就卓著曾入选美国《时代》周刊年度全球最具影响力的100个人物。艾丽莎为美国医学科学院院士,是研究压力、衰老和肥胖方面的领军心理学家,现任加州大学旧金山分校衰老、代谢与情绪中心主任。两位同一研究领域的知名女性学者强强联手,打造了《端粒》这部专述衰老、健康、长寿议题的优秀科普图书。

青春永驻、健康长寿,是古往今来人们日夜期盼的梦想和孜孜不倦的追求,而要想健康、长寿,就得延缓衰老。衰老是伴随生命的发生、发育、发展过程的一种持续活动,是随着年龄的增长,全身组织器官从构成物质、组织结构到生理功能、心理功能都出现衰退和丧失的一个过程,常常被认为是不可抗拒的自然规律。自19世纪末通过应用实验方法研究衰老以来,有关学者先后提出了各种各样的衰老成因学说,通常认为,衰老是人体干细胞衰退、DNA(脱氧核糖核酸)退化、衰老基因活跃等综合因素作用的结果。《端粒》一书则揭示了端粒和端粒酶与衰老之间的关系,并给出了延缓衰老的科学建议,读来让人耳目一新,精神为之一振。

端粒(英文"telomere")存在于染色体末端,它由简单重复、非编码的DNA序列组成,其作用是保持染色体的完整性和控制细胞分裂周期。研究发现,端粒就像一顶置于染色体头上高高的保护帽,细胞每分裂一次,端粒这顶高帽子就会短矮一截;"随着细胞分裂次数的增多,端粒会越来越短,当短到不能再短的时候,就无法保护染色体了。"

伊丽莎白博士由此揭示了衰老的秘密:正是染色体末端的端粒控制了细胞和人体的健康水平和寿命,较长的端粒序列意味着较长的细胞寿命,同时也意味着更高的健康水平和更长的寿命。因此,端粒长度可以作为衡量衰老的一个重要标志。

衰老其实就是人体细胞逐渐衰退的过程,当细胞停止了生长,人就会衰老,就会走向死亡。日常生活中,我们发现,每个人的衰老速度和方式不尽相同。同样年龄的人,有的老气横秋,有的则雄姿英发。《端粒》告诉我们,这是端粒酶在里面起了作用。

端粒酶(英文"telomerase")由蛋白质和RNA(核糖核酸)模板组成,它利用自身的RNA模板来合成正确的DNA序列,具有制造和补充端粒的功能;"每次细胞分裂的时候,端粒酶都会为端粒添加上新的DNA,延长端粒。端粒酶可以减缓、阻止,甚至逆转细胞分裂过程中的端粒缩短。"由此,我们欣喜地看到,尽管衰老和死亡是每个人都无法避免的,但我们却可以依靠科学知识,通过维护好端粒,来减缓、阻止甚至逆转衰老,延长寿命。

《端粒》还告诉我们,心理压力对端粒的伤害很大,更短的端粒常常出现在压力更大的人身上。也就是说,一个人长期承受压力,会弱化端粒酶的活性,导致端粒变短,从而引起机体组织退化,继而影响健康,最终导致衰老。明白了压力与端粒之间的关系,应对的策略也就相对简单了:你只要缓解压力,就能维持端粒长度,延缓衰老的进程。因此,尽管生活中我们无法避免压力,但是,我们却可以用直面挑战的心态化解压力,以增强身体应对压力时的韧劲和弹性。

端粒很脆弱,生活中的负面情绪会缩短它的长度,这些负面情绪包括焦虑、忧郁、悲观、愤怒等。因此,学会弹性思考,凡事不"一根筋"钻牛角尖,学会幽默、放松,保持乐观的心态,培育良好的人际关系,都有助于激发端粒酶的活性,延缓端粒长度的缩短,有利于细胞健康和寿命延长。

《端粒》甚至还告诉我们,人生目标、人的性格和细胞老化也存在一定的关系:人生目标明确且坚定的人,免疫细胞的功能更好;儿时就严谨自律,长大成人后通常比较长寿。严谨自律的人做事更专注,更加自立自强,更有慈悲心肠,细胞里的端粒酶就更为活跃。

除此之外,饮食、睡眠、社区环境等都会对端粒产生影响,婴儿出生时的端粒长度也受到父母遗传基因的影响。有趣的是,父母尤其是母亲接受教育的水平会对孩子的端粒产生间接影响,甚至父母的人生经历也会影响下一代的端粒长度。

《端粒》一书不仅通俗易懂,每章还设有"逆龄实验室"来测评你的身体、生活状态,并提供行之有效的方法帮助你修复端粒,从细胞水平实现逆龄抗衰,以达到健康、长寿的目的。记住,通过改善日常生活规律、养成科学饮食习惯、坚持锻炼身体、保证充足睡眠、乐观应对压力、构建良好人际关系、强化人生奋斗目标,都有助于摆脱负面情绪的困扰，激发端粒酶的活性，修复端粒的缺损，继而提高细胞的健康水平和生命的质量，让你活得更幸福、更年轻、更长寿。

因此，阅读《端粒》一书，无疑有益于青少年健康成长：了解并掌握有关端粒和端粒酶的科学知识，就会有更多的选择，就能活出更绚丽的人生。真可谓，青春激扬活力四射，身心健康幸福一生。有感于斯，填《浪淘沙令》词一首，以表情怀。

诺奖解机理，
端粒神奇。
专家联袂献新籍。
衰老秘密昭世界，
长寿能期。

科技道无欺，
压减心颐。
乐观运动畅情谊。
规律饮食充裕睡，
康健祥吉。

 注：

本文刊载于2022年第3期《中国科技教育》中的《开卷有益》栏目。

他山之石可攻玉

　　《他山之石——干旱区开发实践论文集》(以下简称《他山之石》)2007年由甘肃人民美术出版社出版，这是一本研究国外有关荒漠化治理成败得失的著作，收录了我国沙漠生态学家刘恕研究员和田裕钊研究员夫妇联袂撰写的分析、总结苏联、美国、加拿大、马里等国家对地球动"大手术"而导致灾难性后果的经验教训的10篇论文，以及与此相关的5篇学术会议上的交流、发言稿。细细读来，颇有感触。

人类往往过于相信自身的能力，常常会忽视，甚至轻视大自然的力量和规律，尤其是在科学技术高度发达的时代。曾几何时，"人定胜天""敢教山河换新颜""征服大自然"等气壮山河的口号，成为人们"改天换地"的动员令。但无数事实表明，人类不可以也不应该将自然界视为"敌人"，人类任何违反自然界运行法则的非理性行为，最终都将毫无例外地遭受自然界的报复。

20世纪50年代，苏联政府在中亚地区修建了被称为"世纪工程"的卡拉库姆人工运河，以便让流入咸海的阿姆河的天然水流改道，变为水利体系，以扩大水浇地植棉。该工程实施后，在创造了"白金王国"（苏联的棉花产量一度达到世界第一，用于出口创汇的长绒棉被称为白色的黄金）辉煌成就的同时，咸海也开始慢慢干涸，当地的土壤逐渐盐渍化，饮用水源受到农药的严重污染，居民疾病多发，造成了震惊世界的"咸海生态灾难"。

还是在苏联，为了减少卡腊博加兹哥耳湾因蒸发造成的水分消耗，减缓里海水面下降，1980年苏联政府施行了地理"外科手术"，修建了一个堤坝将卡腊博加兹哥耳湾和里海分割开。3年后，由于断绝了海水补充，卡腊博加兹哥耳湾迅速干涸，水域面积由1980年的5 031平方千米缩减为372平方千米，并引发了一系列始料未及的严重后果。于是，1992年只好走回头路，重新将分割卡腊博加兹哥耳湾和里海的人工堤坝打开，恢复了分割工程前的面貌，使卡腊博加兹哥耳湾获得"重生"。

美国和加拿大自19世纪起，在大草原兴起的农业大开发，最终在20世纪30年代遭受了大自然的惩罚——草地严重退化、土壤风蚀加剧、地表大片裸露，最终引发了遮天蔽日横扫大半个美洲大陆的"黑风暴"，导致数十万个农场破产，几十万农民流离失所。

20世纪80年代，遭受干旱和土地荒漠化最严重的非洲国家——马里，为阻止沙漠的推进，防止土地进一步荒漠化，计划实施一个宽5千米、面积达5 275平方千米的"绿色屏障"项目。该项目包括了马里的153个县，涉及国土面积的37%。若干年后，项目无法实施，筹划项目的资金打了水漂。

《他山之石》提供给读者的上面4个典型案例，描述的都是人类从美好的愿望出发，一厢情愿地对地球实施了"大手术"，但最终都导致了灾难性的后果。值得深思的是，这些重大工程在实施前大都经过了认真的论证和周密严谨的设计与评估。比如，修建卡拉库姆人工运河从创意提出到论证和实地勘测直至施工，持续了半个世纪之久；动工前学术界几乎异口同声赞许，没有关于可能招致祸害的任何言论。这些事实向我们提出了这样一个问题：为什么这些经过科学家严格论证的"大手术"工程，人们善良的动机、美好的期望、巨额的投入、艰辛的劳动最终却换不来如愿以偿的效果呢？

刘恕和田裕钊两位作者20世纪50年代中期曾留学苏联，所学专业都是以"改造自然"为目标的沙漠治理专业。他们聆听过当时苏联大型改造干旱荒漠的"世纪工程"设计课程，也亲历过一些类似项目的实施过程。学成回国后，两人长期从事沙漠生态学研究，刘恕还拥有在我国干旱地区从事荒漠化治理研究和管理的经历。近十几年来，他们多次故地重游，与同行讨论切磋，质询疑惑，力图找到上述问题的答案。

尽管人们事前对那些重大自然改造工程的不良后果难以预计和估量，但事物实际发展所记录的轨迹，却能在时过境迁之后清晰地展现出其前因后果。在作者看来，实践出真知，那些当年兴师动众、轰动一时、延续多年的重大改造自然工程，用时间、金钱、失败甚至危害换来了难得的经验和教训，为后来者树立了引以为鉴的标杆。反思这些案例，无疑可以得到许多有益的启示。

首先，人类认识自然，获得对自然界的真知，是一个曲折复杂的过程，也是一个持之以恒、不断深化、永无止境的探索过程。大自然是一个由众多互相关联、相互影响、相互作用的要素构成的巨系统，科学认识并正确把握这个巨系统，要求我们善于学习，不断总结经验，从失败中探寻成功的道路，即所谓实践出真知。其次，对于涉及多学科、多部门、跨地区并影响诸多方面的重大工程方案的认定，出现来自不同视角、不同层面的争论和非议都属正常现象。这就要求决策者广开言路、博采众长、集思广益、弃短取长，更加细心、更为审慎、更有雅量地倾听不同的声音，高瞻远瞩、审时度势、集智慧之大成，完善工程项目的实施方案，尽可能减少其负面效应。再次，由于人造工程作用于自然界所引发的反馈，需要一定的时间才能得以显现。因此，应尽量少对地球动"大手术"、搞大工程，如非得如此，则须慎之又慎。

其他国家已经给我们提供了这么多可供借鉴的案例，"他山之石，可以攻玉"。这大概就是作者出版《他山之石》想传达给读者的信息吧！

今天我们的周围依然不乏移山填海、拦河筑坝、引流换道的大型改造大自然工程的倡议，"他山之石，可以攻玉"睿智的古训，无疑可以启迪我们从他人的失误、失算乃至失败中获取新知和新觉，以避免重蹈覆辙。

这真是：

人类常常不自虚，

移山填海改水域。

灾难后果前车鉴，

他山之石可攻玉。

 注：

本文刊载于2006年第4期《科技导报》中的《书评》栏目。

AI芯片竞相研

　　2022年9月1日至3日，第六届世界人工智能大会在上海召开,在各种人工智能(AI)技术中,作为人工智能产业的基础关键硬件,AI芯片成为本次大会主角。9月15日,2022年全国"大众创业,万众创新"活动周在合肥启动,我国具备领先创新技术的昆仑芯2代AI芯片登台亮相,全面展示昆仑芯科技"双创"落地成果,以强大的AI算力助推我国数字经济高速发展。

《AI芯片——前沿技术与创新未来》从人工智能发展历史讲起，通过介绍AI芯片的工作原理、技术与市场现状、发展趋势，为读者勾勒出这个领域的整体发展框架。

人工智能是研究、开发用于模拟、延伸和扩展人的智能的理论、方法、技术及应用系统的一门新兴技术科学。芯片通常为半导体元件产品的统称，AI芯片则是专门用于处理人工智能应用中大量计算任务的模块，目前最主要的AI芯片工作原理就是把当前主流的人工智能方法——深度神经网络学习算法固化到芯片里，以便对输入的信息进行智能处理，继而输出经处理后预想得到的结果。

金秋9月刚过一半，AI芯片就频频出镜，格外引人注目。我手头正好有一本人民邮电出版社2021年4月出版的《AI芯片——前沿技术与创新未来》（以下简称《AI芯片》），认真研读并推介，希望与广大读者一道获得更多的AI芯片知识，了解相应的技术未来发展趋势。

《AI芯片》从人工智能发展历史讲起，通过介绍AI芯片的工作原理、技术与市场现状、发展趋势，着重解析了深度神经网络芯片和类脑芯片等主流芯片，并结合产业格局深入分析了相关AI芯片案例，为读者勾勒出这个领域的整体发展框架。我虽是这方面的外行，但研读这样一本大部头的高端科普学术图书，并没有觉得太费力，现根据自己的理解梳理出该书所具有的如下三大特点。

《AI芯片》是AI芯片主流大厂首席科学家多年研发经验和前瞻展望的倾心总结，阐明了AI芯片技术的发展离不开基础理论指导与工程实践突破。自1956年"人工智能"这一术语首次被提出，世界上第一块芯片于1957年首次被发明，半个多世纪以来，人工智能学科和芯片技术得到了长足发展。从最初深度学习加速器的产业化，到基于神经形态计算的类脑芯片的迅猛发展，AI芯片在近些年来已取得了巨大的进步，并被广泛应用于人脸识别、汽车驾驶、艺术创作、新材料合成、新药开发、医学诊断、机器人研制以及人们的日常生活之中，彰显了其广阔、深远的应用前景。

《AI芯片》作者张臣雄本科毕业于上海交通大学电子工程系，在德国获工学硕士和工学博士学位，他曾任职于西门子和Interphase，并在上海通信技术中心及某世界500强大型高科技企业分别担任过首席执行官（CEO）、首席技术官（CTO）、首席科学家（CSO）等职。《AI芯片》的创作得益于他长期从事并主管半导体芯片研究和开发，致力于推动芯片产业化应用的丰富理论与实践经验，全书共5篇17章，全面讲述了AI芯片的发展历史、技术路线、理论基础和产业实践等内容。

在科技发展日新月异的今天，各种颠覆性的创新（包括基础理论的创新）正源源不断涌现。在张臣雄博士看来，AI的发展包含了两个并行发展和演进的领域：一个是"AI发现"领域，该领域包含了不断在创新的新型神经网络等AI算法；另一个是"AI实现"领域，即如何通过芯片用最佳的架构、电路、器件和新型材料实现上述算法。换一句话说，AI芯片的发展主要依赖两个领域的创新和演进：一个是模仿人脑建立起来的数学模型和算法，这与脑生物神经学和计算机科学相关；另一个是半导体集成电路，这与计算机和电子领域的高新技术相关。

正是基于这样的认识，《AI芯片》的第一篇"导论"和第三篇"用于AI芯片的创新计算范式"，尤其是第六篇"促进AI芯片发展的基础理论研究、应用与创新"，重点介绍了促进AI芯片技术发展的相关基础理论的创新和突破，以及这些基础理论对AI芯片技术发展的指导作用。《AI芯片》的第二篇"最热门的AI芯片"、第四篇"下一代AI芯片",尤其是第五篇"推动AI芯片发展的新技术",则专门介绍了AI芯片技术发展的历史轨迹,"旨在带领读者俯瞰AI这片'森林'中AI芯片一隅的概貌,以了解AI芯片最新研发情况、技术进展以及新的研究方向。"

作者同时强调,中国想要在AI芯片关键核心技术方面迎头赶上,就必须加强上述两个领域的基础研究和应用研究;想要做出高性能、高能效并且可以覆盖较大应用范围、解决实际问题的AI芯片,既需要实践中的突破,也需要理论上的创新。作者用新型元件忆阻器的研发过程来佐证自己的观点:从1971年的理论创新,到2008年的实践突破,再到2018年AI芯片成功用于深度学习,这个过程说明了理论(尤其是基础理论)指导的重要性,也说明了这些理论研究最后被应用到芯片之前,还需要先在电路、元器件、材料等工程实践领域有所突破。

《AI芯片》覆盖了AI芯片相关技术路线、理论基础和产业实践诸多方面,彰显了AI芯片技术发展离不开持之以恒攻关和接续竞争合作。被尊称为"忆阻器之父"的美国加州大学伯克利分校的蔡少棠教授这样推荐《AI芯片》:"这是一本关于深度学习和神经形态计算等类别AI芯片的及时、全面而富有远见的图书,覆盖了理论和硬件等诸多方面。尽管使AI芯片成为可能的革命性前沿进展层出不穷,作者还是成功地以循循善诱的口吻分享了最新进展的精髓,让众多读者能够理解和领会。对于任何有兴趣了解AI芯片如何引领下一次工业革命的人来说,这本图书都是必不可少的读物。"确实,在当前多如牛毛的介绍AI和芯片的图书中,专门系统介绍AI芯片的还真不多。但你只要阅读《AI芯片》各个篇、章、节清晰、明确、通俗的标题,就能大致把握AI芯片的主要发展脉络。

AI芯片是人工智能计算硬件的"大脑",从最初的利用图形处理器作为深度学习加速芯片开始,到当下人们为AI定制的专用芯片,短短的几年时间里,AI芯片就飞速发展成为一个朝阳产业。其中自然离不开相关领域科研人员久久为功的刻苦攻关。作者在第一篇"导论"中举例指出,要使AI芯片达到更高的智能水平,非常重要的一点就是要使神经网络的运作模式更像人类的大脑。为此,除大学和研究所外,很多开发AI芯片的公司专门成立了"脑神经科学"部门(如被谷歌收购的DeepMind),以便进一步研究人脑的思考过程,建立更科学、更符合生物特性、更细致的神经网络模型。由此可见,谁在这方面的理论攻关有了新的突破,谁就能在AI芯片技术上取得重大的创新,继而把握先机,取得更加领先的地位。

AI芯片的发展历史是一部接续竞争合作的历史。虽然AI芯片出现的历史并不是很长,但对深度学习意义重大的"反向传播"算法却早在1986年被杰弗里·辛顿等人发明并用于改善神经网络性能。最近10年里,研究者更是把这些智能算法从实验室推向了市场。当前,"AI芯片领域不光是半导体芯片公司竞争的舞台,连互联网公司、云计算公司都纷纷发布推出芯片的计划",更多国际研究项目的涌现更是彰显了合作在促进AI芯片技术发展中的重要作用。

当然,和其他芯片技术一样,AI芯片同样占据着各国高新技术的制高点。竞争成为必然,合作则有限制,尤其是相互处于对抗状态时,更是具有"卡脖子"效应。2020年8月,国务院印发《新时期促进集成电路产业和软件产业高质量发展的若干政策》,对促进国产芯片行业发展、摆脱受制于人的局面无疑十分利好。正是意识到了中国等欠发达国家的奋起直追,美国国会众议院2022年7月28日也正式通过了《芯片与科学法案》,强调在国际冲突尤其是美国实力走弱的背景下,芯片等涉半导体的产业布局不能再以商业自由主义运行,而是必须深刻地融入国家竞争和安全战略进程中。

《AI芯片》提供了下一代AI芯片技术发展路线图,引领读者走进一个异彩纷呈的新世界,昭示了AI芯片技术发展离不开学科交叉融合与科技伦理约束。《AI芯片》的作者预测,下一代AI芯片将与量子物理、脑科学和光学等学科密不可分,超低功耗、自供电等技术将成为AI芯片发展的重要支撑技术。为此,本书给出了AI芯片的技术发展路线图,对AI芯片领域的研究现状、产业发展和未来进行了精要的介绍、点评和展望,给广大读者呈现了一个异彩纷呈的新世界。作者同时试着回答了"在更远的将来,哪些基础方面的研究将影响和重塑AI芯片领域?""如何在AI芯片上体现AI的智能程度向生物大脑的靠拢?""AI芯片还会有哪些意义重大的发展和应用?"等一系列重大问题。

作为一门方兴未艾的前沿学科,AI涉及数学、物理学、生物学、逻辑学、图像学、信息论、艺术学等众多学科领域,由此昭示了AI芯片技术发展离不开多学科的深度融合,将会吸引更多领域的科学家和技术专家投身其中。作者给出了这样一个实例:半导体芯片和生物大脑的构建模块在纳米尺度上是相同的……随着芯片技术的发展,尤其是具有生物相容性的有机材料的应用,仿制人类大脑的可能性正在不断提高。但是,要解决其中一系列的科学、技术难题,需要多个学科的协调工作,这种协调不仅涉及材料器件、电路、架构和算法等领域,还包括许多创新的计算范式。

在图书的最后部分,即第17章"AI芯片的应用和发展前景"中,作者在抒发"AI辅助人类到代替人类工作直至最后超越人类的过程,虽然还很漫长,但是,人类创造的高新技术正在大踏步向前迈进"的豪情时,也理性地表达了"在部署此类系统之前,还必须解决与可靠性、安全性、隐私、道德和法规相关的问题"的警醒。

是的，人们通常乐于看到人工智能给人类社会发展带来的正向作用，却容易忽略它的负面影响：人工智能及其相应的AI芯片技术的滥用，会不会使人类越来越依赖科技，继而沦落为科技的奴隶？人的各种能力，尤其是独立自主思考的能力，会不会在这种懒惰、依赖中逐步退化，继而被更高效、更智能的机器所取代，以至于在未来的某一天智能机器将不再受人类的控制？人工智能可替代人类从事各种繁重、危险的技术工作以及紧张、枯燥的脑力劳动，其广泛应用所带来的大量失业会不会造成社会的动荡和危机？

2016年3月，人工智能机器人"阿尔法狗"对弈当时世界围棋第一人——韩国的李世石，以4∶1的总比分轻松获胜；2017年5月，它又以3∶0的总比分碾压式打败当时积分排名世界第一的中国九段棋手柯洁。我当时就想，应用了AI芯片技术的"阿尔法狗"的棋力已远超人类职业围棋顶尖水平，当这类机器人被应用于职业围棋比赛，围棋这一极富魅力的古老双人对弈游戏，还有存在的必要吗？

没有在这些重大的科学伦理问题上进行深入探讨，不得不说是《AI芯片》的一大缺憾。有感于斯，特填词《浣溪沙》一首，以表情怀。

科技攻关促变迁，
AI芯片竞相研，
纷繁人类启新篇。

福祸相生谋远虑，
智能滥用惑疑连。
且将发展顾周全。

注：

本文刊载于2022年第3期《前瞻科技》中的《书阅科
苑》栏目。

竹林碳汇减温侵

    2020年9月，为彰显应对气候变化和全球减排中的大国担当，中国政府明确提出了2030年前实现"碳达峰"和2060年前实现"碳中和"的目标。而早在近20年前，浙江农林大学博士生导师周国模教授就率领研究团队着手研究竹林的固碳作用，并取得了丰硕的科研成果。近年来，他领导的团队又挑起科学普及重担，致力于竹林碳汇科普宣传，出版了以《竹林碳觅》为主本的系列科普读物，实在令人钦佩。细读这些科学知识丰富、图文声像并茂、形式丰富多样、内容生动活泼的系列碳汇科普读物，深感创作者匠心独运，创意颇多。

《竹林碳觅》系列作品种类丰富,受众面广。《竹林碳觅》系列科普读物包括:面向成人读者的《竹林碳觅》科普图书,面向青少年读者的《幽篁国的竹林碳语》科学童话,面向儿童读者的《我是吸碳王》科普动漫,面向海外少年儿童读者的《我是吸碳王》科普动漫(国际推广版),以及面向大众的相关文创产品,可谓品种丰富,受众面广。

除文字和纸质图书外,该系列科普读物还运用了插图、动漫、声音、视频等表现形式,如《幽篁国的竹林碳语》配有31个纯净优美童声讲读,扫《我是吸碳王》中的二维码可观看相应的科普视频,《我是吸碳王》(国际推广版)中文、汉语拼音、英文对照排版。丰富的表现形式使无形无序、晦涩难懂的碳汇知识,变得可读可听可视、有声有色有趣,开创了一条"图书+动漫+融媒体+多文种"的科普创作道路。

创作团队精心搭配,权威性强。周国模教授是《竹林碳觅》系列科普读物的策划人和主要作者,这位森林碳汇领域的知名学者自2002年始就带领"林业碳汇与计量"创新团队致力于竹林碳汇科学研究,揭示了竹林的固碳功能机理,解决了竹林如何固碳、测碳、增碳、售碳等一系列关键科技问题,推动了竹林碳汇科技进步和产业发展,研究成果"竹林生态系统碳汇监测与增汇减排关键技术及应用"荣获国家科学技术进步奖二等奖。

《幽篁国的竹林碳语》科学童话第一作者王旭烽教授为著名作家、茅盾文学奖获得者,作者通过构建12个童话故事场景,讲述了竹林与碳汇、竹林与生态环境以及人与自然的关系,以此普及相关的生态学、植物学和昆虫学等方面的科技知识。该书另一作者是周国模教授,作家与科学家联袂创作,共同商定小说背景和科学知识,20处"竹林碳语知识"穿插书中,可谓文理交融、珠联璧合,堪称科学与人文融合进行科普创作的典范。

《我是吸碳王》科普动漫的绘画作者王丽教授是低碳文创产品设计专家,她根据不同竹子最具标志性的形态特征和地域分布特点,精心设计了竹博士、毛竹大王、亚洲竹、二氧化碳等13个动漫形象,让静态的竹子家族成员变得憨萌可爱、鲜活灵动,使无形的二氧化碳具象可视,强化了读者对竹林碳汇的认知。

出版单位布局巧妙,优势尽显。创作团队在出版单位的选择上也做了精心的布局和安排。《竹林碳觅》为主本,是这套系列碳汇科普读物的核心,交由国内最具权威性的科普出版单位——科学普及出版社出版,以确保图书的质量和影响力。《幽篁国的竹林碳语》属童话小说,读者对象为少年儿童,由曾连续11年保持国内少儿读物市场占有率第一的浙江少年儿童出版社出版,市场前景可期。《我是吸碳王》科普动漫定位为中小学生课外读物,由浙江教育出版社出版,地域优势和行业优势尽显。中国林业出版社是我国唯一的中央级科技类林业专业出版社,将《我是吸碳王》科普动漫(国际推广版)交由该社出版,无疑有利于国内外行业领域的宣传推广。

据报道,《竹林碳觅》主本读物已成为75所大中专院校碳汇课程辅导教材,其他副本读物被527所中小学列为课外读物。自2012年起,周国模教授团队开始在南美、非洲等地区推广竹林碳汇研究成果,在肯尼亚、埃塞俄比亚等国家开展竹林碳汇造林试点,并在全球气候变化大会、世界中文大会、孔子学院和国际藤组织学术会议上宣讲,《竹林碳觅》系列科普读物已成为海外孔子学院的碳汇科普和中文学习材料。

传播方式立体多维,成效显著。除传统的图书发行外,《竹林碳觅》创作团队还创新传播方式,立体、多维、全方位宣传、营销,广为普及竹林碳汇知识。创作团队依托周国模教授组织创建的全国第一个毛竹碳汇林、中国安吉竹林碳汇展示馆、竹林碳汇工程中心全国林草科普基地和浙江省生态环境厅竹林碳汇标准化示范基地,展示《竹林碳觅》系列科普读物,循环播放《我是吸碳王》动漫视频,开展竹林碳汇知识培训和低碳研学活动,发行图书38 000多册,使科普成果落地生根、开花结果。

团队成员还深入城镇、乡村、学校,开展"竹林碳汇"线上线下科普讲座,以及读书推介、送书下乡、科普讲解大赛等传播活动,通过中央电视台科教频道和国际频道、"学习强国"平台等主流媒体,以及微信公众号等自媒体进行全方位宣传推广,让《竹林碳觅》系列科普作品走进千家万户,进入全国16个省(自治区、直辖市)55个重要竹产区和革命老区,阅读、受益人数有2 100多万。

《竹林碳觅》系列科普读物填补了国内外竹林碳汇领域科普空白,推动了我国生态碳汇科普事业发展,为实现"双碳"目标做出了重要贡献。有感于斯,填《浪淘沙令》词一首,以示褒赞,以表情怀。

碳汇话竹林，
青叶拿擒。
呵护环境减温侵。
拯救地球急迫事，
科技甘霖。

编著贵亲临，
读者知心。
图书动漫普及吟。
有色有声多趣味，
独创如金。

注：

本文刊载于2024年第2期《中国科技教育》中的《开卷有益》栏目。

补充修订注新泉

　　石油和天然气简称"油气"，都是由碳元素和氢元素组成的烃类化合物的混合物，它们与工农业等领域的生产和人们的日常生活休戚相关，是铸就现代文明的重要基础。油气主要用作燃料，如制成汽油、柴油、煤油、天然气等，为繁忙的交通运输、不间断的设备运行等提供能源和动力。油气同时又是化学工业产品如溶剂、涂料、化肥、合成纤维等，轻工业产品如蜡笔、隐形眼镜、塑料等，建筑业产品如沥青、隔热材料、保温材料等的重要生产原料。作为一种极其重要的基础性自然资源、战略性经济资源，油气被广泛应用于人类社会发展和生活的方方面面，成为国民经济的重要命脉，对世界政治和经济格局影响重大。

> 《油气简史》新版关注当代油气勘探开发的技术前沿和热点问题，是一部关于油气"前世今生"的简史。

正因油气用途如此宽广，影响如此深远，出版全面介绍油气科技知识的科普图书自然非常重要，而石油工业出版社出版的《油气简史》以及随后的修订版，则为业界提供了一个打造油气领域科普精品的范例，其成功的经验值得认真总结。

《油气简史》第一版2021年9月面世，不到1个月就加急重印，5个月内即畅销2万余册，半年后又入选中国石油"2021年送书工程"，可谓妥妥的"双效"图书。面对如此喜人的局面，按理说，作者和出版社当心满意足，凭此好书坐等红利。没想到，双方并未止于这良好的开局，而是追求卓越、精益求精、创新图进，于2022年4月又推出全新的《油气简史》"第二版·富媒体"（以下简称《油气简史》新版），令人耳目一新，使人刮目相看，让人赞叹不已。

《油气简史》第一版共46万字，有530余页，可谓鸿篇巨著。出版后，不少读者反映，书籍厚重，不适合捧读，不方便携带；全部为文字，不利于在碎片时间收听阅读。《油气简史》新版认真吸收读者意见，将原书文字尽力缩减、凝练，同时将"知识小讲堂"原文字部分以二维码形式呈现，读者扫码即可线上阅读。较之于第一版图书，《油气简史》新版尽管版权页文字减少了6万多，篇幅减少了110多页，但由于"隐藏"的"知识小讲堂"有2万多字，增加的19个音频折合成文字约4万字（平均每个音频按10分钟计，每分钟标准朗读按200字计）。由此看来，《油气简史》新版全书的文字总数不仅没有减少，内容还更加充实、丰富、硬核，修订、改版可谓一举获得成功。

《油气简史》新版既是一部高水平学术著作，又是一本优秀科普图书。《油气简史》新版分"地下油气藏在哪里""地下'油气'之家——岩石与流体的故事""钻井——修建'油气'通向地面的人工通道""地下油气能乖乖地沿着'井'涌出地面吗""'蛹动'——地下油气的运动""油气藏大家庭——家家有故事"和"油气如何输送与储存"7大部分,全面介绍了油气来自何方、油气在地下处于何种运动状态、油气如何被采集到地面,以及油气怎样储存运输,涵盖油气自产生、开采至储存、输送的整个流程,涉及从古至今油气勘探、开采、生产、运输、储存、利用等方面的主要技术,关注当代油气勘探开发的技术前沿和热点问题,引用的文献资料最新至2021年,是一部关于油气"前世今生"的简史,不失为一部高水平的学术著作。

《油气简史》新版的主要作者张烈辉教授长期从事复杂油气藏渗流、试井及数值模拟等方面的教学、科研工作,曾荣获国家科学技术进步奖,现任西南石油大学校长、博士生导师,是该领域知名学者。编著者不是单纯地从专业角度讲述油气简史及其相关科技知识,而是用生动简洁、通俗易懂的语言,传播普及相关的油气专业知识。诚如著名油气田勘探开发专家胡文瑞院士在"序五"中所言:"该书将科学性、趣味性、通俗性融于一体,将专业性很强的油气理论或技术,通过通俗易懂、深入浅出的语言呈现在广大读者面前。该书不仅普及了石油天然气知识,同时传播了科学的思想、科学的精神和科学的方法,引导广大读者关注、关心和支持石油工业的进步发展,是一本难得的石油天然气科普佳作。"

《油气简史》新版介绍油气理论、技术等知识专业严谨,普及油气科技知识灵活多变。科技工作者通常长于写学术论文和科技著作,但是把相关的学术内容和专业知识写得生动有趣、富有文采,寓科技知识于科普教育之中,却是一件很不容易的事情。《油气简史》新版在这方面做了有益的探索,取得了可喜的成绩。

一是精心选用图片,使专业内容更加通俗易懂。全书含精美图片近千幅,许多为编著者在新疆、青海等油气田一线工作时,与上千口采油井"亲密接触"拍摄而成的现场照片。第一章选用的大量地质断层图片,对解释什么是"沉积岩""岩浆岩""变质岩"等非常有帮助,让人一目了然。二是大量绘制示意图、小漫画,使科学原理更加直观明了。正文第30页的"断层类型示意图",展现了地层断裂的整个过程,简洁、直观、明了;"知识小讲堂"的标志为一个可爱小男孩,惹人喜爱,引人阅读。三是使用比喻手法,使语言文字更加生动有趣。例如,编著者将聚集油气的岩石比喻为"蚕茧",将地下油气的运动比喻为蚕的"蛹动",娓娓道来,栩栩如生,形象生动,幽默风趣。四是科学编排版面,使读者阅读更加舒适、愉悦。《油气简史》新版全书彩色印刷,排版大气,图文并茂,让人赏心悦目。扉页前5张插图全部整页排版印刷,形象、直观地说明了"地下油气的产生、运移与聚集"过程、"中国含油气盆地的分布""中国沉积盆地的分布""中国页岩气有利区的分布",以及"中国煤层气资源的分布",读后对"油气简史"很快就有简明扼要的了解和把握。

《油气简史》新版不仅普及油气科技知识,同时弘扬科学精神,使人深受教益。科学普及是提高公民科学素质的重要手段,优秀的科普图书不仅应普及科学知识,还应传播科学思想、弘扬科学精神、宣传科学方法。《油气简史》新版这方面的探索值得借鉴。第三章"钻井——修建油气通向地面的人工通道"通过讲述钻井历史,彰显了人类在勘探、开采、使用自然资源方面的智慧和才干,宣传了中国古代在石油开采等方面的卓越成就,令国人倍感骄傲自豪。再比如,扉页第6至第10张插图照片——《丛式井现场》《塔克拉玛干沙漠腹地的顺北1天然气处理站》《宏伟的压裂场景》《海上生产平台》《亚马尔LNG项目生产线》,或为高空俯拍工地现场，或为全景扫描生产一线，反映了油气开采、生产的实际景象。震撼于图片的气势恢宏之余，读者定会被油气工人在艰苦环境、恶劣条件下战天斗地的精神所感动。阅读第6章"油气藏大家庭——家家有故事"，你会对以油气为代表的能源合理开发、能源技术革命、能源战略安全有着更深刻的认识和理解。

《油气简史》新版看似为常见纸质图书，实为创新富媒体库藏。《油气简史》新版在阅读表现形式上有两大创新。一是将第一版中"知识小讲堂"的文字部分以二维码形式呈现，读者可通过扫码打开相应的PDF文件延伸阅读。这不仅缩减了原书篇幅，减轻了原书重量，还增添了阅读的灵活性，熟悉这部分内容的专业人士完全可以跳过不读。二是增加了大量音频内容。再版时，作者重新提炼全书内容，着眼于服务专业人士以外的读者，符合当下大众的阅读习惯，增加了相关的背景故事，用更加浓缩、凝练、通俗的语言对内容进行延伸、拓展，以音频方式予以播放展示。《油气简史》新版共有音频19个，时长共约200分钟，读者可随时随地通过扫描二维码聆听其中的任何一集，不仅接收信息更加便捷，而且在用眼睛阅读的同时，还可通过耳朵收听音频进行补充"阅读"。遗憾的是，不知何故，第五章和第六章都没有增设相应的音频，这不仅使全书的风格不尽统一，还留下了这两章缺乏相应背景故事的遗憾。

《油气简史》新版并非由个别专家学者编著，实乃集体智慧结晶。诚如张烈辉教授在第一版"前言"中所言："参与编写的人员还有成都北方石油勘探开发技术有限公司张博宁，西南石油大学赵玉龙、陈怡男、唐洪明、廖柯熹、何江、张智、熊钰，中国石油西南油气田分公司周克明，等等。"从编著者提供的信息看，《油气简史》新版的写作还得到了西南石油大学李小刚等近50位学者、中国石油西南油气田分公司彭先等9位学者、中国石油新疆油田分公司王勇等12位学者，以及中国石油塔里木油田分公司、中国石油长庆油田分公司、中国石油吉林油田分公司、中国石油玉门油田分公司、中国石油勘探开发研究院成都中心、中国石油勘探开发研究院地下储库研究中心、中国石油西北销售分公司、中国石油华北油田分公司、中国石油大庆油田分公司、中国石油大港油田分公司、国家石油天然气管网集团西南管道分公司、国家石油天然气管网集团西气东输分公司、中国海油研究总院有限责任公司、中国海油能源发展股份有限公司工程技术分公司、中国海油海洋石油工程股份有限公司、中国海油湛江分公司、中国海油深圳分公司、中国海油天津分公司、中国石化西北油田分公司、中国石化胜利油田分公司、康菲石油中国有限公司、成都理工大学、重庆万普隆能源技术有限公司、成都北方石油勘探开发技术有限公司、成都电子科技大学等单位的30多位专家学者的指导和帮助。此外，中国科学院刘宝珺院士、郭尚平院士和中国工程院罗平亚院士、周守为院士、胡文瑞院士共5位院士为《油气简史》新版作序，并提出了很好的建议；另有张铁岗、李根生、刘合、孙金声、杨春和、陈掌星、邹才能、雷宪章8位院士撰文推荐，表达了殷切的期望。编著队伍可谓阵容庞大，作序学者可谓德高望重，推荐群体可谓声名显赫，《油气简史》新版实乃集体智慧之结晶。

当然，《油气简史》新版并非完美无瑕。一是修订后的图书既然能增加音频内容，完全可以再增加视频内容，用视频表现地壳的运动、油气的形成、采油的过程和油气的输送等专业知识，无疑更为直观、形象，更便于读者理解、掌握。二是全书作序多达5篇，个别序言文字有重复，有的序内容略显单薄。三是书中部分编校工作值得商榷，如"目录"全部7个篇章的标题中，有的"油气"二字使用了引号，有的则没有，导致体例不一致；正文第13页的"知识小讲堂"误写成"油气大讲堂"，实为编校硬伤。

有感于《油气简史》新版的成功修订、补充、完善，以及对其他科技工作者创作科普精品图书的启示，特填《浪淘沙令》词一首，以示褒赞，以表情怀，以作勉励。

妙笔著鸿篇，
油气播宣。
简明历史概说全。
阅后益丰当点赞，
科普登巅。

学问贵钻研，
精益求鲜。
补充修订注新泉。
并茂图文多趣味，
富媒蹁跹。

 注:

本文刊载于2024年第2期《前瞻科技》中的《书阅科苑》栏目。

高速磁浮简史妍

　　2023年12月4日，科技部发布《对十四届全国人大一次会议第2199号建议的答复》。第2199号建议全称为《关于加强磁悬浮技术研发的建议》，由第十四届全国人大代表、山东天瑞重工有限公司董事长兼总工程师李永胜教授提出。他希望国家进一步加强磁悬浮动力技术研发，在我国打造出世界一流磁悬浮产业基地，建成世界一流产业集群。此时此刻，阅读《磁浮高铁简史》，别有一番感慨。

> 磁浮高铁,即磁悬浮高速铁路,不同于常见的轮轨铁路,它是借助于无接触的磁浮技术,使整个车体悬浮在轨道导轨上运行的交通系统。

《磁浮高铁简史》2021年11月由西南交通大学出版社出版,作者胡启洲教授为南京理工大学高速铁路科学研究所所长,主要从事高速铁路、交通运输工程和不确定性数学理论研究。该书是作者团队编撰的"高铁三部曲"之一,另外两部分别为《筑梦超级高铁》和《高铁知识趣谈》,丛书构成了普及最新高铁科技的完整知识体系。西南交通大学轨道交通学科群实力位居全国前列,建有轨道交通国家实验室(筹)、轨道交通运载系统全国重点实验室、国家轨道交通电气化与自动化工程技术研究中心等国家级科研平台,是我国磁浮技术与磁浮交通领域的重要基础研究、技术开发和人才培养基地。磁浮高铁科技权威作者和权威出版社强强联手,《磁浮高铁简史》自然值得一读。

磁浮高铁,即磁悬浮高速铁路,不同于常见的轮轨铁路,它是借助于无接触的磁浮技术,使整个车体悬浮在轨道导轨上运行的交通系统。由于行驶中不存在列车与轨道之间的机械摩擦力,磁浮列车可以达到比轮轨列车高得多的行驶速度,理论上最高运行时速高达800千米,因而具有更加广阔的应用前景。读《磁浮高铁简史》,不仅可以学习磁浮高铁理论知识,知晓现阶段国内外磁浮高铁主要科技成果,还可以了解磁浮高铁的过去、现在和未来,把握磁浮高铁的发展趋势。

交通技术的发展与人类文明发展同步,从农耕文明到工业文明,再到现代文明,交通动力经历了由人力、畜力升级到蒸汽动力、内燃动力,再跃升到电力的衍变过程。人类出行和货物运输的时速,也由几千米提升到几十千米,现已攀升到几百千米。今天,奔驰在华夏大地、时速为数百千米的列车,绝大多数是我们司空见惯的"和谐号""复兴号"高铁。这是一种运行在轨道上的高铁,时速通常大于200千米而小于400千米。在中国,轮轨高铁的商业运行时速通常控制在300千米,部分线路放宽至350千米。《磁浮高铁简史》第一章专门用一节篇幅,介绍"轮轨高铁的发展历程",为全书讲授"磁浮高铁"做了必要的知识铺垫。

该书介绍磁浮高铁理论和技术知识时采取了循序渐进的办法,第一章"绪论"主要讲高铁方面的知识,给读者脑海里建立了"高铁"的初步印象。第二章"磁浮高铁的概念原理"着重普及与磁浮高铁相关的基本概念、常用术语和磁浮原理,为后续介绍磁浮技术做了铺垫。第三章"磁浮高铁的基本原理"为本书要点,除讲解"磁浮高铁的相关原理"外,还介绍了"磁浮高铁的主要类型"。阅读第四章"磁浮高铁的属性特征",读者对磁浮高铁的种种优势就有了全面、准确的了解;"相较于传统的轮轨列车,磁悬浮列车有很大的优势,其中包括更高的安全水平、更好的环保水平、更低的运营能耗、更高的运行可靠性、更低的运营成本等。"

20世纪80年代初期,我国开始研究磁浮列车,目前的技术研发主要集中在中低速常导磁浮技术上,较少涉及高速和超高速磁浮列车的技术研究。1989年,国防科技大学成功研制出我国第一台磁悬浮列车实验样车。2003年,上海市与德国磁浮国际公司合作,建成全程近30千米的磁浮列车示范线。2004年,大连磁谷科技研究所研制出我国首辆拥有自主知识产权的磁浮样车"中华01号"。2016年,长沙市成为我国第一个开通中低速磁悬浮列车的城市,建成我国首条拥有完全自主知识产权投入商业运营的中低速磁浮铁路。2017年,北京开通国内第二条中低速磁浮铁路线——S1线。2021年,预期运行时速目标值大于600千米的高温超导高速磁浮工程化样车及试验线在成都启用;同年,中国具有完全自主知识产权、时速600千米的高速磁浮交通系统在青岛下线。

据悉,德国、日本、中国、美国、韩国、加拿大、瑞士等国家目前都进行了磁浮系统的开发研究,《磁浮高铁简史》第五章"磁浮铁路的发展历史",重点介绍了美国、德国、日本尤其是中国在磁浮铁路建设方面取得的主要成果。1978年10月26日,时任国务院副总理邓小平在日本乘坐新干线高速列车前往京都访问,高铁由此进入中国民众视野。中国高铁建设虽然起步较晚,但发展神速,截至2022年底,全国高铁运营总里程已达4.2万千米,居世界首位,占全球高铁总里程接近70%。《磁浮高铁简史》第六章展望了磁浮高铁发展的美好前景,由于磁浮高铁系统的运行速度介于高速轮轨铁路系统和民用航空系统之间,既具有自身的目标服务客户群,又可吸引民航和高速轮轨的目标客户,并与之互为补充,因而应用前景广阔。

进入新时代,人们对跨区域、长距离、大流量、高密度交通提出了更高速度的要求,由于轮轨高铁存在轮轨黏着、列车机械接触受电、机械噪声污染等一系列难题,以高铁为代表的轮轨铁路系统发展开始步入瓶颈期,发展并完善磁浮高铁成为时代发展需要。为此,《磁浮高铁简史》作者专门指出:"轮轨高铁以直径500千米左右,实现1小时都市圈;磁浮高铁以直径1 000千米左右,实现2小时都市圈。我国幅员辽阔,陆地面积约960万平方千米,其中北京、上海、广州等核心大城市之间的距离在1 000千米左右,适合高铁系统发展,特别是磁浮高铁的运营。因此,研究并发展时速600千米的磁浮高铁,有助于将我国各个大都市群相互联系起来,同时也能够在通行时间上发挥出较大的效益优势。"

在"前言"中,编著者将《磁浮高铁简史》归为"适合作为高铁爱好者的科普读物"，自认为"本书语言通俗、图文并茂、简单易懂"。在我看来，该书并非严格意义上的科普读物，写作体例比照学术专著，更适合作为科研工作者、工程技术人员、管理工作者、大专院校师生的读物。全书章节分明，图表严谨，但版面不活泼、不生动、不吸引人；虽然语言通俗，图文并茂，专业术语却比比皆是，非专业人士阅读并不轻松。提出这些意见是希望作者和出版社在修订重版时能予以改进。

还是回到文章开头，科技部在答复李永胜《关于加强磁悬浮技术研发的建议》时表示，"十三五"期间，我国已攻克时速600千米高速磁浮列车核心技术，将依托"十四五"国家重点研发计划，继续支持高速磁浮交通系统工程化技术与运营系统集成技术攻关，研究形成时速600千米高速磁浮试验线方案和商业运营成套解决方案，为我国高速磁浮交通发展提供科技支撑。

社会发展，突飞猛进；科学进步，造福人类；技术创新，惠及民众；展望未来，前景绚丽；磁浮高铁，宏图已展。掩卷沉思，颇多感慨，特填《浣溪沙》词一首，以表情怀。

高速磁浮简史妍，
知识原理普及宣，
丛书三部内容全。
技术创新福社会，
科学进步利坤乾。
风驰电掣谱新篇。

注:

本文刊载于2023年第4期《前瞻科技》中的《书阅科苑》栏目。

宜居天体建模研

    2019年1月3日上午10点26分，"嫦娥四号"月球探测器成功登上月球南极上的艾特肯盆地冯·卡门撞击坑，这是人类首次在月球背面软着陆并巡视勘察。10天后，中央电视台对外发布，"嫦娥四号"生物科普试验载荷项目团队成功在月球上开展首次生物生长实验，*Nature*、*Science*国际知名期刊对此做出评价："人类第一片绿叶，实现人类首次在地外星球真实环境下构建了一个微型生态系统，预示着地球生物在其他星球上生长成为可能。"该项目团队负责人就是教育部深空探测联合研究中心常务副主任、重庆大学空间科学研究院院长谢更新教授。此时阅读谢教授的新著《人类地外空间受控生态系统构建技术研究》，别有一番喜悦在心头。

《人类地外空间受控生态系统构建技术研究》2023年8月由重庆大学出版社出版。该书以人类地外星球生存受控生态系统构建为研究对象,系统总结了该领域前人的努力和取得的成果,并构建了地外宜居天体评估模型,提出了未来人类如何在月球等地外星球构建受控生态系统的理论、方案和路线,以及利用地球洞穴系统模拟月球和火星上的熔岩管道内部环境进行研究和验证的实验设计,强调了构建地外星球地面模拟系统对未来地外基地建设的意义。

这是一部学术与科普相结合的地外生态系统探索专著。该书共六章,其中"地外天体宜居性分析""地外空间受控生态系统的构建方法""地外天体熔岩管道的开发利用及地面验证实验""月面首次微型生态系统试验——'嫦娥四号'任务生物试验载荷"四章都是纯粹的学术研究内容,涉及相关领域的理论研究、方案设计、模型构建和实验论证等,作者对此做了深入的探讨和有益的思考。全书中英文参考文献多达144篇,引用资料丰富,最新文献近至2022年,反映了该领域最新科技发展动态。

随着地球上人口日益增长、居住环境逐渐恶劣,人类开始尝试探索向地球外的星球拓展生存空间。但是,建立地外星球生存基地目前仍面临许多难以克服的重大科技和工程难题。首先,怎样把地球上大量的人口迁移到其他星球,交通运输就是一个天大的问题。其次,已知的地外星球的表面环境都十分恶劣,有机生物根本无法直接生存,更遑论人类居住。再次,怎样在星球上寻找或者建造合适的避难所?如何有效利用星球上的原位资源?怎样构建一个类似地球的生态系统并保障其长期、稳定、低功耗运行? 这些问题都需要深入探讨、逐一解决。作者在前人研究成果的基础上,结合自身科研实践,全面分析、总结、展望了人类地外空间受控生态系统构建技术,提出的方案和设想可为我国未来地外基地建设提供设计理念和技术基础。

第五章"月面首次微型生态系统试验——'嫦娥四号'任务生物试验载荷"更是学术研究与科学普及的典范。2015年,国防科技工业局、教育部等五部委联合举办"月球探测载荷创意设计征集活动",谢更新团队提出的"月面微型生态系统科普载荷"方案脱颖而出,被遴选为"嫦娥四号"搭载试验载荷。该方案试图在月球上构建一个由生产者、消费者和微生物组成的生态系统,并以此进行培植试验,最终成功使带去的棉花种子发芽,在月面上生长出了一片绿叶。这一章详细介绍了这项试验的全过程,读后可更加明确研究地外空间受控生态系统构建技术的重大意义。

这是一部现实与未来相交映的人类生存空间拓展史话。从某种意义上说,人类社会发展的历史就是人类不断探索和拓展生存空间的历史。研究表明,人类很可能起源于非洲,距今6万至5.5万年前,现代人类的祖先智人走出非洲,抵达中亚;距今4.5万至4万年前,一部分人掉头从中亚向欧洲走去,又有一部分人向南进入印度和东南亚;距今2万至1.5万年前,人类分批进入北美,很快就抵达中、南美洲;距今2 000多年前,古希腊人成功进入北极圈;1820年,俄罗斯帝国海军舰长别林斯高晋和英国皇家海军舰长布兰斯菲尔德,以及美国斯托宁顿海豹捕猎人帕尔默分别发现南极洲。自此,人类的足迹遍布整个地球表面。

地球是人类的摇篮,但人类不可能永远被束缚在摇篮里。进入20世纪后,随着科技的迅猛发展,人类在征服海洋和天空之后,开始向太空拓展生存空间:第一颗人造卫星发射成功，第一艘载人飞船进入太空，人类第一次在太空行走、建造第一座空间站、首次登上月球、开始探测火星和太阳系地外天体……第一章"绪论"部分重点介绍了"人类拓展生存空间的探索历史"和"人类地外生存空间技术的发展"，给出的"人类拓展太空生存空间历程图"生动、直观、一目了然。第六章"展望"则勾勒了未来人类移居月球、火星等地外星球建设基地的愿景，这两部分内容共同构建了过去、现在与未来交相辉映的人类生存空间拓展史话。

这是一部科技与人文相融汇的未来科技发展畅想图书。人无远虑，必有近忧。从古至今，人类对浩瀚宇宙星空一直都充满了好奇、幻想与寄托。尽管今天的人类已能通过各种手段到达月球、火星，但是截至目前，还没有找到利用现有技术可以到达适合人类生存的地外星球。因此，研究人类地外空间受控生态系统构建技术，既是人类满足自身好奇心、实现梦想、寻找寄托使然，更是对人类社会遥远未来的未雨绸缪。第四章"地外天体熔岩管道的开发利用及地面验证实验"，为读者展现了一幅科技与人文相融汇的未来地外生存空间科技发展蓝图。

在作者看来，"人类地外居住面临的首要挑战是如何构建一个稳定、自给自足、低成本且长期安全运行的基地"，而"目前，国际上普遍认为，在地外星球上建立受控密闭生态系统是解决这一难题的根本方式。"因此，地外天体熔岩管道成为研究热点，科学家相信，利用这样的管道建造地外基地，能有效抵御地外星球上宽温差、强辐射、小行星高频率撞击等恶劣环境。为此，作者团队提出，可利用地球上的溶洞系统来模拟人类在月球或火星熔岩管道生存时的内部环境以及可能面临的问题，获得的经验可供人类在月球和火星洞穴中建立生态系统时借鉴。这里既有严谨的试验方案和科学数据，又有浪漫的思想和人文情怀，科学与人文在书中共同绽放出绚丽的光芒。

当然,本书也并非十全十美,一些地方还需要在修订时改进,比如"序言"和"前言"内容高度雷同,一些章节也存在内容重复现象。但是,作者毕竟在这一领域做出了创新性的探索,可喜可贺,值得褒赞。有感于斯,谨填《浪淘沙令》词一首,以抒情怀。

地外探空间,
任务维艰。
宜居天体建模研。
人类生存求永续,
谋划在先。

学术普及篇,
资料新全。
人文科技喜结缘。
生物载荷培绿叶,
月桂添鲜。

注:

本文刊载于2024年第1期《前瞻科技》中的《书阅科苑》栏目。

逻辑推演命题宣

　　这是我迄今为止写得最为艰难的一篇书评，这部2022年10月由科学出版社出版的《数理逻辑引论——计算机科学与系统的天然基础》（以下简称《数理逻辑引论》）太专业、太学术了，读懂、消化、理解都比较困难，更遑论用通俗的文字解读、评价。下面，我试着从三个方面谈谈《数理逻辑引论》对读者阅读的重要意义，以此作为书评。

首先，《数理逻辑引论》有助于弥补中国读者在逻辑思维方面的学习短板。逻辑是一个多义词，一般指的是思维的规律和规则，它是对思维过程的抽象概括。逻辑学是研究思维规律的一门学科，据悉，联合国教科文组织把逻辑学列为七大基础学科中的第二门，重要性仅次于数学。逻辑思维是对事物进行观察、分析、比较、综合、归纳、抽象、概括、判断、推理的过程，逻辑思维能力是指能正确、合理、科学思考的能力。通常，一个人具备了逻辑思维能力，就能用全面、客观、理性的眼光和方法看待、分析、处理问题。遗憾的是，长期以来，逻辑学在中国并没有得到足够的重视，包括我自己在内的许多理工科毕业生大都没有接受过逻辑学的学校教育，更没有接受过逻辑思辨能力的专门训练。这使我们思考、处理问题时常常依赖已有的经验和习惯性思维，得出的结论往往片面、偏颇，难以做到真实、可靠、全面；难免通过臆想做出决策，很难保证其科学、合理、可行。

《中国人的思维危机》一书总结了中国人逻辑缺乏、思辨不足的种种表现，如思维倾向于表面化、片面化、简单化、情绪化，不顾常识，缺乏理性，概念模糊，逻辑混乱，不懂集合，二元思维，非白即黑，以偏概全，不证而论，等等。不讲逻辑、逻辑思维能力不足，还深刻影响着我们的人生观、世界观和价值观。例如，朋友被恶人陷害了，你既可以规劝他"大人不记小人过"，不妨"相逢一笑泯恩仇"，也可以怂恿他"有仇不报非君子"，鼓动他"以其人之道还治其人之身"。这种正反均可的思维方式没有是非、对错的标准，都是从功利出发，逻辑极为混乱。逻辑缺乏、思辨不足也是现代科学技术没能在中国诞生的重要原因之一。公元前11世纪，中国古人商高就观察到了"勾三股四弦五"这一直角三角形的特例现象，但他却不能像五百多年后的古希腊数学家毕达哥拉斯那样，分析、归纳出"平面直角三角形中，两条直角边长度的平方和等于斜边长度的平方"这一定理，更不可能用"$a^2+b^2=c^2$"这样简洁、直观、优美的数学公式，对直角三角形三条边长度之间的关系进行通用的归纳表达。

"数理逻辑引论"是数学和计算机科学专业的本科生和研究生课程，学好它需要逻辑学，尤其是形式逻辑和符号逻辑的理论基础，因此，以前没有学过逻辑学尤其是形式逻辑和符号逻辑的读者，必须先补上这些方面的理论基础知识和逻辑思维能力训练短板。该书第一章"导论"重点讲述了逻辑的基本概念、术语以及逻辑学的基本理论，深入浅出地介绍、分析了许多概念的来龙去脉，读者据此可了解逻辑起源于经常参加辩论的辩士，形式逻辑的基本目标是实现推理形式和推理内容的分离，逻辑演算之所以被称为演算是为了强调其证明过程可以根据明确的规则进行。为了让读者加深对数理逻辑及其重要性的理解，作者引经据典，从亚里士多德的形式逻辑到路易斯的符号逻辑，再到罗素的数理逻辑；从希尔伯特提出判定问题，到丘齐、图灵证明某些问题的不可判定；从罗伯特·弗洛伊德提出程序断言，到托尼·霍尔建立霍尔逻辑，全面、系统地介绍了数理逻辑的发展简史、整体概况及其基本思想，以及数理逻辑到软件程序逻辑的自然演化过程、朴素逻辑和形式化公理系统之间的关系和区别，为读者进一步学习、研究数理逻辑系统提供了思维方法和坚实基础。

《数理逻辑引论》一书的最大特点，是选择数理逻辑中最核心和最小的基础内核进行解读,追求最基本的概念、思想和方法的可理解性、严谨性和系统性,并尽可能阐述一些理解和领悟相关学科内容的方法,这便于读者尽快进入主题,抓住重点,学懂掌握。

其次,《数理逻辑引论》为读者从事计算机科学、软件与系统及其相关领域的科学研究奠定了必要的理论基础。数理逻辑是用形式化方法研究推理中前提与结论之间的形式关系的一门科学,它是用专门的符号和数学方法来处理、研究演绎方法的理论,它所研究的逻辑属形式逻辑形式上符号化、数学化的逻辑。通常认为,数理逻辑创建于17世纪末,其重要创始人被认为是德国哲学家、数学家莱布尼茨,因为他比前人更明确地提出了数理逻辑的指导思想,即表意的符号语言和思维演算,并为此做出了卓有成效的艰辛探索。经过之后二百多年的发展,数理逻辑最终集大成于英国著名哲学家、数学家、历史学家伯特兰·罗素。罗素在总结、发展前人研究成果的基础上,创建了作为数理逻辑基础的逻辑演算,他与英国数学家怀特海合著出版的《数学原理》一书,标志着数理逻辑已完全脱离传统逻辑,独立成为一门崭新的学科。

计算机实质上是一种利用数值计算、逻辑推理和符号处理等方式对信息进行加工、处理的机器。从科学发展的角度来看,数理逻辑的概念、理论和方法不仅在程序设计语言的研究中获得了完全的认同,而且在计算机软、硬件设计和实现技术方面也起到了重要的指导作用。正是因为计算机科学与工程专业各个领域均以数学领域的相关分支作为其理论基础,作为计算机科学与系统相关专业核心计算理论的源头,数理逻辑的重要性自然不言而喻。因此,诚如《数理逻辑引论》一书的副标题所言,数理逻辑乃是"计算机科学与系统的天然基础",该书第二章所述的"离散数学基础"则成为数理逻辑所运用数学知识的天然基础。

但是，对欲从事计算机科学、软件与系统及其相关领域科学研究的读者而言，只是掌握了一些基本的逻辑概念和术语，但对数理逻辑与计算科学之间的深刻联系却毫不知情或不能准确理解，这显然是很不够的。本书第三至第七章强调数理逻辑和数学系统的关系，其中第三至第六章为全书的核心内容，作者用数学技术和结构证明了有关逻辑系统的一些命题(或称元性质)等，以此揭示所有形式系统在组成结构、定义和分析方面需要研究的共性问题、方法和技术，继而培养读者的抽象思维和建模能力。第七章"数学系统"则专门介绍许多形式化数学系统，包括公理化群论、公理化布尔代数、形式化算术和公理集合论等，旨在使读者掌握使用形式逻辑建立形式化数学系统、研究数学问题的方法，继而深入理解数理逻辑与数学系统之间的关系。

　　《数理逻辑引论》的最后一章，即第八章"程序设计理论导论"，从讲授程序理论着手，深入探讨了数理逻辑和计算机科学及软件工程之间的联系，可帮助读者厘清从数理逻辑到程序逻辑的发展脉络，进一步揭示数理逻辑是计算机程序语言设计和实现，以及程序设计、分析和验证的天然基础。无怪乎，学完《数理逻辑引论》后，西北工业大学计算机学院硕士研究生谭鹏飞感叹道："这本书帮助我领略了逻辑之美、抽象之美、系统之美，也帮助我建立了计算机与数学之间的联系，特别推荐大家学习这本书。"

　　再次，《数理逻辑引论》有助于读者创新思维的培养和创新能力的提高。创新思维是指运用新颖独创的方法解决疑难、复杂问题的思维方式和过程，这种思维方式和过程突破了常规思维的局限，以超常规甚至反常规的方法、视角去思考问题、分析问题，并提出与众不同的解决方案，继而产生新颖、独到、有价值的思维创新成果。数理逻辑为人们在科学、技术和工程各个领域的学习、研究、应用与创新中,正确地观察、总结事物的现象与规律,准确地表述、分析与论证相关的概念与命题,提供了主要的思考方法和论证技术,有助于人们增强思维活动与思维过程的合理性、相容性和一致性,继而提高创新思维能力。

本书作者刘志明教授和裘宗燕教授都是在理论计算机科学或软件理论与方法领域深耕近40年的知名学者,他们将代数基础、逻辑理论和计算机应用融合于一体,不仅严谨地展示了数理逻辑的专业知识,同时还融入了自己在数理逻辑对计算机程序语言和实现、程序设计、分析与验证以及系统设计的支撑等方面的独到思考和见解。全书可谓行文清晰明了,实例丰富,练习多种多样,既有广度,又有深度。

逻辑思维能力主要体现在抽象思维的能力、形成概念的能力、推理与论证的能力等方面。为改变因逻辑知识和逻辑思维能力的欠缺,导致国人思想的独立性不够、批判性思维较弱、知识与方法的系统性欠缺,以及理论与技术的创新性不强的现状,本书作者在全书内容的基础性和普适性上做了可贵的探索和努力。在学术思想上,《数理逻辑引论》强调数理逻辑提供的"形式和内容"分离的最高级的抽象手段,语言、证明和语义解释的统一和构造方法,以及递归和等价替换等处理复杂结构的方法,同时紧密结合复杂系统,尤其是软件和计算机系统建模、分析、设计和验证的方法学,清晰地解释数理逻辑是计算科学、程序语言设计和软件分析的天然基础,有助于读者获得对这些思想方法和技术的清晰理解,帮助读者更好地形成数理逻辑思维,提高理解、分析和解决计算系统问题的能力。

自20世纪末以来,计算机科学与工程领域基于学习的人工智能得以迅猛发展,人工神经网络的研究和应用更是如火如荼,ChatGPT这一基于人工智能技术驱动的自然语言处理工具的最新亮相,更是将深刻影响社会生活的方方面面。人工智能这门研究如何将人类所具备的感知、认知、行动、控制和决策等功能通过机器来实现的学科，其早期对问题进行求解的主要方法就是逻辑推理和优化搜索，如果说规范化知识、数字化知识是逻辑思辨的基石，那么，推理方法则是逻辑思辨的"引擎"。诚如爱因斯坦所言："所有科学中最重大的目标就是从数量的假设和公理出发，用逻辑推演的方法解释最大量的经验事实。"因此，随着信息技术的不断发展，为满足科技创新和社会发展的需要，数理逻辑的重要性将愈加凸显。

人工智能认为，推理就是计算，这意味着推理和计算将得到越来越广泛的应用。计算思维具有计算机科学的诸多特征，但是它并非计算机科学所属，而是伴随着计算机的出现，使原本只是通过理论可实现的过程，变成了现实中可通过计算来实现的过程。这个过程促进了学科之间的相互渗透、交叉、综合和融会，继而有益于新学科、新理论的诞生和发展，以及重大科技问题的突破与创新。因此，从这个意义上说，阅读《数理逻辑引论》，有助于读者创新思维的培养和创新能力的提高。

有感于作者在编写《数理逻辑引论》教材工作中的创新，以及对读者阅读的重要启示意义，特填《浪淘沙令》词一首，以示褒赞，以表情怀。

事物探关联，
严谨为先。
逻辑推演命题宣。
后果前因环紧扣，
论证周全。

数理溯骊渊，
电脑言鲜。
零壹判断序程编。
能力高强基础厚，
科创前沿。

注：

本文刊载于2023年第1期《前瞻科技》中的《书阅科苑》栏目。

是非功过客观评

　　民以食为天，食以安为先。农药的生产和使用，不仅关系到生态环境和粮食安全，更关系到与人们日常生活紧密相连的食品安全。受种种因素的影响，关于农药的各种误解、偏见乃至错误观点近年来一直广为流传。一说到农药，人们往往"谈虎色变"，避之不及。化学工业出版社2022年12月出版的《话说农药：魔鬼还是天使？》（以下简称《话说农药》）科普图书，可谓"生逢其时"，有助于人们消除对农药的种种误解和偏见，引导民众正确认识农药，科学使用农药，避免滥用农药。

我认为,《话说农药》一书具有以下三大特点。

一是普及农药知识系统全面。《话说农药》由华中师范大学杨光富教授和贵州大学宋宝安院士共同主编,两人都是农药研究领域的著名学者,确保了图书的科学性和权威性。全书分"概念篇""管理篇""安全篇""生活篇"和"故事篇"5篇,其中"概念篇"系统介绍了有关农药的基本知识和概念,回答了诸如"什么是农药""什么是绿色农药""农药有哪些类型""什么是农药每日允许摄入量""什么是农药残留限量标准""为什么农药原药不能直接使用"等专业问题。读者据此可知,农作物中所含残留农药如果在"残留限量标准"之下,人们所摄食物中的残留农药就不会超过"农药每日允许摄入量",自然就不会给自身健康带来风险,继而有助于消除对农药的恐惧和偏见。"故事篇"则用生动有趣的文字介绍了农药的发展历程,以及我国科学家在研制农药过程中的感人故事。阅读《话说农药》,读者可系统、全面了解农药科学基本知识和发展历史,感叹我国农药工业和绿色农药科技创新取得的巨大成就,学习老一辈农药科学家的高尚品德和艰苦创业精神。

二是评价农药作用客观公正。农药通常是指用来防治危害农、林、牧业生产的有害生物和调节植物生长的化学药品。农药的首要任务是保障农作物的安全生产,确保农作物丰产增收。《话说农药》阐明了农药在国民经济建设和社会发展中的重要作用,用事实和数据证明了"农药已经成为现代农业必不可少的基本生产资料,是人类与有害生物作斗争的有力武器",纠正了"农药等于毒物""农业生产可以不使用农药"等错误观点。与此同时,作者还特别强调,人类对农药的认识是一个逐步深化、不断提高的过程,其间走过弯路,如DDT农药虽然曾赢得

> 《话说农药:魔鬼还是天使?》引导民众正确认识农药,科学使用农药,避免滥用农药。

"万能杀虫剂"美誉、挽救过无数生命、其发明者由此曾获诺贝尔生理学或医学奖,但由于具有难降解、易在食物链中富集等致命缺陷,一度给全球生态环境造成严重污染,最终被禁用。农药,到底是天使,还是魔鬼? 作者认为,这其实取决于人,往往在一念之间。人用对了,用好了,农药就是天使;人不守法遵规,违背科学,毫无节制滥用,农药就会变成魔鬼。为此,作者特别强调,要加强农药监管,防止滥用,确保安全。未来农药科学将朝着研制性能更为优异、作用更为高效、使用更为安全的绿色农药方向发展。

三是关注热点事件正本清源。2020年以前,有关农药残留超标的事件频繁见诸媒体,其中"毒韭菜""毒茶叶""毒生姜""毒草莓""毒大蒜"等事件更是轰动一时,给民众带来极大的恐慌。《话说农药》对这些热点事件予以全面、细致的解析,指出导致上述事件的原因,除生产者使用禁用农药(如"毒韭菜""毒生姜""毒大蒜"事件)、相关部门对农药监管不力外,还存在滥用农药、对农药最大残留限量标准认知不清等问题(如"毒茶叶"事件),有的则是由个别媒体哗众取宠、夸大其词、报道不实造成的(如"毒草莓"事件)。与此同时,作者对与日常生活密切相关的热点问题,如"带虫眼的蔬菜真的是绿色无污染的吗""果蔬中的农药残留真的可以清洗掉吗""绿色食品和有机农产品不使用农药吗",都一一予以了科学、耐心的回答。从大众关注的热点事件和感兴趣的话题入手,不仅能激发读者阅读兴趣,还有助于大众了解事件真相,正本清源,理性看待。

诚如中国化学会理事长姚建年院士推荐语所言:"这是一本从科学视角看农药的科普读物,我相信读者通过本书,对农药会有一个全新的认知。"有感于斯,填《摊破浣溪沙》词一首,以示褒赞,以抒情怀。

农药纷争欲扯清，
天使魔鬼断难明。
管理安全防滥用，
莫污名。

事物认识循序进，
是非功过客观评。
休要极端谈虎变，
护航行。

注:

本文刊载于2023年8月18日《科普时报》中的《青诗白话》栏目。

蓝图似锦湘驰誉

　　拜读《跨越之为——湖南科技创新成果略览》（以下简称《跨越之为》）书稿，心潮澎湃，激动不已，禁不住为新书付梓击节叫好，欣然作序。

这是一部反映湖南科技创新发展的壮丽史诗。新中国成立70多年来,党中央、国务院根据国家发展战略需要,适时调整科技事业发展目标、结构和机制,形成了极具阶段性和时代性的科技创新战略演进历程,与此相对应,湖南科技创新也从"无"到"有",从"小"到"大",从"弱"到"强",从"模仿革新"到"自主创新",从"支持小众"到"服务大众",从"追踪""并跑"到"领跑",闯出了一条独具特色的跨越发展之路。《跨越之为》以详尽的科技创新案例,辅以编年史方式,记载了湖南在革命建设、改革开放和新时代各个历史时期科技创新发展的波澜壮阔历史,以及每一个重要节点留下的令世人瞩目的创新成果,读来欢欣鼓舞,精神振奋。

这是一幅展现湖南科技创新成果的恢宏画卷。《跨越之为》总共十章,"序章"将画卷舒缓展开,"尾章"推出整个画卷的全景,第一章至第八章则详细讲述了独具湖南特色的重大科技创新成果,列举了在"工程机械""轨道交通""航空航天航海""新一代信息技术""新材料""新能源与节能""民生科技"和"文化与科技融合"等领域湖南创造的各种"第一"和"之最":新中国第一台航空发动机、第一台亿次巨型计算机、第一台干线电力机车,中国首列商用磁浮2.0版列车,国产最大直径盾构机"京华号",国内首台5MW永磁直驱海上风力发电机,全球最大风电动臂塔机LW2340-180……绘制出了一幅幅大气磅礴、激情洋溢、催人奋进的创业者宏图、建设者画卷、开拓者美景,读来赏心悦目,心胸激荡。

这是一曲颂扬湖南科技创新精神的华美乐章。创新,就是对传统思维的突破，对新生事物的创造，对未知探索的超越，对科学真理的揭示。《跨越之为》略览的每一项科技创新成果后面，都站立着一个或一群"敢为天下先"的优秀湖湘子弟，从"一代名医"张孝骞院士、"衣原体之父"汤飞凡院士、"地洼学说"创立者陈国达院士、"杂交水稻之父"袁隆平院士，到"两弹一星"元勋周光召院士、引领电气"智造"发展的罗安院士、茶学专家刘仲华院士、列车空气动力学专家田红旗院士，无不彰显"吃得苦，耐得烦，霸得蛮"的湖湘性格和"敢教日月换新天"的楚天基因。"科技湘军"正是拥有了这种深入骨髓、根深蒂固、持之以恒的求变、超越、创新的信念，从而能够百折不挠地向着科学研究的前沿阵地、学术洼地、创新高地开拓奋进、屡创佳绩。《跨越之为》为此奏响了一曲曲三湘大地科技创新高质量发展的华美乐章，读来倍感自豪，无比骄傲。

这是一张展望湖南科技创新前景的宏伟蓝图。《跨越之为》回顾历史、颂扬当下、展望未来，带领读者一同走进湖南科技跨越新时代，一起迈向湖南创新发展新未来。全书既擘画了到2035年"基本建成富强民主文明和谐美丽的社会主义现代化新湖南"的湖南经济社会发展美好愿景，又描绘了至2035年从前沿科技领域规划到重大科技创新平台建设，再到新兴产业发展布局等方面的湖南科技创新发展宏伟蓝图，读来令人向往，给人激励。

这是一本总结湖南科技创新经验的优秀范本。《跨越之为》由湖南省科技厅信息研究所编著，全书用严谨的文字勾勒湖南科技创新发展历史，用精练的词句概括湖南科技创新成果，用优美的标题搭建《跨越之为》全书写作构架，用诗意的语言颂扬"爱国、创新、求实、奉献、协同、育人"科学家精神，可谓严谨而不缺趣味，完整而不失简约，科学而不失激情。第一至第八章中设立的《科普小知识》栏目，或将深奥的科技名词通俗化，或描述高新技术的实际应用，或讲述科技工作者攻坚克难的感人故事……画龙点睛,自然成趣,别具一格。就我所知,《跨越之为》曾多次征求各方面专家学者意见,反复修改,数易其稿,精益求精,为同行呈现了一本地域科技创新工作经验总结的优秀范例,读来令人感佩,值得借鉴。

"惟楚有材,于斯为盛",有感于斯,填《千秋岁》词一首,褒赞家乡湖南辉煌科技成就,祝贺《跨越之为》出版面世。

创新彰曙,科技民生与,
阅尽恢宏处。绿水青山虑。
展画卷,和谐共,
华章絮。文脉续。
工程机械引,能源添绿色,
轨道交通驭。生态屏藩御。
杂交稻,畅想曲,
三航数字材料踞。蓝图似锦湘驰誉。

注:

本文是为湖南科学技术出版社2023年10月出版的《跨越之为——湖南科技创新成果略览》一书所作的序,刊载于2023年11月7日《科技日报》。

学术争鸣促创新

爱翁预测引力波，
学者百年苦求索。
理论实验频验证，
是对是错待评说。

1915年，爱因斯坦提出了广义相对论，并于次年2月在与德国物理学家卡尔·史瓦兹契德的通信中，预言了引力波的存在。2016年2月11日，美国激光干涉引力波天文台负责人戴维·雷茨宣布，借助位于美国华盛顿州汉福德市和路易斯安那州利文斯顿市的两个探测器，人类首次同时直接探测到了引力波，相关论文发表在当日在线出版的美国《物理评论快报》和英国的《自然》杂志上。国内外媒体和科学界普遍认为，这次引力波的发现，不仅是对100年前爱因斯坦广义相对论预言的验证，而且为宇宙大爆炸膨胀理论提供了实验证据，对物理学和天文学发展具有里程碑式的意义，人类从此将以全新的方式认识宇宙。

此时此刻，我正在研读美籍华裔科学家吴裕祥先生的科普学术著作《光暗之争：与美国宇航局（NASA）的百年期约》（以下简称《光暗之争》），不禁联想到了两个困扰自己已久的问题：一是科学领域的重大研究成果，可不可以质疑？二是谁有资格对重大的科学研究成果进行质疑？

质疑是科学研究工作者最重要的特质，也是开展科学研究的重要前提和科学精神的重要体现。因此，第一个问题本不是问题，也不应该成为问题。但是，当科学研究成果的拥有者像爱因斯坦那样著名时，当科学研究成果的拥有机构像美国激光干涉引力波天文台那样权威时，当那些重大研究成果已经被人们，尤其被科学共同体接受时，就有可能成为问题了。此时，人们往往会丧失质疑的勇气，打消质疑的念头，甚至毫不犹豫接受以致盲目崇拜这些重大的科学研究成果。

还是以这次发现引力波的重大科学成果为例。成果一经公布，科学界、媒体一片沸腾，更多的是欢欣鼓舞，鲜有质疑之声发出。这不禁使我想起了发生在两年前的发现"原初引力波"这一科学事件。在2014年3月，美国哈佛－史密森天体物理中心的科学家团队宣布，在宇宙微波背景辐射中发现了B模式极化信号，且很可能是原初引力波留下的印迹。一时间，媒体和科学界赞誉之声迭起，称"原初引力波"的发现是"诺贝尔奖级别的重大成果"。不料，未及一年，该研究团队遂又宣布，"原初引力波"的发现是一个科学错误——观测到的信号源自银河系中尘埃的干扰，而非原初引力波。可见，并非所有的重大科学发现或重大研究成果一定是正确的，应该鼓励科学家大胆质疑，媒体报道更应审慎地持理智、克制态度。

我很高兴，《光暗之争》就是这样一部勇敢地对诸如著名的奥伯斯佯谬、"引力场使光线偏转"命题、宇宙大爆炸理论等重大科学研究成果进行质疑的科普学术著作。全书分宇宙大爆炸理论批评、爱因斯坦相对论批评和呼唤创造三大部分，具体内容包括：无任何假设前提解决奥伯斯佯谬；在提出相(绝)对可观测半径概念的基础上，定义隐藏天体的概念；通过定义天体图像传播的速度，推导出引起天体红移的真正主要原因；从观察模型的设计需要的科学角度出发，论述美国宇航局利用COBE等测量微波背景，并画出宇宙微波背景全图的不合理和不科学；指出狭义相对论中自身蕴含的"动尺变短"灾难和"动钟变慢"悖论；设计了验证"动尺变短"灾难和"动钟变慢"悖论的对应实验，等等。对这些相关研究领域的专家学者来说，该书或许可使他们在沾沾自喜已有的重大科学发现时，或举杯庆贺重要的研究成果诞生时，多一份清醒，少一份轻狂。

吴裕祥先生是我国恢复高考后的第一届大学毕业生，本科毕业于山东矿业学院地下采煤专业，硕士毕业于中国矿业大学北京研究生部矿体优化设计专业。

毕业留校任教数年后，前往美国加州大学伯克利分校攻读运筹学博士学位。吴博士博学勤思，兴趣广泛，才艺出众，业余时间醉心于宇宙学研究。在他看来，宇宙如此之神妙，"人类了解宇宙是一个缓慢的、持续的、不断重新认识的过程"。尽管霍金先生曾经断言："我们可能已经接近于探索自然终极定律的终点"，但吴先生却认为，"人类不但对宇宙知之甚少，而且已有的认识里也充满了值得商榷的地方。"鉴于以目前的科技水平，人类即使花一万年的时间也跨不过一光年的天堑，所以，吴裕祥认为，对宇宙最深处的探索，人类只能通过被动地接受天外之"光"（或"电磁波"）的光临来开展宇宙学研究，因而目前宇宙学的研究只能用"消极等待，大胆揣测"8个字来简单概括。那么，如何改变这种研究现状呢？吴先生认为："首先还是要回到科学的基本精神方面来，要以事实为根据来说话，要有批判性、开创性思维，要敢于根据基本的科学原理质疑权威的论断，多方求证推出新的观点。这样才能去伪存真，走向研究宇宙的坦途。"

尽管在软件系统开发领域已经功成名就，但吴裕祥毕竟不是天体物理学家，质疑诸如著名的奥伯斯佯谬、"引力场使光线偏转"命题、宇宙大爆炸理论等重大科学研究成果，难免还是会让人心生疑虑，怀疑他是否具备质疑的资格和质疑的能力。这也是为什么我对给《光暗之争》写序一直持慎重的态度的最重要原因。老实说，刚拿到这部书稿时，看到扉页的提示警句和目录里对若干重要研究成果的质疑文字，我的第一反应是"这是一部民间科学家的著作"。就像这次公布发现引力波后，虽然许多媒体纷纷翻出天津卫视录播过的一期娱乐节目，称有一个自称"诺贝尔哥"的下岗工人郭英森5年前就在节目里提到了"引力波"概念，却遭到包括方舟子在内众多嘉宾的集体"打压"，使中国痛失一位诺奖获得者科学家，主持人和嘉宾们如今需要向郭英森说声道歉。尽管主持人和嘉宾们的言论可能有对郭英森缺乏尊重的嫌疑，但郭英森无疑就是一位典型的"民间科学家"。只有初中文化程度的郭英森并非提出"引力波"的第一人，所提出的"引力波"概念也只是用于阐释他"发现"的一种可以让汽车不要轮子、使人长生不老的"理论"，与物理学和天文学中的"引力波"并没有任何的关系。

我曾长期担任学术期刊和科技类出版社负责人，每年都要花很多的时间、用足够的耐心，接待好几位类似郭英森这样的号称做出了或否定相对论或证明哥德巴赫猜想或发明永动机等重大科学突破的"民间科学家"。这些人共同的特点是，学历普遍偏低，没有经历过严格的科研训练，性格比较偏执；在和你讨论问题时，不给你质疑、反问的机会；通常要求你马上当面对他的所谓"重大成果"做出评判，绝不答应把"重大成果"文稿留下，让你送同行专家评审。理由很简单，这么重大的科学成果，审稿人要是截留了，自己付出的千辛万苦岂不都付诸东流了吗？

好在认真读完《光暗之争》书稿后，我就否定了自己对吴裕祥博士的无端揣测。吴先生不仅接受过国内外一流大学严格的科学研究训练，在学术刊物上发表过规范的天文学和物理学研究论文，而且熟悉并尽力遵循科学共同体的基本范式，《光暗之争》也是以真诚的态度期望与专家学者交流、探讨、切磋、争鸣。我虽然不是天文学或物理学方面的专家学者，但也曾接受过正规的理工科从本科到研究生的学习、研究训练，加之吴裕祥博士高超的文字驾驭水平、超凡的想象能力和天才的科学传播功夫，尽管探讨的都是深奥的重大科学理论问题，但是，我还是看得懂《光暗之争》的大体内容，并能接受书中的推理、论证、实验等科学研究方法，甚至包括一些研究结论。因此，我认为，《光暗之争》具有出版价值，相应的质疑内容也值得相关领域的专家学者讨论、再质疑。

进入20世纪后,科学研究越来越呈现跨越学科交叉融合的趋势,天文学研究已并非该领域专家学者独享的专利。早期的天文学,研究者更多的是借助数学工具,通过计算天体的运动轨迹等,来描述我们头顶上方的神妙天空,以满足人们判断方向、观象授时、制定历法等日常生活方面的现实需要。自从伽利略发明了望远镜,人类观测天空的目光得以大大延伸;射电望远镜、哈勃望远镜等现代观测手段的运用,更是把人类探寻的目光投射到了宇宙的深处。正是多学科科学家的不断介入,使天体力学、天体测量学、天体物理学、宇宙学等天文学分支得以迅猛发展,人类对宇宙及宇宙中各类天体和天文现象的认识达到了前所未有的深度和广度。从这个意义上说,尽管是跨学科,吴裕祥博士同样有资格、有权利对著名的奥伯斯佯谬、"引力场使光线偏转"命题、宇宙大爆炸理论等重大科学研究成果进行质疑。

　　科学家跨学科取得重大科研成果的例子比比皆是。19世纪德国著名的化学家弗莱德瑞茨·凯库勒早年学的是建筑学,后改行专攻化学,主要从事有机化合物的结构理论研究,第一次提出了苯的环状结构理论,极大地促进了芳香族化学的发展和有机化学工业的进步。他还构建了有关原子立体排列的思想,首次把原子价的概念从平面推向三维空间,学术成就得到公认,成为19世纪以来有机化学界的真正权威。这个例子可能年代久远了一些,那就再举一个最近的例子吧!2003年的诺贝尔生理学或医学奖颁发给了美国的保罗·劳特布尔和英国的彼得·曼斯菲尔德,以表彰他们在核磁共振成像技术领域的突破性成就。保罗·劳特布尔是化学家,彼得·曼斯菲尔德是物理学家,他俩却联袂获得了医学领域的最高科学荣誉和最高学术奖励。可见,跨学科不仅没有成为开展科学研究的障碍,反而成为多学科交叉融合集成创新的优势。

其实,即使是同行科学家,在探寻科学真理的道路上,也难免犯错误、栽跟头。2006年,国际著名的数学家丘成桐院士宣称,中山大学朱熹平教授和旅美数学家曹怀东教授彻底证明了困扰数学界上百年的数学难题——庞加莱猜想。事情的真相却是,庞加莱猜想早在2003年前后,已经被俄罗斯数学家格里戈里·佩雷尔曼证明,佩雷尔曼由此还获得了当年国际数学界的最高奖项——菲尔兹奖。而且,连朱熹平和曹怀东自己也都承认,他们并没有为证明庞加莱猜想做出任何新的贡献。这从另一个角度说明,不同领域的科学家对重大科学研究成果进行质疑,即使出现了差错,科学共同体更应该多包容。

但是,也不是说我给《光暗之争》写书评就一点顾虑也没有。在我看来,《光暗之争》并非严格意义上的学术著作。首先,吴裕祥先生是用文学中随笔的手法来探讨严肃的重大科学问题,按他自己的话说,遵循的是"从哲学思想到数学论文再到文学描述的一条清晰的思维脉络"。因此,书中文字虽然优美、通俗易懂,但其中的某些推理、论证难免带有文学想象、个人义气的成分,很难保证不会有失严谨、缜密。其次,任何科研进展都是建立在前人研究基础之上的,《光暗之争》更多的是以作者自己在这一领域发表的6篇学术论文作为参考依据,在列举前人相应研究成果参考文献方面却做得很不够,这使书稿的科学性和学术性难免要打一定的折扣。再次,我本人也不是对书中的所有研究探索和最终结论都持肯定的态度。比如,在论证"引力场使光线偏转"命题值得商榷时,作者指出"太阳的光充满整个它的光可到达的空间,光向哪里去偏折?"并以此作为质疑"引力场使光线偏转"命题的重要依据。其实,我认为,这句话本身就值得商榷。运动的风充满了整个运动的风可到达的空间,但并不能说明风向就不会发生偏转。正因为有这样那样的缺憾和不足,我权且把《光暗之争》称之为科普学术著作,更多地强调该书在传播科学知识、探讨科学问题、争鸣学术观点、活跃学术气氛等方面的作用，以示与真正意义上的学术著作相区别。

这就带出了另外一个问题，类似于《光暗之争》这样的科普学术著作值得出版吗？我以为，对于自然科学类图书而言，出版并不表明书中的学术观点都是正确的，也不意味着推荐者、审稿者、写序者、广大读者都认同作者的观点。出版的目的，是希望由此引起更多的研究者关注并思考作者探讨的重大科学问题，共同参与讨论、交流，以此促进学术争鸣、科学进步。毕竟，在当今中国，我们实在是太缺乏科学质疑的精神，太缺乏鼓励、支持、包容科学质疑、学术争鸣、观点辩论的环境，太缺乏像吴裕祥博士这样敢于向科学权威挑战的勇士学者了。

有感于斯，填《浣溪沙》词一首，以表情怀，是以为《光暗之争》之序。

《光暗之争》挑战迎，
观点忤逆世人惊，
投石击水水难平。

学术争鸣推进步，
分析辩论理剖明。
包容鼓励获双赢。

注：

本文是为吴裕祥先生的科普学术著作《光暗之争：与美国宇航局（NASA）的百年期约》写的序，该书于2016年9月由上海科学技术文献出版社出版。

下

QING SHENG
SHUO KEPU

"青"
声说科普

苏　青　著

时代出版传媒股份有限公司
安徽科学技术出版社

图书在版编目（CIP）数据

"青"声说科普 / 苏青著. -- 合肥：安徽科学技术出版社，2025.3（2025.6 重印）. -- ISBN 978-7-5337-9066-0

Ⅰ. N4-53

中国国家版本馆 CIP 数据核字第 2024P1W977 号

"青"声说科普   苏 青 著

出 版 人：王筱文   选题策划：陈芳芳   责任编辑：陈芳芳
责任校对：张晓辉 王一帆   责任印制：廖小青   装帧设计：王 艳
出版发行：安徽科学技术出版社   http://www.ahstp.net
（合肥市政务文化新区翡翠路 1118 号出版传媒广场，邮编：230071）
电话：（0551）63533330
印　　制：合肥锦华印务有限公司   电话：（0551）65539314
（如发现印装质量问题，影响阅读，请与印刷厂商联系调换）

开本：720×1010 1/16   印张：26.25   字数：400 千
版次：2025 年 3 月第 1 版   2025 年 6 月第 2 次印刷

ISBN 978-7-5337-9066-0   定价：58.00 元（全 2 册）

第三篇

自然·博物

进化史诗趣味讲

　　2022年9月29日，英国的*Nature*杂志以封面文章形式同期发表中国科学院古脊椎动物与古人类研究所朱敏院士团队的4篇论文，集中报道了一批有关有颌类起源与最早期演化的研究成果，填补了全球志留纪早期有颌类化石记录的空白，在"从鱼到人"的生命起源研究领域取得重要突破。此时阅读2022年3月由长江少年儿童出版社出版、中国科学院南京地质古生物研究所冯伟民研究员所著的《进化史诗16讲》，感到格外的欣喜和亲切。

> 《进化史诗16讲》是一部弘扬科学精神、讲述科学探索故事、传播最新演化知识、促进对生命珍重和人类命运思考的优秀科普图书。

《进化史诗16讲》生动地再现了地质历史中特定时代的生物风貌及与环境的关系，有趣地解读了国内外古生物学和演化生物学最新研究进展，尤其是中国古生物学家所取得的骄人成就。这是一部弘扬科学精神、讲述科学探索故事、传播最新演化知识、促进对生命珍重和人类命运思考的优秀科普图书，值得青少年认真阅读。

首先，该书系统地普及了生命科学知识，深化了对生命现象的认识。生命科学是探索生命现象和生命活动规律的一门交叉学科，通常是生物学专业的大学专业基础课程，学懂弄透并非易事。《进化史诗16讲》从真核生命诞生的重要事件"大氧化"切入，用生物与环境协同演化、相互影响过程展现生命演化的奇妙，让生命科学知识更加生动有趣。接着谈动物起源，从宏观视角介绍生命的演化，并以恐龙、昆虫、哺乳动物等为例，从具体类群和物种展现生命演化的过程，最后总结生命现象，透析生物演化规律，以独特的视角系统普及了生命科学知识。

生命自诞生之日起就展现了其一往无前、不惧艰难险阻的活力与风采，一次次大辐射彰显了生物适应环境的巨大潜能，总是将生物多样性演绎到极致；而一次次大灭绝则折射出生命的顽强与忍耐，生命从绝望中奋起，步入新的演化；从原核生物到真核生物直至人类出现，生命的奇迹不断呈现，充分展现了演化的力量。细读《进化史诗16讲》，将对生命现象拥有新的认识，从生物演化的历史教训中悟出更多的哲理，获得有益的启示。

其次，该书通俗易懂，揭示了生物进化的奥秘，彰显了生命的顽强不屈。在地球演变史上,生命的诞生与演化无疑是最具华彩的篇章。科学研究发现,生物在生态空间上从海洋登陆,继而飞向蓝天,有的则义无反顾重回大海。生物演化之所以能不断向前推进,是因为生物总能通过改变生存方式、创新生物体制、创造新颖器官,以适应环境变化,开辟新的生存空间,求得进一步发展机会。

第2讲"寒武纪大爆发"给出了这方面的例证:寒武纪大爆发创造的生物器官,让动物真正动了起来,建立了生物链,极大地推动了生物多样性演化。第5讲"有颌了"告诉读者:"自从颌出现后,脊椎动物的取食和适应能力显著提高,从被动的滤食性生活转向主动的捕食性生活,由此演化出有颌脊椎类动物的各大类群。"第7讲"飞向蓝天"揭示了无脊椎昆虫、鸟类和蝙蝠等天空翱翔生命诞生的奥秘——"这是生物在演化中面向新的空间领域再次发起的挑战,使自身变轻和精巧,学会适应天空的环境。"

再次,该书深入浅出地诠释了地球生物多样性的重要意义,促进了对人类命运的思考。生物多样性是生物及其环境形成的生态复合体,以及与此相关的各种生态过程的综合。《进化史诗16讲》第16讲"明星登场"总结了生命史上走过的无数生命现象,展示了不同地质时代生物的风采。作者指出,"生物形态演化所展示出来的多姿多彩告诉我们,每当生物得到大发展的机会,总能将形态多样性的发展演绎到极致,如同两侧对称的形态构型,可以分出贝类的两侧对称、节肢类的两侧对称、鱼类的两侧对称等,而每一类又有无数种魔幻般的变化。"

生物多样性揭示了各种生物之间祸福相生、相存、相依的密不可分关系。作者以蝙蝠为例予以说明,蝙蝠尽管其貌不扬,身上还携带了100多种危害极大、凶险无比的病毒,但它却是地球生物链中的重要一环。"如果有一天,蝙蝠真的从地球上销声匿迹了,将产生严重的生态恶果:一直以来将蝙蝠视为天敌的蚊子等物种可能肆虐,而以蝙蝠为食物的下一环动物也有可能会灭绝;以此类推,极有可能引起一场浩劫,生物界整条食物链将重新洗牌。"

人类是生物界长期演化的产物,地球是目前宇宙中探测到的唯一有生命存在的星球,它的环境最适宜人类的生存和发展。懂得进化,方知天地万物从何而来,从而理解地球生物多样性的重要意义。为此,作者警示:人类应更加敬畏、更加尊重、更加珍惜地球上繁衍的生命;面对温室效应带来的气候变化、环境灾害,面对生物多样性危机和病毒侵扰造成的全球生物安全问题,我们应倍加珍惜和爱护今天的地球。

最后,该书与时俱进地展示了相关领域最新研究进展,展示了中国科学家的风采。《进化史诗16讲》汇聚了大量最新古生物学和演化生物学研究成果,尤其是中国科学家所做出的卓越贡献,最新的成果引用至2021年。作者深厚的地质古生物学等方面的知识根底,以及对现代古生物学研究热点和成果的洞察与把握在书中展现得淋漓尽致,中国科学家的迷人风采和精神风貌在书中得以尽情显露。

仅以寒武纪大爆发为例,中国澄江生物群等世界级的化石宝库为揭示寒武纪大爆发提供了无与伦比的"窗口"。寒武纪大爆发是生命史上最具里程碑意义的演化事件,当今地球生物的门类祖先、海洋生物的分布格局、生物食物链的形成,以及竞争与合作的新演化模式,都是在寒武纪诞生的。20世纪80年代,南京地质古生物研究所学者侯先光在云南澄江县帽天山野外考察时,发现了纳罗虫、鳃虾虫和尖峰虫等澄江生物群化石,打开了一扇探寻古生物宝藏的大门。之后,中国在这一领域不断取得新成果,澄江生物群被誉为"20世纪最惊人的发现之一",相关研究成果28次登上Science、Nature和PNAS等国际科学名刊,中国科学家近年来的一系列新发现撩开了生命起源、生物进化的神秘面纱。

《进化史诗16讲》用故事带入，按问题推进，依研究的逻辑层层展开，使每一讲环环相扣、彼此关联，奏响了恢宏壮阔的生命演化史诗，令人爱不释卷。有感于斯，填《卜算子》词一首，专做推荐。

生命探起源，
进化史诗靓。
故事点评趣味浓，
十六章章棒。

峻雅释学说，
深入浅出讲。
阅至痴迷卷不释，
思绪遂入港。

 注:

本文刊载于2022年第10期《中国科技教育》中的《开卷有益》栏目。

地球主宰休狂傲

　　阅读由童趣出版有限公司编译、人民邮电出版社2023年6月出版的《势不可挡的人类——我们如何掌控世界》(以下简称《我们如何掌控世界》)一书,我立刻被书中的精彩内容和独特风格吸引。作者尤瓦尔·赫拉利——以色列历史学家、哲学家、耶路撒冷希伯来大学历史系教授称,该书是"写给10岁自己的书",旨在"为儿童讲述人类简史"。细品这部风靡全球、别开生面、产生现象级影响的优秀儿童科普译著,笔者尝试总结出该书的三大出版特点。

一是叙事方式远古与现实穿插融会。这是一部讲述给孩子听的人类简史，作者的叙事方式非常独特，他结合今天孩子们的日常生活体验，讲述了远古的人类如何克服千难万险，不断适应，学会在地球上生存，繁衍发展并最终成为掌控整个世界、主宰整个地球的万物之灵的进化故事。优美的文字将远古与现实交相融会，讲述的故事不仅生动有趣，而且让孩子们感同身受、容易理解。"现在的孩子为什么半夜经常会醒来，害怕床下有怪物？"作者写道，"这跟人类数百万年前的记忆有关。那个时候，真的会有怪兽在晚上偷偷地袭击孩子。如果你在夜里听到轻微的响动，那可能是狮子要来吃你了。如果此时你迅速爬到树顶，就会活下来；如果你倒头继续睡觉，估计就会被狮子吃掉了。"

讲述"我们的祖先是如何生活的"故事时，作者娓娓道来：那时的人类因为只有尽可能多地吃甜食，才能储存更多的脂肪，继而保持身体健壮，增强生存竞争能力。于是，人体的DNA记住了我们祖先的这种偏好，尽管吃甜食容易长胖，对健康不利，但如今的孩子们仍然爱吃甜食。"人们为什么喜欢冰激凌"这样一个刁钻问题，就这样轻松地被作者回答了。

二是普及知识考证与想象互为补充。地球曾被许多不同的动物统治过，狮子主宰过陆地，鲨鱼称霸过海洋，老鹰统领过天空，而远古的智人最终掌控了地球上的一切。作者认为，这是因为我们的祖先具有其他动物所没有的三大优势：合作意识，出其不意的能力，以及掌控火的本领。合作意识可以通过对考古发掘出的各种石器工具分析得出：人类通过制造工具、传授经验、团结协作，运用围猎的方式,可以打败远比自己凶猛、庞大的各种动物。远古人类居住的山洞里的火堆残骸和遗留燧石,都能证明并还原远古智人当年取火、存火、用火的过程。作者继而通过天马行空的想象,推理出为什么人类掌控了火就变得聪明起来了。"当人类将大量的时间和能量消耗在用大个儿的牙齿咀嚼食物、用强大的胃消化食物时,就没多少能量留给大脑了。这也是为什么最早的人类胃很大、脑容量却很小。一旦人类开始烹饪,一切就都变了:人类耗费在咀嚼和消化上的能量减少了,便有更多的能量供给大脑,结果是胃缩小了、大脑发育了,人类变得更聪明了。"

"人类有一个特点,就是看上去不太危险。"说到人类的"出其不意的能力"时,作者想象出了这样一个场景:当一只巨大的澳大利亚双门齿兽第一次看到这些来自非洲的"两足猿"时,只不过瞥了他们一眼,耸了耸肩,然后继续咀嚼树叶。对双门齿兽来说,这些奇怪的新生物似乎威胁不到它们,也根本伤害不了它们。作者继而推出,"澳大利亚的动物在看到人类时不会试图逃跑,这正是澳大利亚所有的双门齿兽都消失了而一些大象和犀牛却在非洲幸存下来的原因。可怜的双门齿兽在学会害怕人类之前就已经灭绝了。"这种叙事方式、创作手法是不是很能激发孩子们的好奇心和探索欲?

三是启迪孩童思考与警醒润物无声。科普图书不仅要普及科学知识,更要传播科学思想,让孩子们在潜移默化的阅读中获得教益。《我们如何掌控世界》不是简单的说教,而是通过循循善诱地叙事、剖析、说理,启发孩子们进行分析、比较、思考,从而懂得生物演化的漫长和艰辛,以及量变的不断积累最终将实现突变的道理。作者用翔实的生物演化实例,解释了弗洛勒斯岛矮人的来源,破解了长颈鹿为什么有那么长的脖子、狐狸为什么那么聪明、臭鼬放的屁为什么那样难闻的秘密。无疑，通过阅读，孩子们将认识到，"生物演化需要经历很多代""这刚好遵循了一个重要的自然法则：没人注意到的小变化，会随着时间的推移累积成大变化。"

在尤瓦尔·赫拉利的笔下，大约7万年前，我们的智人祖先出于生存、发展的需要，开始走出非洲，北上跨入欧洲，南渡抵达澳洲，经西伯利亚、阿拉斯加先后进入北美洲、南美洲，足迹遍布地球的各个角落。在这漫长的迁徙过程中，远古的智人先后杀死了弗洛斯人、尼安德特人、丹尼索瓦人……杀光了澳洲的双门齿兽，剿尽了美洲的猛犸象，灭绝了地球上大部分的巨型动物，彰显了"势不可挡"的力量。但是，作者没有忘记告诉小读者："动物和植物相互依存，如果一种生物发生变化，通常会影响许多其他生物。"

正是因为"我们人类势不可挡，似乎没有什么能阻止我们"，作者由此感到了深深的忧虑，在"后记"里给孩子们留下了"又是什么让我们无法安宁"这样一个重大而又严肃的问题。"这是一种很强大的力量，它既可以被善用，也可能被滥用。作为人类，你需要了解你的力量，还要知道如何利用这种力量。"读完《我们如何掌控世界》，我相信，热爱科学、敬畏祖先、尊重历史、善待自然、珍惜生命、和谐共生的种子已经撒入孩子们的心田。

这本图书的插图非常精美，文字与图片可谓交相辉映，让人拿起来就放不下，读罢回味无穷，引人遐想。掩卷沉思，感慨万千，填《虞美人》词一首，以表情怀。

别开生面夸人类，
科普佳书媚。

大千世界万形丰，
聪慧智人掌控尽手中。

地球主宰休狂傲，
敬畏和谐犒。

探今寻古意难平，
势不可挡更要步安宁。

注：

本文刊载于2023年第8期《中国科技教育》中的《开卷有益》栏目。

廊桥旖旎多风情

　　廊桥，又称屋桥、厝桥、风雨桥或花桥，是在桥上架设廊屋的一种桥梁建筑类型。在中国的乡镇，廊桥是除寺庙、祠堂、戏台等设施之外，最为重要并常用的公共建筑工程，因而与老百姓的日常生活紧密相关。由于廊桥与普通房屋并无二致，因此，与其他类型的桥梁建筑相比，廊桥的建筑造型就更为丰富多彩，空间组合就更加复杂多变，艺术特点就更是多姿多态。《中国廊桥》以图文并茂的形式，收录、解说了中国不同地区、不同历史时期，涵盖6大廊桥遗存带，最具代表性的各类廊桥360余座，力图集中展现中国廊桥遗存的整体面貌。

《中国廊桥》以图文并茂的形式，力图集中展现中国廊桥遗存的整体面貌。

廊桥是中华民族宝贵的物质文化遗产，具有人文、历史、建筑、科学、美学和艺术等价值。廊桥的结构造型独特、建筑工艺奇妙、文化内涵丰富、民族特色浓郁、地域属性鲜明，承载了人们审美怀古的精神需求，是人类实现时空跨越最具智慧、最为精彩的创造之一，在世界桥梁发展史上具有重大影响。细品《中国廊桥》，颇多收益和感触。

一是注重史料留存，彰显学术价值。中国是廊桥的发源地，已有2 000多年的廊桥建造历史。据考证，廊桥始建于秦代，汉朝已有关于廊桥的记载并伴有廊桥构件出土；完整的廊桥实体为隋代遗存，宋元时期廊桥数量较少，但北宋画家张择端所画《清明上河图》中就有"汴水虹桥"木拱廊桥；明清两代是中国廊桥大量建造、创新升华、经典定型的黄金时期，遗存量较大，《中国廊桥》收录的廊桥大都为这个时期所建。

本书的主创兼摄影吴卫平先生是交通运输行业的资深摄影家，自21世纪初就开始对中国廊桥进行保护性拍摄、研究，历时近20年。这期间，他通过实地调研考察，踏访了数不清的高山大川，足迹遍及大江南北，涉及国土面积450余万平方千米，拍摄记录了520余座廊桥，形成5万余幅图片，积累了丰富的廊桥研究资料。一些他拍摄、记录的经典廊桥，日后因洪灾、火灾等事故被毁，因而成为十分难得的历史资料。

位于福建省建瓯市吉阳镇玉溪村的步月桥，建于明正德十四年（1519年），它是闽北现存最长、净跨度最大的伸臂木梁结构廊桥。遗憾的是，步月古廊桥2019年1月31日晚在一场大火中几乎全部被焚毁，只剩下部分木结构，复建正在筹备之中。吴卫平先生积累的步月桥图文资料,无疑可为重建工作提供参考。

《中国廊桥》收录的中国最为古老的廊桥是位于山西省介休市绵山半山腰的天桥。绵山天桥建丁东晋年间,距今已有1 600多年历史,因修建在悬崖绝壁上而得名。书载,天桥距绵山峰顶近百米,离沟底300多米,是中国悬嵌于危岩上最长的栈道式廊桥。而位于浙江省丽水市庆元县举水乡月山村的五步桥, 则是该书收录的长度最短的廊桥。此桥兴建于乾隆二十六年(1761年),架在村边稻田小溪上,桥长4.6米,宽3米,高4.2米,跨径仅2米,成人迈几步即可通过,是名副其实的"五步桥"。《中国廊桥》展现的这些各具特色的廊桥无疑具有很强的史料性,是研究中国廊桥发展史最为鲜活的资料和素材。

《中国廊桥》一书的学术性,从其所收录的部分廊桥自身所具有的学术研究价值中也得到了体现。位于江西省靖安县中源乡茶坪村白云峰峡谷上的花桥建于宋代,桥体如青铜器表面布满了铭文和图案,是中国唯一的一座铭文"文身"廊桥。数百字的铭文,以正楷为主,间杂行楷,不仅字体工整遒劲,而且凿刻深、字形大、字体美,可谓图文并茂、古风昭昭,对研究赣江水系廊桥群具有重要的学术价值。

在赣南现存的6座知名古廊桥中, 位于赣州市南康区坪市乡莲花河上的永安桥虽然简陋,但桥上镌刻的文字却十分深奥,充满了文化气息和书卷氛围。永安桥以"永以为好,既安且吉"命名,4根石方柱各遗留古联一副,其一为"永留司马题斯柱,安得重阳卧此桥",另一联为"永怀冀免褰裳者,安坐何须纳履人"。两副对联都巧妙嵌入了"永安"两字桥名,同时包含"司马题桥""张良纳履"两个典故。游人到此,观桥览胜,品文解联,探经索典,顿长知识,不亦乐乎。

据晋朝常璩所撰《华阳国志》载,升迁桥在成都县城以北十里外,当年司马相如曾在桥柱上题字"不乘驷马高车，不过此桥。""司马题桥"遂成为立志求取功名富贵的代名词。张良逃难时在沂水圯桥头遇见一老叟智者，经反复隐忍给老者拾鞋、穿鞋，一再抑怒等候、相会老者，最终喜得《太公兵法》奇书，使其成为旷世谋臣。"张良纳履"遂成为隐忍、机变的代名词。永安桥上的第一联对来来往往廊桥的赶考书生和辛辛苦苦讨生活的民众献上了美好祝福，第二联则对匆匆忙忙的过客行人对待世俗人情给出了中肯忠告。《中国廊桥》如能进一步发掘更多古老廊桥的人文典故，其史料性和文化价值将更加彰显。

许多廊桥都是县级、省级乃至国家级重点文物保护单位，总结、回顾中国廊桥发展历程、技术水平、艺术风格和建设成就，发掘以廊桥为代表的中国桥梁发展的珍贵历史文化遗产，不仅具有重要的研究意义，同时具有重大的学术价值。《中国廊桥》总撰稿人刘杰教授为知名廊桥研究专家、上海交通大学设计学院建筑系的博士生导师，他曾主持国家重点研究课题"大跨木结构体系研究及工程示范"和国家自然科学基金面上资助项目"中国古代木构桥梁的发展与演变研究"，该书就吸收了相关的研究成果。第一章"绪论"就是一篇高质量的综述性学术论文，重点阐述了廊桥的起源、类型和分布，全面介绍了简支梁廊桥、伸臂梁廊桥、撑架廊桥和木拱廊桥4种典型结构廊桥，并通过归纳、整理中国现存廊桥，分析总结了不同地域廊桥的功能和特点。与此同时，刘杰教授还根据地域关联性、风格连贯性、民族相融性，梳理出既相互区别又互相影响的中国六大廊桥遗存带，为我国廊桥遗存的整体面貌勾勒出了一个清晰的轮廓。可以说，《中国廊桥》是一部凝聚有史料价值、学术价值、文化价值和艺术价值的廊桥专著。

二是关注民俗文化，展示地域特色。廊桥的用途和功能十分广泛，与当地风俗习惯、文化民情联系紧密，《中国廊桥》对此有详尽的介绍。广西壮族自治区三江侗族自治县有关志书记载："修路铺桥是侗民族的传统美德,依山傍水的侗寨,寨尾的溪河下游都要架设一座廊桥。一是方便过往行人,二是供人们纳凉、歇息、避雨,三是作为寨子的一道屏障,寓意锁住千年长流,确保村民财富不流失。"《中国廊桥》一书的民俗性和文化性由此可见一斑。

除此之外,不同地域的廊桥还有其特有的功能和用途。湘西龙山县茅坪乡水沙坪村横跨稻田小溪河的龙山口廊桥因为远离大道,成为下田劳作村民避风躲雨专用设施;每当水稻、红薯、玉米即将成熟时,为防备野猪祸害庄稼,家家户户都会派人到田里看守,廊桥又成为农户们吃饭、休息的场所。该县洗车河镇的凉亭桥是中南廊桥遗存带的典型代表,全桥四墩三孔,建有两座双飞檐四角阁塔、两座单飞檐六角阁亭。这种空间宽敞、通透的设计,使每逢集市,廊桥上的货摊鳞次栉比,叫卖吆喝声四起,热闹非凡。对此,《中国廊桥》多有考证和发掘,让读者对廊桥的功能和用途有了更加全面的了解。

位于福建省连城县罗坊镇下罗村口的云龙桥,建于明崇祯七年(1634年),距今已有380多年历史。这是一座石墩圆木叠梁、全木结构亭阁式廊桥,昂首翘尾,造型雄奇,色彩艳丽。云雾缭绕时,宛如一条卧龙蛰伏在青岩河上腾空欲飞,桥名由此而得。这里是当地民众在重要节日演示民俗的重要场所。每年正月十五元宵节的下午一点半,镇上的人就会蜂拥而出,聚集在云龙桥下的青岩河上,准时举办客家人盛大的传统民俗活动——走古事,以祈求风调雨顺、祷告国泰民安。当地房族各出一棚古事(扮演帝王将相的轿台),每棚古事上都正襟端坐两名八岁左右的健硕男童,他们勾画脸谱,身着戏袍,按戏剧内容分别扮演主角、护将。数万民众高呼"走古事",尽情狂欢,你追我赶,竞走争先,直至筋疲力尽、分出输赢为止。

浙江省桐乡市的乌镇如今名扬华夏，但镇上别具一格的逢源双桥所蕴含的民俗趣闻却鲜为人知。这是一座两墩三孔、石梁石阶、木柱木梁、六开间的穿斗式廊桥，左右两桥合并称双桥。桥廊中央筑有一道1.5米高的青砖隔墙，隔墙上部用通顶木质花窗分割，两桥下部各有两道防护石栏。据载，当地有男左女右过桥的习俗，为避免男女并行过桥的尴尬，故把廊桥建作双桥，以便男女分道而行。另一说法是，当地还有来走左边、往走右道，左右逢源、升官发财的行桥习俗，逢源双桥由此兴建并得名。

　　廊桥的民俗性还彰显了所在地民众的慈悲良善胸怀和珍惜、爱护环境的先进居住理念。甘肃省文县铁楼乡白马河畔经常有大熊猫出没，河上建有一座名为康庄桥的全木结构平梁廊桥，桥长20米，五开间，顶覆小青瓦，两端建有矮泥墙凉亭式门楼。每逢冬季大雪封山，大熊猫都会通过康庄桥跑到村子里觅食。此时，村民们都会拿出家中最好的食物给大熊猫吃。人与动物和谐相处，自然与人类天人合一，促进彼此之间沟通、信任的廊桥可谓功不可没。

　　中国具有丰富多元的自然地理景观和悠久灿烂的历史文化，廊桥作为古老的建筑艺术，也是华夏大地各民族历史文化的重要组成。"六大廊桥遗存带"就是以不同地区廊桥建筑文化差异来划分的。《中国廊桥》创作者认为：在同一建筑文化带内，廊桥的结构和外观存在诸多共性；形成廊桥建筑文化的核心内容，既有地理上的水系连通或山脉阻隔，也有特定族群生活区域形成的共同特色；根据地域文化特征，可以把中国廊桥划分为华北廊桥遗存带、西北廊桥遗存带、西南廊桥遗存带、中南廊桥遗存带、东南廊桥遗存带、江南廊桥遗存带6个主要廊桥带。

　　不同地域的廊桥承载了所在地的历史和文化特征，凝聚了当地民众的智慧和特质，发生在其身上的感人故事也就具备了相应的教化功能。建于明万历十九年（1591年）、架在湖南省怀化市芷江侗族自治县舞水河上的龙津桥，一度是湘黔公路的交通要塞，史称"三楚西南第一桥"。无湘不成军，湖南人骁勇善战，忠勇爱国，龙津桥就是见证。《中国廊桥》载：抗日战争时期，为便于载重汽车通过，湘西军民忍痛拆除了龙津桥上的全部5层桥廊和7座塔楼，冒着日寇飞机的轮番轰炸，通过这座廊桥将我方军用物资源源不断送往抗日前线。龙津桥由此被誉为"天下第一功勋桥"。1945年8月21日，中国军民喜气洋洋、浩浩荡荡迈过龙津桥，参与隆重的"芷江受降仪式"，见证了日本侵略者承认战败、宣告投降、低头认罪的历史时刻。游览此桥，在赞叹造桥者的奇功巧技之余，内心还会被龙津桥为抵御外敌所做的重大贡献打动。

三是强调知识普及，打造精品图书。作为一部介绍特定交通建筑的优秀科普图书，《中国廊桥》不仅"绪论"部分传播了许多桥梁建筑科技知识，其他章节也通过典型廊桥案例普及了许多廊桥设计中如何提高抗洪能力、如何节约建造成本、如何巧妙借助地形等方面的科技知识，同时还依托廊桥介绍了相关的百科知识、历史趣闻和人物轶事，可谓开卷有益、受益匪浅。

廊桥的设计、建造是否科学、合理，决定了其能否使用、保存长久，以及抵御自然灾害侵袭的能力。建于清同治十年（1871年），位于重庆市酉阳县清泉乡龙溪口河的迴龙桥，是一座单孔八字支撑穿斗式全木结构拱廊桥，全桥长29米，桥底距水面40米（非洪水期）。龙溪口河风大、水猛、地险，造桥难度大、要求高，工匠们在坚固的基台上用十几根粗大的杉木做八字支撑，再用圆木横梁衔接支撑点，上面铺木板，前面建廊屋，两端砖石垒砌拱门，确保廊桥坚固、安全、可靠。迴龙桥各种规格的材料均由铆扣衔固，未用铁钉铁箍，具备很强的抗洪能力。2010

年,乌江洪水倒灌龙溪口河,迴龙桥在洪水中浸泡了1个多月,但未受损伤,经受住了考验。

坐落于福建省龙岩市湖坑镇新南村的济行桥始建于1542年, 距今已有479年历史,全桥长26米,都为木质结构,未见一钉一铆,可谓一大奇观。济行桥的桥墩均用三合土混鹅卵石垒砌,设计十分科学,迎水面尖且窄,背水面宽而坚实,符合流体力学减阻原理,既减少了洪水正面冲击力,又保证了桥墩拥有足够的承载力。数百年来,济行桥抵御了多次大洪水冲袭,至今仍岿然不动。《中国廊桥》展示出古人建造廊桥时的精妙巧思和高超智慧,对今天的桥梁工程建设无疑具有很好的启示作用。

立交桥为现代城市交通常见的建筑工程,但立交桥式的廊桥却鲜为人知。建于光绪二十四年(1898年),位于广西壮族自治区三江侗族自治县独侗乡岜团寨苗江上的岜团桥,为全国重点文物保护单位,是连通湘西、桂北、黔南的交通要道。此处人流繁杂、过往频繁,为避免牲畜惊吓、误伤老少妇孺和过往行人,营造安全、整洁的交通环境,乡民公议多捐银两,聘请当地侗族梓匠石含章、吴金添设计建造了中国独一无二的"立交式"风雨桥。岜团桥一墩两孔,桥长50米,为平梁、楼殿式全木结构,三座楼阁五层重檐歇山顶,高达8米,甚为壮观。廊桥上层人行道高2.4米、宽4米,下层畜行道高1.9米、宽1.4米,人畜分道通行,互不相扰。古人超前的设计理念、科学的分流方法,让人叹为观止,堪称奇迹。

廊桥的建造者不仅是超凡的能工巧匠, 更是杰出的艺术大师, 常常因势利导、巧借地形、画龙点睛,把廊桥建造成当地的标志性建筑、网红打卡热点。《中国廊桥》既是一部高水平的科普图书,又是一部高质量的摄影画册,作者通过高超的摄影技术淋漓尽致地展现了廊桥的精美、绝美、壮美。享有"岷江上游第一桥"之美誉的映月桥,建于明永乐年间,位于四川省阿坝藏族羌族州松潘古镇。据说,桥旁岩顶上的大悲寺佛头上有一颗夜明珠,映照在廊桥下的水面宛如一轮明月,廊桥因此得名。没有去过映月桥的游客,阅读《中国廊桥》一书,通过摄影作者提供的巧妙拍摄角度、营造的光影氛围,"廊桥映月"的美景、诗情和禅意,同样可以跃入你的脑海、浮现在你的眼前。

《中国廊桥》一书开本大气,封面素雅,装帧精美,用纸考究,十分注重文字与图片、内容与形式在艺术上的和谐统一;收录的廊桥座座造型优美,拍摄的图片张张美轮美奂,讲述的故事个个生动隽永,设计的版面页页精致悦目。笔者曾长期从事图书出版工作,之所以对《中国廊桥》情有独钟,是因为该书还有很强的出版示范性。中国公路学会和人民交通出版社股份有限公司非常重视公路文化研究与传承,近年来陆续编辑出版了《中国桥谱》《中国路谱》《桥文化》《路文化》等典籍,积累了丰富的大型文献类图书出版经验。《中国廊桥》被列为"新中国成立70周年交通运输行业主题出版物",得到国家出版基金资助,这是出版社与学术团体精诚合作、通力实施大型主题出版项目的成功范例,值得其他专业出版社学习,也可供同类学术团体将研究成果转化为科普读物时借鉴。

与此同时,《中国廊桥》全书中英文对照出版,并附有"中英文词汇对照表",便于版权输出,把廊桥这一中华民族文化瑰宝传扬到世界各地,增强我们的文化自信。当然,此书也存在一些不足:一是受资料等所限,全书收录的廊桥没有包括香港、澳门和台湾地区,名为《中国廊桥》,但个别地区廊桥未被收录,是一种缺憾;二是部分版面文字的颜色和摄影照片底色过于接近,影响了阅读效果;三是可以利用现代传媒手段,将收录的每座廊桥设置二维码,让读者通过扫码延伸阅读,扩充全书的信息量。当然,瑕不掩瑜,只是希望后续同类出版物多有改进。

掩卷沉思，颇多感慨，填《忆吹箫·廊桥旖旎多风情》词一首，以赞《中国廊桥》。

横跨河溪，
彩虹飞渡，
国瑰宝，
文化珍稀遗产，
廊桥旖旎吸睛。
科学艺术魂凝。
遮日雨，
美建筑，
游人小憩，
编研撰摄，
悠聚华亭。
出版关情。
火火红红闹市，
打造图书精品，
商贾客，
存史料，
络绎穿行。
心血结晶。
民荣愿，
成果赞，
和家旺户，
交通领域撷英。
世道安宁。

注：

本文刊载于2021年第4期《科普创作评论》，原标题为"科学艺术凝魂　交通领域撷英——细品《中国廊桥》"。

中国民居耀光华

　　远古。北京房山周口店的龙骨山。一伙健壮的猿人为了寻找栖身庇护之所，与一群豺狼虎豹展开了殊死搏斗。最后，这些被其后人开始称之为"人"的智猿终于将野兽赶出洞穴和巢穴，安然地居住了下来。天然洞穴和巢穴，或许就是人类祖先最早的居住建筑，而山顶洞，大概就是人类有考证的最早的民居。

《中国民居建筑》是反映中国传统居住建筑缩影的学术巨著。

拜读华南理工大学出版社出版的《中国民居建筑》鸿篇巨制，不由得会把人的思绪拉得很远、很远。

在建筑学家看来，传统民居是人类建造最早、数量最大且与人类生活关系最密切的建筑类型，同时又是人类最原始且可持续发展的一种建筑类型。从北京猿人生活的悠悠远古到物质文明高度发达的今天，人类历史就这样跟跟跄跄地又走过了几十万年。为了生存繁衍，华夏不同民族的子孙，在神州大地上留下了一处处风格各异、特色鲜明的居住建筑，奉献给我们今天可以细细咀嚼的灿烂中华居住建筑文化。

民居在一定程度上展示出不同民族在不同时代和不同环境中生存、发展的规律，也反映了当时、当地的经济、文化、生产、生活、伦理、习俗、宗教信仰以及哲学、美学等观念和现实状况。各地区、各民族人民在建造民居建筑过程中，都根据自己的生产生活需要、经济能力、民族爱好、审美观念，因地制宜、因材致用地进行设计和营造，积累了极其丰富的经验。我国的传统民居建筑既有重要的历史、文化、科学价值，又有艺术欣赏价值和技术参考价值，还有很高的旅游观赏价值，是我国民间传统建筑中的一笔极其宝贵的财富。然而，如今有的民居建筑正濒临消亡，我国的民居以及民居中蕴涵的建筑文化，亟须抢救、保护、总结和弘扬。

值得庆幸的是，由我国著名的民居研究学者陆元鼎教授主持编写的《中国民居建筑》，上、中、下洋洋三卷，近200万字，历时8年终于在2003年岁末面世。这一反映中国传统居住建筑缩影的学术巨著，无疑为继承和发扬民族居住建筑文化传统添上了精彩的一笔。

国家文物局古建筑专家组组长、中国文物学会会长罗哲文先生认为："我国的民居建筑,不仅有高超的工程技艺,还有丰厚的历史文化内涵和高妙的哲理思想;包含选址朝向、立基、构架、室内外装修陈设、礼宾待客等,内容十分广泛丰富;尤其是'天人合一'的哲学思想,主张与大自然和谐共处,达到了很高的境界。"正因如此,民居一直是中国建筑史学者重点研究的对象,自20世纪初刘敦桢教授在其发表的《西南古建筑调查概况》学术论文中,首次将民居作为一种建筑类型提出来,近一百年来,我国的民居研究得到了长足的发展。当前,这项研究正在民居研究与社会、文化、哲理思想相结合,与形态、环境相结合,与营造、设计法相结合,与保护、改造、发展相结合几个方面进行。《中国民居建筑》不仅在上述研究方面做了尝试和探索,同时还倡导进行更为深入的理论研究,为抢救传统民居建筑遗产,继承和发扬传统民居的建筑经验提供可信的理论、可靠的数据和可建的样本。

这是一本集理论探讨、史料研究和实地调查于一体的学术专著,且有下述四个方面的特点:一是资料较全,成果较新。撰稿者都是长期从事本地民居建筑研究的专家,所搜集的资料汇集了新中国成立以来民居研究的各方面成果以及最新资料;书中各章节既独立成文,又相互联系,综合成为中华民族民居建筑研究的整个体系。二是理论与实践并重。本书的上卷为民居理论综合分析,中卷和下卷为各地区各民族的民居介绍。内容虽然不够深广,但仍然可以说是反映了新中国成立以来民居建筑研究的阶段性成果。三是图文、数据并茂。全书以文字表述为主,附录中有较多的样图和照片以及民居建筑结构尺寸数据,精选了各地区各民族传统民居中富有代表性的彩色照片,可谓图样精细、数据准确、画面精致、构图优美,具有较高的实用价值和艺术欣赏价值。四是图书末尾的附录中有新中国成立以来中国传统民居研究方面公开发表的论著索引,可供这方面的研究者和爱好者查阅、参考。

难怪,欣闻《中国民居建筑》出版,著名建筑师马国馨院士不禁击掌称道:"这是中国民居研究中的重要事件,充分展现了我国在这一专题领域的研究水准,相信对国际学界将产生深远的影响。"

作为一种建筑实物和文化,我国的传统民居是中华各民族人民智慧、创造力和想象力的历史积淀,是难以复得的瑰宝。坐在千篇一律的钢筋混凝土建造的办公室里,翻看这套沉甸甸大作中一幅幅美轮美奂的民居图片,心里浮现出丝丝不安:在这日益功利的物质社会,城乡各地四处弥漫着拆迁旧居、扩建新居的热潮,那些留存下来的充满历史沧桑感的民居建筑宝物,不会因为我们的无知和轻视而很快消亡,最终成为我们只能在图片上欣赏的建筑文化吧?

或许,这也是《中国民居建筑》的作者们希望给读者所留下来的一点思考和警示!

这真是:

风格各异开百花，
特色鲜明住人家。
传统建筑彰风采，
中国民居耀光华。

注：

本文发表于2004年第3期《科技导报》。

四维眼光察博馆

　　对普通游客来说，到国外旅游，包括科学博物馆在内的博物馆通常是人们参观的首选。作为征集、典藏、陈列和研究代表自然和人类文化遗产实物的场所，博物馆中那些具有科学性、历史性或艺术价值的藏品，可让游客通过观览、品味、欣赏来获取知识、接受教育、得到启迪、提升素质，同时还可让游客比较直观、便捷、全面、科学、生动地了解这个国家的历史、文化、自然、习俗，等等。

《域外博物馆印象》是徐善衍教授的一本学术游记和随笔集，2018年3月由中国科学技术出版社出版。作者把参观、考察的聚焦点放在了科学博物馆上，认为一个国家或地区的公共文化服务设施为其软实力的象征，"各类博物馆的建筑及其在城市里的位置就是这种形象的标志，也是每座城市递给游客或来访者的一张张名片"。他通过考察东西方多个国家的各类博物馆，并与许多国内外同行建立良好的工作与学术方面的互动关系，期望实现彼此间共同的价值追求——为本国或各地区建设一座最好的科学博物馆而思考和努力。读罢《域外博物馆印象》，我认为，书中的一篇篇纪实与感言的学术考察笔记，总结了徐善衍教授从四个不同维度参观、考察域外博物馆的收获。

一是以中国科普事业领导者的视角，通过参观、考察域外博物馆，对中国的科技馆事业建设发展予以指导。徐善衍先生曾任中国科协六届副主席、党组副书记、书记处书记，同时兼任全国政协十届教科文卫体委员会副主任。在任期间，他于21世纪初参与领导并组织制定了《中华人民共和国科学技术普及法》，使之成为我国乃至全世界第一部关于科普的法律；他还曾领导中国科学技术馆二期扩建工程，参与中国科学技术馆新馆的设计、建设等工作，组织制定了我国《科学技术馆建设标准》，在我国科技馆建设事业转折中发挥了关键作用，为加强科学技术普及工作，提高公民科学文化素质，推动我国科技馆事业发展，做出了重要贡献。

科技馆是以科技展览教育为主要功能的公益性科普教育机构，它主要通过常设和短期展览,以参与、体验、互动性的展品及辅助性展示手段,以激发科学兴趣、启迪科学观念、提升科学素质为目的,对公众尤其是青少年进行科普教育。中国的科技馆事业起步较晚,如果从1988年9月22日中国科技馆一期工程建成开放算起,至今也只不过有30年的历史。而这期间,作为中国科普事业的一名领导者,徐善衍不仅见证了这段发展历史,还将自己的智慧和汗水融入了这段历史当中。在《域外博物馆印象》里,我们能清晰地感受到,他是如何以中国科普事业领导者的视角,通过参观、考察域外博物馆,学习借鉴域外科学博物馆经验,对中国的科技馆事业建设发展予以指导的。

作为中国科学技术馆建设的参与者和领导者,在参观、考察域外博物馆时,徐善衍教授始终怀揣着这样一个目的:"为本国或各地区建设一座最好的科学博物馆而思考和努力。"关于为什么要建科技馆这个问题,他在考察了日本的科学未来馆和琵琶湖博物馆后,感受到了这些科学博物馆都在营造一种情境,而这种情境或许就是建造一座科学博物馆的目的所在:"吸引公众到这里来,针对社会发展和大众自身生活关切的问题,形成一种'众筹众创'的氛围,做到从建馆到运营的全过程与民众互动,为民众服务,这也是现代科学博物馆发展的一种境界!"(《琵琶湖畔上的沉思》)为此,本世纪初,中国科学技术馆新馆自建设伊始就体现了这一理念——吸引公众到这里来。新馆选址在奥林匹克森林公园园区,与鸟巢、水立方、奥运塔、森林公园等著名景区比邻相望、彼此呼应、互为补充,不仅成为2008年北京奥运会"绿色奥运、人文奥运、科技奥运"中"科技奥运"的重要体现,而且之后还成为园区重要的旅游景点(国家5A级旅游景区)、重要的教育场地(全国科普教育基地、全国爱国主义教育基地等),每年都吸引三四百万游客参观、游玩、学习。

在《游学中的思考》一文中，徐善衍重点探讨了"何谓一流的博物馆""什么是科技馆的理念""我们该如何打造各具特色的中国科技馆""科学博物馆可持续发展的管理体制与运行机制是什么""如何加强我国科学博物馆发展的学术建设"等问题，而这些问题都是当今中国的科学博物馆发展所面临的重要理论问题或发展瓶颈问题。以科学博物馆展示未来的理念为例，徐善衍通过参观日本科学未来馆，对中国科学技术馆展厅的设计方案进行了认真反思。他在《关于展示未来的理念》一文中写道，"进入21世纪以后，中国科技馆内容设计方案，明确提出了五大板块的内容：华夏之光（展示中国古代的科技文明）、探索与发现（展示基础科学部分）、科学与生活、挑战与未来、儿童天地。方案得到了较多人的赞同，认为国家科技馆展示的内容就应该从历史到当代并面向未来，特别是'挑战与未来'展厅很有时代性，应当成为全馆最吸引人们驻足关注与思考的部分。但开馆以后的实际情况并非如此，'挑战与未来'展厅没能激发参观者的兴趣，并成为这座新馆开馆以后，馆方最先提出要进行改造的展厅之一。"

通过中外比较，徐善衍清醒地看到了我国科技馆事业发展与发达国家之间存在的明显差距。他在《博物馆是自身创新发展的主体》一文中表示："近20年来，我国科技馆事业的发展基本还处于边建设边培养队伍的阶段。科技馆的建设模式多是业主提出概念化的建馆理念和基本要求，然后通过邀标或竞标的方式，由选定的公司提出概念设计、初步设计和深化设计方案，并由公司进行展品的制造和展厅的布局。这种甲乙双方的委托关系，业主实际上未能站在科技馆建设的主导地位上。实践证明，这种做法建设不出一流的科技馆。"对造成这种情况的主要原因，他一针见血地指出，就是"我国科技馆普遍未能形成一支具有自主研发创新能力的队伍。"

二是以科学传播理论研究学者的视角,通过参观、考察域外博物馆,探讨科学博物馆的发展规律。徐善衍教授是一位学者型领导。1968年从北京邮电学院(现北京邮电大学)有线通信工程系报话专业毕业后,他被分配到县城里的一个小小电话机制造厂工作,先后做过钳工、电焊工、电话设计员、秘书等工作。不管在什么岗位,他都喜欢动脑筋,精益求精,力求把工作做到极致,干得最好。走上领导岗位后,他更是注重理论联系实际,勇于开拓创新。改革开放初期,还在担任大连市邮电局局长、辽宁省邮电管理局副局长时,他就在全国率先领导实现了大连通信网络的改造建设和程控交换设备引进,领导完成了全省通信网络规划建设的前期工作。在中国科协任职期间,他运用科学传播理论对我国科学博物馆建设发展做出了理性思考和探索性实践。退休后,自2005年始,他受聘担任清华大学兼职教授,在中国科协-清华大学科技传播与普及研究中心担任理事长至今,开始向学者观察和思考问题的立场转变。(《中国视角下的域外博物馆印象》)

学者们通常认为,科学博物馆的发展从文艺复兴运动末期开始,至今已有四百余年的历史,大体经历了从自然博物馆到科学工业博物馆,再到科学中心三个发展阶段。作为一名专门从事科学传播理论研究的学者,徐善衍对科学博物馆的发展规律进行了有益的探索。在他看来,我们正在迎来科学博物馆的第四次创新,即第四个发展阶段,并呈现出与前三个阶段不同的第四种发展形态。在第四个发展阶段,当代科学博物馆呈现出如下三个方面的特征:一是传统的三类自然科学博物馆的界线逐渐模糊,日益呈现高度分化与融合并存的特征;二是内容建设与创新与时俱进,呈现出强烈的时代性;三是越来越显现一种体系的存在与发展,分散、多元成为科学博物馆发展的必然。

这些研究成果也或多或少呈现在《域外博物馆印象》的每篇文章里。他在《与时俱进是科技博物馆的生命》一文中认为，"各类科技馆都有一个发展的过程。其中，科技博物馆的时代性最为突出，与时俱进是科技博物馆的生命。"对科学博物馆而言，这种"与时俱进"更多地反映在"变化"上——展览内容的变化、展示形式的变化，以及展教理念的变化，等等。而变化，"已成为科技馆区别于其他类型博物馆最重要的特征，也是其发展的活力所在。"（《值得关注的现代科技馆之变化》）他还把这种变化趋势归纳为：追求科学探索与自然演化的融合，公共科学文化服务设施的功能性及其内容与形式的多元化、灵活性，以及科学博物馆建筑越来越表现出鲜明的时代特征，追求科学、人文与自然的和谐之美。

中国科学博物馆事业在短短的30年里，已经出现了一个蓬勃发展的局面，这是世界的奇迹。对于这样一种发展成就，徐善衍在《博物馆的"生态"》一文中认为，"我们只是刚刚走过'西学东渐'、彼此模仿的路子。"他坚信，"中国自然科学博物馆的发展，以往的引进与模仿的道路已经走到了尽头；单纯引入北美模式、欧洲模式或是日本模式，都不符合中国的历史、文化与实际。只有把握国情，适应需求，并在已有30年实践经验基础上拥有世界眼光，坚持走出一条'内生式'的创新发展之路，才是我国自然科学博物馆的前途所在。"（《三地科学博物馆间的思考》）

当今中国，"争创一流"已成为各行各业的奋斗目标，其中难免会掺杂一些急功近利的思想和浮躁的情绪。那么，中国的科学博物馆建设如何"争创一流"？徐善衍先生在《游学中的思考》一文中认为，在这方面我们的一些新馆建设从开始就走入了一个误区："要建一流的科技馆，就去被别人指点的'一流馆'考察，把那些'一流的展品'记录下来，然后进行仿制和拼凑。"对这种"走捷径"的偷懒做法,徐善衍很不以为然,他尖锐地批评道,"实际上,靠模仿别人建馆的做法,从一开始就使自己陷入了'二流'的行列。而且,这是一种不可持续发展的模式。"他认为,"真正的一流科技馆应该从一开始就植根在自己所在的社会环境和大众需求之中,汲取国内外同类场馆的经验,走出一条自我发展与探索创新的道路。"

至于中国科学博物馆的未来道路如何走,他在《走入博物馆之门》"自序"中给出了自己的答案,"我认为,中国的科学博物馆发展经过一个彼此学习模仿的阶段后,必须走上自主创新发展的道路,也只有到那个时候,属于中国科学博物馆的时代才真正开始。"

三是以中国科学博物馆行业引领者的视角,通过参观、考察域外博物馆,思考科学博物馆的教育功能。教育功能是科学博物馆的主要功能之一,并首先反映在每个博物馆的设计理念上。随着党和政府对科普工作的日益重视,中国自然科学博物馆协会在科学博物馆建设发展工作中发挥着越来越重要的作用。徐善衍教授凭着自己丰富的科普工作经验和深厚的科普理论底蕴,退休后曾一度担任中国自然科学博物馆协会理事长,至今仍任名誉理事长,命运把他推到了中国科技博物馆行业引领者的位置。在他看来,每一个科技馆在创建时,都应该理性地思考和回答"为什么要建这座科技馆"的问题。他认为,"理念是行为主体树起的一面世界观、价值观的旗帜""确立了理念也就确立了科技馆的发展方向"(《游学中的思考》)。

以科学博物馆的发展历程为例,他进一步阐明了科学博物馆的发展历程就是其理念不断提升和更新的过程。早期所有的自然科学博物馆,都是通过展示自然和人造实物向大众传播科学知识的;巴黎发现宫则在普及科学知识的同时,开创了启迪人们智慧、注重传播科学思想和方法的新型科学博物馆发展的先河;

随着"STS(Science,Technology,Society)"哲学思想的出现以及"公众理解科学"理念的提出,各国科学博物馆越来越重视展示科技进步与社会文明之间的关系。

参观苏格兰国家博物馆,徐善衍发现,该馆的设计"有着面向人类社会生活的视角和在内容上纵横交错的大手笔,也无不体现深刻细致地揭示各类文化内涵的功夫。"他认为,"这是博物馆对人类社会本真的回归,并引导人们从大自然和世界多元文化的实际出发,去认识人类文明的现实和未来,实现了在一个博物馆中自然、科学、人文、艺术的融合。"(《苏格兰国家博物馆》)

近年来,中国的冰川在不断缩小,大小湖泊不断消失,海平面也在上升,海水酸碱度正在改变,水生自然生物群体和单体数量不断减少。面对这种严峻的局面,2012年5月8日,徐善衍在参加亚洲最大水族馆——青岛水族馆80周年庆典活动时,呼吁人们要充分认识当前自然环境存在的危机,增强保护生态的意识。他希望水族馆承担起更大的社会责任,不仅要让人们感知水族生物的奇妙,更应该让人类感受到大海、湖泊与人相依相存的关系,更好地发挥展教功能。

那么,科技馆的设计理念又如何体现其教育功能呢?或者说,这种理念通过什么样的途径去实现它的教育功能呢?徐善衍《关于展示未来的理念》一文中指出,科技馆的核心理念是吸引公众参与互动,"互动不只是在兴趣中拉动开关或按下电钮的操作,而是吸引公众能够参与到科技与社会发展以及与每个人命运相关的思考和讨论中来,这不仅应当成为现代科技馆进行展示教育的一种重要理念,也是传播科学、使公众理解科学的必由之路。"

走在科学博物馆发展的路上,徐善衍深刻地认识到,"进入博物馆之门如同进入一所大学。在这个人人都可以终身学习的地方,从科学的视角认知神秘的大自然,理解熟悉而又陌生的当代社会生活,不断追随科学与社会前进的脚步,也畅想着未来。"(《走入博物馆之门》)参观、考察了东西方多个国家的各类博物馆之后,他对科学博物馆的教育功能有了更深入的思考,并在《三地科学博物馆间的思考》一文中把这个严肃的问题留给了广大读者——"现代科学博物馆是否正在引导公众成为国家科技发展的重要组成部分并发挥着不可替代的作用?"

四是以科学博物馆忠实粉丝的视角,通过参观、考察域外博物馆,归纳科学博物馆的文化属性。在《域外博物馆印象》"自序"里,徐善衍教授自称是一个科学博物馆忠诚的粉丝。据有关资料介绍,全世界共有各类博物馆5万余座,他就去了其中的千分之三四,也就是近200座博物馆。尽管徐善衍认为"这是一个微不足道的数量",但在我看来,在一个人有限的生命里,能参观、考察这么多的博物馆,不仅是一件幸事,而且也十分难能可贵。这就好比一个热爱文学创作的青年,他只有首先拥有相当大的阅读量后,才能创作出优秀的文学作品。正是有对这么大样本量的各类博物馆的感性认识,徐善衍关于科学博物馆理性思考的价值才显得如此珍贵。

徐善衍认为,"科技馆的创新需要文化支撑"。至于科学博物馆的文化与展品创新之间是一种什么关系,他在《科技馆的创新需要文化支撑》一文中引用美国旧金山探索馆馆长丹尼斯的观点回答了这个问题。在丹尼斯看来,"科技馆不是单纯为诠释科学知识去创新展品,而是如何让展品能够启发人们的思考和创新,分析工具要比答案好得多。每个人的看法都不一样,创新文化不是计划,不是强迫,要提供自由发展的空间,要让更多的人能够大胆去做,尽情地尝试,激发独一无二的创造性。"

考察美国的科学博物馆,徐善衍还得出一个结论,"创新就要敢于承担风险"。以科技馆新展品研发的成功率为例,中国的创新投入通常必须有95%以上的成功率,而旧金山探索馆的成功率只有10%左右。在美国人看来,没有很高的失败率也就没有最好的成功。因此,我国科技馆事业的发展,不仅要与时俱进、开拓创新,而且要包容失败、允许失败。

科学博物馆的文化同时体现在博物馆的特色上。徐善衍认为,各个国家的各类博物馆都不同程度地反映了自己国家的政治、经济和文化等方面的不同历史与特色,这是所在国家综合文化素质影响的结果,这种影响赋予了每个博物馆不同的文化特征和价值追求,这些恰恰构成了博物馆文化的灵魂。他在《特色不是刻意追求和制造》一文中拿美国的博物馆举例,并提出了"为什么美国的博物馆能够在世界上保持强大的优势"这样一个问题。考察得出的结论是,"除了有强大的经济实力和灵活的管理体制,更重要的是其相对欧洲的传统而言,有继承也有批判和创新,不背历史包袱,适应了现代社会发展和大众需要。"因此,他强调,"博物馆的特色不是刻意地追求和创造,而是一个国家某种历史文化的自然流淌与呈现。"同时,他也尖锐地发问:"在中国特有的历史文化基础上,我国科技馆建设的主要问题是缺少特色,还是未能确立各自明确的功能定位和应有的价值目标?"这些无疑都是值得我们认真思考的重大问题。

科学博物馆的文化还体现在服务上。在徐善衍看来,"博物馆的服务功能与展教功能相依相存,同等重要。加强博物馆的服务功能,也是当代各类博物馆必须坚持的发展方向,而且这种趋势已不只是一般意义上的思想认识和工作改进,而是由时代推动的一场变革与创新。"(《优质服务的存在与温暖》)参观、考察欧美博物馆,徐善衍强烈感受到了我们与发达国家的明显差距,这种差距不只体现在环境和条件方面,更多地反映在服务意识和实际工作当中。

考察发达国家科学博物馆,联想到东西方科学博物馆的变迁,徐善衍看到了"当代科技博物馆正在朝着融入社会并与大众互动的方向发展。"他认为,这"本质上就是一种文化进步的力量。"中共中央十九大报告在原有的"道路自信、理论自信、制度自信"基础上,又增加了"文化自信",徐善衍教授关于科学博物馆文化属性的理性思考,无疑是他学习贯彻十九大精神的一个最好体现。

掩卷沉思,多有感慨,谨填《采桑子》词一首,祝贺《域外博物馆印象》出版,并表达对徐善衍老领导桑榆未晚、为霞满天情怀的敬佩之意。

全球博馆风姿丽,
展示新知。
探究新知,
青少学习启智匙。

提升素质功能富,
理念加持。
文化加持,
科育谆谆滋润施。

 注:

本文刊载于2018年第2期《自然科学博物馆研究》,原标题为《以四维视角观察域外科学博物馆——〈域外博物馆印象〉读后感》。

专题博馆乐巡游

　　人们闲暇之余往往爱旅游，爱学习的游客通常喜欢参观博物馆，参观博物馆怎样才能学到更多的知识、获得更大的收益？《奇趣景观：小博物馆大历史》(以下简称《小博物馆大历史》)为我们提供了答案，给出了示范，值得广大读者，尤其是青少年好好学习、效仿。

《奇趣景观：小博物馆大历史》既是一本别开生面的出色文化游记，又是一部蕴含各类新知的优秀科普图书。

《小博物馆大历史》2020年8月由同济大学出版社出版，作者没有专注于人们耳熟能详的诸如大英博物馆、卢浮宫博物馆、梵蒂冈博物馆等世界著名大型博物馆，而是钟情于那些不同门类和主题、富有特色和个性的专题博物馆，希望透过藏品中的奇趣景观，破解深藏在其后的历史密码，获得对社会发展更深刻的认知。在作者看来，"书中的专题博物馆有各种特色收藏和镇馆之宝，保留了业已逝去的世界中无数个瞬间的奇景。那一个个从历史上截取的小小切片，林林总总拼贴在一起，构建出区别于大型综合博物馆的更为平等入微的文化叙事。"因此，我以为，这既是一本别开生面的出色文化游记，又是一部蕴含各类新知的优秀科普图书，理由可从以下三个方面阐述。

一是以学者的眼光参观博物馆，旅游不虚此行。本书第一作者刘珊珊为同济大学建筑与城市规划学院副研究员，2013年获欧盟伊拉斯谟奖学金资助，赴荷兰阿姆斯特丹大学访学一年，计划与该校合作教师共同开启一项建筑方面的大历史研究计划，试图从大历史的视角解读西方的建筑和城市，展开东西方建筑的比较。为此，访学期间，她除参与国际学生的教学和研讨外，大部分时间都在欧洲各地考察，参观博物馆成为她从事研究工作的一项重要内容。

正因如此，作者参观博物馆不像普通游客一样走马观花，满足于"到此一游"，而是定下目标，做足功课，带着问题，以学者的眼光考察、探究博物馆。这些专题博物馆里收藏着远古时代的文物，近现代的绘画、雕塑、工艺品乃至日用细物等丰富展品,普通游客常常是看个热闹,观个新奇,听个趣事,到头来所得终浅,收获似云,经年即逝。作者却"一件一件看过来,仿佛穿越在时光的隧道里,心随物转,神游千古。"在作者的眼里,"这些美好的物件上,似乎仍然依附着古代大师和艺术家的灵魂,让我们默然凝视就能与之对话,听到他们的喃喃细语。"如此参观、游览、研究博物馆,自然大有收获,定当不虚此行。

二是以钻研的态度品味博物馆,深入挖掘知识。作者访学时间有限,考察博物馆只是研究工作中的调研环节,参观每个馆通常也就三四个小时,因而必须有所取舍、抓住重点、突出特色。"正如人有通才与专才之分,在综合大馆之外,还有许多博物馆将收藏兴趣聚焦于某一特殊的门类,或某个特别的地区。这些博物馆往往特色鲜明,无论是馆舍和展览布置,还是藏品内容和服务形式,都千差万别。"参观荷兰铁路博物馆,作者通过"钢铁时空穿越之旅",全面考证了火车和铁路交通发展历史,并据此展现了以蒸汽机发明为标志的工业革命给欧洲乃至整个世界所带来的巨大影响和深刻变革。

同样,《海牙监狱"惊魂"记》不仅详细介绍了荷兰沿用了400多年的古老监狱严酷的监禁手段和恐怖的惩罚刑具,还通过讲述16世纪杰出的人文主义者库尔赫特被囚禁在这里,完成世界上首部系统研究如何解决犯罪问题的著作《惩治罪恶》的故事,让读者知晓监狱功能是如何转变的,如何从极度野蛮不断走向文明的。库尔赫特关于"监狱不仅要惩罚罪犯,还要为他们的康复和回归社会做准备"这一超前、先进的监禁理念,穿过历史的浓雾至今仍闪耀着绚烂的人道主义光芒。读到这里,那些为人类社会文明进步做出贡献乃至付出生命的先贤们,令我们肃然起敬。

三是以合作的优势研究博物馆,成果颇具深度。《小博物馆大历史》所涉及的

15个博物馆涵盖历史、宗教、科技、建筑、绘画、音乐、战争、航海、生活等方方面面,单靠刘珊珊一人研究、解析这些门类众多、学科庞杂的博物馆,尤其是要透过"小博物馆"写出"大历史",显然难度很大。为此,聪明、善良的她邀请父母赴荷兰同游,一道参观欧洲博物馆,一方面尽女儿关爱父母之孝,一方面可充分发挥同为学者的父母学科上的研究优势。"大历史提倡打破学科的界限,以更宏大、更包容的眼光认识历史,因此需要关注历史不同侧面的物质与文化。"刘珊珊主要研究建筑史与园林史,本书第二作者陈洪澜是珊珊的母亲,长于知识分类和知识论研究,刘珊珊的父亲刘坤太则是河南大学历史文化学院教授,团队中还有刘珊珊的丈夫——北京林业大学园林学院黄晓副教授,可谓阵容强大、实力雄厚、优势互补,所获研究成果自然深入、厚实、权威。

比如,《最后的晚餐》是达·芬奇所创作的传世名画,一直被珍藏在意大利米兰圣玛利亚感恩教堂的僧侣食堂墙上,历经500多年沧桑、劫难,至今仍保存于世,并对游人开放,实为难能可贵。《藏在食堂里的名画——米兰〈最后的晚餐〉》这篇文章不仅介绍了达·芬奇的生平、名画的创作过程,以及藏画的古建筑群,还引导读者欣赏了名画内容和绘画技艺,讲述了后人为保护、维护、修复这一世界名画所付出的各种艰辛和努力,普及了包括宗教、建筑、历史、绘画、文物等方面丰富的知识。

《小博物馆大历史》以科学研究的态度写博物馆游记,书中附有15个博物馆的详细信息、图片来源及索引,可供读者游览时参考,可谓严谨细致、热心周到,"后记"更是致谢周全、诚意十足、感恩满满。这些都给青少年日后参观学习、从事科研、积累素材、深入思考、为人处世、文学创作做出了鲜活的示范。

当然,全书也有不足之处,比如15个博物馆荷兰就占了11个,只有4个属于另外4个国家,显然无法代表整个欧洲,由此写出的"大历史"就显得有点牵强附会。但是,瑕不掩瑜,《小博物馆大历史》仍不失为一部科学与人文有机融合、学术与通俗交相辉映的优秀科普图书。为此专门向青少年推荐,并填《浪淘沙令》词首,以表喜悦、欣赏、祝贺之情怀。

学者访欧洲,
未雨绸缪。
专题博馆乐巡游。
奇趣景观微见著,
探古寻幽。

科普写春秋,
纤笔情柔。
人文底蕴内容优。
合作出书呈示范,
天道勤酬。

注:

本文刊载于2022年第8期《中国科技教育》中的《开卷有益》栏目。

书本揽收科技馆

　　摆在我面前的是一套从内容到形式都充满了创新的大型科普图书——《书本科技馆》。

说它充满了创新，一点也不为过。首先，它在内容编排设计上有创新，体现了图书著作者和出版者针对特定读者对象——青少年而精心设计、巧妙编排的匠心。《书本科技馆》首批出版三卷本，分别为材料科学馆、人体科学馆（卷一），机械馆、光学馆（卷二），能源馆、电子技术馆、数学馆（卷三），内容涉及数学、光学、机械、电子、能源、材料、人体科学等科技领域。每卷又各设10项科学实验，读者借助通俗易懂的文字、生动有趣的画面，通过亲手操作这些实验，可以直观形象地理解与纳米技术、电影原理、太阳能电池、能量守恒定律、法拉第电容、偏振光、连杆机构、齿轮传动、全息摄影、望远镜原理、逻辑门电路、莫氏条纹、光的反射、菲涅尔透镜、三原色、磁铁特性、光导纤维、勾股定理、双曲狭缝、正态分布、数学悖论、听觉系统、视觉系统等有关的科学原理和科学知识。可以说，全套图书构成了一个小巧、精致、袖珍的科技馆。逐次打开三卷本图书阅读，如同在科技馆的一个个展厅中游览；动手操作书中所列的各项实验，仿佛与科学家面对面交流。

其次，《书本科技馆》在科普图书的出版形式上有重大创新。《中华人民共和国科学技术普及法》颁布后，积极开展公众，尤其是青少年喜闻乐见的科普教育活动，成为广大科普工作者的重要任务。科普图书如何做到知识准确、形式新颖、内容丰富、阅读有趣、读者喜爱，是出版工作者应该认真思考并努力践行的重要课题。在此，《书本科技馆》——一种创新的互动性科普图书，为我们提供了一个成功的范例。作者张承光高级工程师运用自己发明并获国家实用新型专利的"书本式电子应用技术演示"这一新型科技成果,将传动装置、光电元件、集成电路、发声器件、传感器等元器件微型化、集成化后设置在密实纸板上,同时配以文字、图片、漫画、光盘和实物模型来说明、演示相关的科学原理,操作相对应的科学实验,使这套图书集器件出版、纸质出版和电子出版于一体,集科学性、艺术性、交互性和实用性于一身,构成了一种全新的综合出版图书形式。可以说,《书本科技馆》既是器械化了的科普知识图书,又是书本化了的微型科学实验教具;既可作为图书用于阅读,也可作为科普教具、展具用于课堂教学和科普展览。

再次,《书本科技馆》突破了传统的仅用视觉进行阅读的局限。在使用这套综合运用了声(扬声器)、光(发光元件)、电(光敏电池、普通电池)、力(机械传动装置)等元件、器件的新型科普图书时,青少年读者既可通过阅读文字、图片和漫画来学习、掌握科技知识,又可通过科学实验来加深对科学原理的认识和理解。可以说,这是一部充分调动读者的视觉、听觉、触觉,不仅用眼而且还用手和耳来"阅读"的科普创新好书。它不仅着眼于提高青少年的科学素养,还适用于培养青少年对科学的兴趣和动手操作科学实验的能力。这种理论联系实际、阅读结合操作、学习配合娱乐的全方位传播知识的新手段、新方法,可谓独树一帜,令人耳目一新。正是由于其在出版形式上的大胆创新,《书本科技馆》出版后即获得了国家发明专利。

《书本科技馆》2004年1月由科学普及出版社出版,北京华联印刷有限公司制作印制,中国科学技术馆监制。三方出资,联合出版,共同受益,着眼于未来各卷产品的问世,合作打造《书本科技馆》科普图书精品。因此,这种充分发挥各自资源优势、多方密切合作的出版模式,本身就是一种创新。中国科学技术馆监制,确保了图书中所述科学原理和科学知识的科学性和准确性;科学普及出版社出版,确保了图书的编校和出版质量以及科普图书的权威性;北京华联印刷有限公司制作印制,确保图书的装帧、设计和印制达到了一流水平。鉴于在图书形式、装帧设计、出版印制等方面做出的诸多重大创新,《书本科技馆》在出版的当年就分别获得了第六届全国书籍装帧艺术展览会装订工艺金奖、中国首届科普产品博览交易会优秀科普产品金奖、第二届亚洲印刷奖特种印刷金奖和最佳包装设计金奖、2004年度三菱印刷机杯印刷质量大奖等殊荣。

当然,作为一种新型科普图书的初步出版探索,《书本科技馆》还有许多值得改善之处。首先,三卷本图书均按学科进行知识分类,所介绍的科学知识和科学原理难易程度差别很大,读者定位还不十分准确,建议修订时按文化程度的不同分"小学版""初中版"和"高中版"。其次,书中实验操作的文字使用说明写得不十分清晰,应更加通俗易懂。再次,每卷图书定价180元,对普通家庭而言显然偏高;我们寄希望于书中所嵌元器件批量生产以降低图书的出版成本,从而使这套精美的科普图书真正走向大众。

这真是:

书本揽收科技馆,
图书出版屡创新。
足不出户开眼界,
传播知识赖精品。

注:

本文刊载于2006年第4期《科技导报》中的《书评》栏目。

丛书出版表丹心

　　如何使科学技术传播不过于严肃、艰涩、深奥，如何将科学知识与生动有趣的绘画相结合，如何剥开科学坚硬的外壳使之更加亲近读者，如何让少年儿童体验阅读的快乐、激发对科学的向往？湖南少年儿童出版社以2022年10月出版的一套《中国智造》科普丛书回答了这些问题，在策划、出版上做出了很好的探索，值得少儿科普出版同行借鉴。

《中国智造》为小读者打造了一个不落幕的科技展，既有超级工程的立体展示，也有国之重器的基本陈列，还有尖端科技的完全详解。它所培养的是创造未来中国智造的少年团。

一是选题策划别具匠心。改革开放，尤其是进入新世纪以来，中国科学技术突飞猛进，取得了举世瞩目、令世人震惊的成就，重大高新科技成果不断涌现，如何从中遴选影响深远、受益面广、少年儿童感兴趣的科技成果予以图书出版传播，值得策划编辑和图书作者好好思量。《中国智造》丛书共三册，其中《国之重器》通过讲述神舟飞船、天宫空间实验室、嫦娥工程、北斗卫星导航系统、C919大型客机、歼击-20隐形战斗机、中国造无人机、东风系列导弹、"辽宁号"航空母舰研制故事，着重报道了我国最新科学研究成果在这9项"国之重器"中的应用；《尖端科技》通过普及超级计算机、中国天眼、量子通信、原子钟、移动支付、东方超环、可燃冰开采、"蛟龙号"深海潜水器科技知识，着重展示了我国关键技术创新在这8项"尖端科技"中的体现；《超级工程》通过展现中国高铁、港珠澳大桥、三峡工程、南水北调工程、终南山公路隧道、洋山港、青藏铁路、"华龙一号"迷人风采，尽情彰显了伟大的中国智慧和创造能力在这8项"超级工程"中所发挥的作用。三个分册共遴选25个重大科技项目案例，分别从科学研究、技术创新和工程装备三个方面反映我国最新科技成就，涉及航空航天、信息技术、先进材料、交通运输、能源科学、深海技术、国防科技、生命科学、金融管理、民生工程等重要领域，选题可谓以小博大、以点概面、以质取胜、匠心独运。诚如首都图书馆原馆长王志庚先生推荐语所言："这套书为小读者打造了一个不落幕的科技展，既有超级工程的立体展示，也有国之重器的基本陈列，还有尖端科技的完全详解。它所培养的是创造未来中国智造的少年团。"

二是展现形式别具特色。《中国智造》采取少年儿童读者喜爱的绘本形式,手绘插图多用线条勾勒,简洁明快,诠释科技知识精准、直观、富有艺术性,图文排版大开大合,读来一目了然,轻松活泼。每个科技项目案例均独立成篇、风格统一、篇幅接近,每一篇都采用情景化、故事化导语,用科学严谨、通俗易懂、生动幽默、富于感染力的文字娓娓道来,图文并茂地介绍每个项目的基本概念、建设背景、历史起源、技术内容、发展现状和未来展望,特别是中国科技工作者的创新性贡献、取得的杰出成就和彰显的过人智慧。少年儿童读者据此可了解优秀科技工作者是如何思考、怎样解决问题、靠什么实现创新的。每个项目案例结尾处还设有《延伸阅读》栏目,进一步向读者介绍相关领域的科技知识。

三是语言文字别彰风采。丛书作者柠檬夸克是国内新锐科普作家,常年为《学与玩》《世界儿童爱科学》《大众科学》等杂志撰写科普文章,也是著名科普网站"蝌蚪五线谱"的签约作者,著有《魔力门票》《少年科学馆》《孩子也能懂的诺贝尔奖》等多套科普图书。作者很善于用讲故事的形式黏住小读者,用浅显的文字诠释深奥的科技原理。以《超级工程》分册的"中国高铁"科技项目为例,在"轮与轨的秘密"这节中,作者生动地解释了中国高铁为什么跑得快、跑得稳。"我们知道,'飞人'博尔特保持着百米世界纪录。可他能在一条坑坑洼洼的小路上跑出那样的成绩吗?他能穿着拖鞋参加比赛吗?他脚下的跑道和跑鞋都是有严格要求的。同样,让火车这样的庞然大物提高速度,还有一个秘密藏在车轮与轨道的'对话'中。"这样的开场白,可谓亲切自然、引人入胜,一下子就把读者的注意力引到了"轮与轨的秘密"主题上来。在讲到高铁为什么要使用无缝钢管时,作者继续写道:"你的爸爸妈妈小时候坐火车时,最深刻的记忆就是一路上'咣当咣当'的声响,这是火车标志性的'背景音乐'。为什么会有这样的声音呢?这是火车的车轮与轨道碰撞产生的。原来,火车的轨道是在厂里统一生产的,一根轨道的长度一般是25米。修建铁路时,工人把轨道固定在路基上。轨道是用钢铁制造的,钢铁有一个很有意思的性质,叫热胀冷缩,也就是说,热的时候轨道会变长,冷的时候轨道会变短。因此,在铺设轨道的时候,轨道和轨道之间要留有一定的缝隙,防止天热的时候轨道自己长个儿。如果轨道之间不留缝隙,轨道在热天变长,像挤出的、过长的牙膏一样,变得弯弯曲曲。"由此,下面的文字就自然而然地说明了使用无缝钢管时,可以解决车轮碾过轨道之间的缝隙时与轨道撞击造成磨损影响使用寿命,以及火车速度过快时这种碰撞可能使车轮偏离轨道造成脱轨事故等问题。

四是科学人文别样情怀。优秀的科普图书不仅普及科学知识,还传播科学思想、倡导科学方法、弘扬科学精神,达到见人、见物、见精神的境界。《中国智造》丛书在这方面可谓深得其道,《尖端科技》分册介绍"超级计算机"科技项目时,专门引用了领导研制成功中国第一台超级计算机 "银河一号" 的慈云桂院士的一句话:"就是豁出我这条老命,也要把我们的巨型机搞出来!"一位不甘落后、勇于拼搏、敢于创新、乐于奉献的科学家形象立刻跃入读者的眼帘。《超级工程》在介绍"港珠澳大桥"沉管隧道密封质量时,描写了这样一个细——"香港著名'桥王'刘正光先生在参观沉管隧道前,曾打电话给自己的好友——港珠澳大桥岛隧项目总工程师林鸣,问:'看你的隧道,要不要穿雨衣雨鞋啊?'林鸣自信地回答:'不用!'结果,'桥王'还是穿了一双防水鞋前来,看过之后赞叹道:'沉管隧道没有不漏水的,没想到你们的工程滴水不漏。'"仅此一小段,就把港珠澳大桥岛隧工程质量之高生动地展现出来。

读罢《中国智造》丛书，喜不自禁，特填《浣溪沙》词一首，专作图书推荐语。

科技研发屡创新，
中国智造伟绩巡，
千秋泽被利万民。

童少滋培坚志向，
丛书出版表丹心。
传播典范赞声频。

 注：

本文刊载于2023年第1期《中国科技教育》中的《开卷有益》栏目。

文图劲硕妙切题

　　张劲硕天生就是搞科普的料！拜读他的新著《蹄兔非兔 象鼩非鼩》《蝙蝠是福 麋鹿是禄》两部科普文集后，我为这个结论找到了更多的支持依据。

品读《蹄兔非兔　象鼩非鼩》《蝙蝠是福　麋鹿是禄》科普文集，你可以了解张劲硕为科普事业所付出的艰辛努力，感受他乐在其中的睿智、激情、豁达、谦逊和仁爱。

搞科普首先必须专业过硬，张劲硕当行出色。劲硕大学虽然学的是园艺专业，可大一就迷上了动物，业余时间跟着动物学家张树义研究起了蝙蝠，毕业后又考取了中国科学院动物研究所硕博连读研究生，开始"名正言顺"地做起了蝙蝠分类学研究。2007年，他与导师张树义等人发现了一个蝙蝠新种——北京宽耳蝠，相关论文发表在美国《哺乳动物学杂志》上，成为名副其实的动物学专家。正因为具有高超的动物学专业水平，张劲硕写的相关科普文章不仅更有深度，更具科学性、全面性和准确性。

不妨以《蝙蝠是福　麋鹿是禄》中的《鸟巢种种》这篇文章为例。2020年5月，北京丰台区某小区树上喜鹊的粪便落在了一辆停泊的车上，于是，恼怒的车主就把城市绿化队叫来，结果把小区所有的鸟窝都拆毁了。此事一经曝光，立刻引起轩然大波。人们纷纷指责当事车主蛮横、绿化队不明事理，不该捣毁鸟儿的安乐窝，张劲硕却从专业角度对这一事件做了理性的分析。他首先纠正了很多人的一种误解——鸟窝是鸟用来睡觉的，其实，鸟窝是鸟用来繁殖的，不繁殖的时候，鸟窝通常是用不着的。因此，如果鸟窝里有鸟产卵、孵卵或育雏，人类强拆其巢，那就是伤天害理；如果没有鸟在里边繁殖，很可能就是一个废弃的旧巢，那还有拆毁它的必要吗？五月正值喜鹊繁殖季节，即使鸟窝里没有见到鸟蛋或幼鸟，也可能是喜鹊正在辛苦筑巢，拆除鸟窝很可能让它们为繁殖做准备的努力付诸东流。况且，即使把鸟巢拆了，也不能保证类似的事不会发生。文章还专门指出，人们在小区树上安装人工鸟窝，鸟其实是不会去用的，这纯属多此一举。

你看，一篇短文就普及了那么多有关鸟类的知识，说出了那么多颇具专业性的道理，能不令人佩服吗？

其次，搞科普必须知识广博，张劲硕当之无愧。劲硕酷爱读书，据说藏书就有数万本之多，其中与动物相关的占到了三分之二以上，其他自然科学以及历史、哲学、文学图书也不少。扎实的专业基础、广博的学科知识，使他写的科普文章视野更加开阔，角度更加新颖，见解更加独特，文字更加有趣。《蹄兔非兔 象鼩非鼩》的开篇《蹄兔非兔》一文就很能说明问题。这是一篇谈动物学分类的文章，张劲硕却从语言文字学入手，架起了沟通自然科学和社会科学的桥梁，把一个枯燥的学术问题谈得妙趣横生。"我们中国人的祖先创立了几千个乃至上万个汉字，这些汉字不乏古人对他们见到过的万事万物的命名和分类。在这样的一个语言文字体系下，我们似乎也在给各种各样的生物命名和分类，譬如古人创造的部首偏旁，那些'虫''鸟''隹''鱼''鼠''鹿''马'……不恰恰是祖先们对他们所见到的动物的一种命名和分类吗？"通过研究这些汉字的变迁，张劲硕考察、分析了我国古人对动物或者其他生物的原始而朴素的分类思想："长得似狗者，或将它们归入'犭'或'犬'，因此有了汉字——狼、狗、狐、獒……姑且可对应着今天说的'犬科动物'；长得似猫者，或将它们归入'豸'，因此有了汉字——猫、豹、豺、貔、狄……其中有些姑且可以对应着今天所说的'猫科动物'。"从中文字形结构入手讨论动物学的分类，是不是别有新意？

张劲硕自14岁开始发表科普文章，至今已在包括《中国国家地理》《科学世界》《大自然》《博物》《光明日报》《北京晚报》等在内的60余家报刊发表科普文章近400篇，撰写、参编、翻译出版了包括《中国野生动物生态保护·国家动物博物馆精品研究——动物多样性》《中国野生动物生态保护·国家动物博物馆精品研究——脊索动物》《中国外来入侵种》《中国兽类野外手册》《图解动物生活大百科》《DK博物大百科》等在内的学术和科普图书20余部。这两部科普文集中就有许多跨学科科普文章,如《成语中的动物知识》《马踏的真是飞燕吗？》《多识于鸟兽草木之名》等。《蝙蝠是福 麋鹿是禄》的第三编收录了劲硕给朋友、同人出版的图书写的前言、序语,以及相关回忆文章和科普讲稿等,内容丰富,涉猎宽泛。张劲硕知识之广博,根底之深厚,由此可见一斑。

再次,搞科普必须拥有人文情怀,张劲硕当世才度。科普的目的不仅仅是普及科学知识,还应传播科学思想,倡导科学方法,弘扬科学精神,科普工作者因而必须拥有人文情怀、承担社会责任。在这方面,张劲硕做出了表率。在《蝙蝠是福 麋鹿是禄》中的《人性与兽性》一文中,劲硕从动物学研究角度分析了广义的"人性"和"兽性",认为动物并非只有兽性,而是"兽也有善和恶的两面性"。他以蝙蝠和黑猩猩为例,诠释了动物的慈爱和良善的一面。蝙蝠长得丑陋,给人印象并不好,吸血蝠更会让人联想到吸血鬼。"然而,吸血蝠是很善良的动物。吸血蝠,现存3种,靠吸血为生,但并不是每只吸血蝠每晚都能吸到血。因此,喝到血的吸血蝠会吐出点儿鲜血给饥饿的同伴,除关照自己的亲戚外,它们也会把血液奉献给完全没有血缘关系的朋友。那么,当它没喝到血的时候,就会得到更多朋友的帮助。"黑猩猩同样感情丰富,懂得体恤。"年轻的黑猩猩见到身体不适或者痛苦的黑猩猩长者,会低垂着脑袋,或用手轻抚对方或牵着对方的手,以示慰问,希望以此来舒缓老者的痛苦。"

张劲硕虽刚过不惑之年,但早已是科普界大咖、知名公众人物,除积极组织开展生态和野生动物保护等方面的科普活动外, 曾担任北京市朝阳区政协常委的他还积极参政议政,建言献策。2020年6月30日,他在《光明日报》撰文《小型兽类不能"缺席"保护野生动物名录》,呼吁重视小型哺乳动物保护。在劲硕看来,小型兽类多样性丰富,占整个哺乳动物数量的比例非常高,其中不乏珍贵、稀有、濒危甚至诸多狭域分布的特有种类,通常被认为是环境指示物种,对判定生态系统健康与否起着非常重要的作用。针对2021年最新修订的《国家重点保护野生动物名录》,他再次撰文《小兽也应受到重视与保护》,持续呼吁:"希望未来的再一次修订,在充分进行科学评估的基础上,将更多具有保护意义与生态价值的野生动物吸纳进来,应保尽保、能保则保,让更多濒危野生动物能够拥有一个光明的未来!"

最后,搞科普必须充满激情,张劲硕当仁不让。科普具有公益性,搞科普不会挣大钱、发大财,需要一颗激情澎湃的爱心。2022年9月28日晚,由中国科学院科学传播局、科技部人才与科普司支持,中国科学院物理研究所承办的第58期科学咖啡馆活动成功举行,作为主讲嘉宾,张劲硕以"蹄兔非兔 象鼩非鼩——我们弄错了的动物知识"为主题,通过提出一系列启发式问题,运用生动活泼的讲解,"解密"动物的体貌特征,破除听众对动物的各种误解,引导听众走进丰富多彩的动物世界。我当时也在活动现场,深深地被劲硕激情四溢的精彩解说所吸引、感动。劲硕告诉我们,还在上小学时,他就喜欢看《大自然》杂志,并成为杂志的通讯员,常年订阅一大堆科普杂志;上中学后,几乎每周都要去动物园和自然博物馆,经常关起门在家模仿《动物世界》的解说,对科普的热爱可谓到了如醉如痴的地步。

张劲硕是中国科学院老科学家科普演讲团最年轻的团员,兼任国际自然保护联盟物种生存委员会委员、马拉野生动物保护基金会理事等大量社会职务,经常担任中央广播电视总台、北京广播电视台等主流媒体科技、科普栏目嘉宾，每周都要到中小学、社区开展科普讲座。他还是博物旅行、科普旅游的积极倡导者和实践者，策划、组织青少年野外科学考察活动，足迹遍布世界各大洲，在各类媒体中经常能见到他的身影。如今，他主政国家动物博物馆，积极践行自己所倡导的"博学、博爱、博雅"的博物学启蒙教育理念，更是把馆里的科普活动搞得风生水起，热闹非凡。品读这两部科普文集，你可以深入了解张劲硕为科普事业所付出的艰辛努力，感受他乐在其中的睿智、激情、豁达、谦逊和仁爱。

《蹄兔非兔 象鼩非鼩》《蝙蝠是福 麋鹿是禄》是两部难得的优秀科普随笔文集，每篇短文从题目到内容都充满了趣味，张劲硕用科学专业、通俗易懂、生动有趣的文字，给科技工作者从事科普创作做出了一个很好的示范。有感于斯，填《浣溪沙》词一首，祝贺劲硕科普新著面世，并向读者们鼎力推荐阅读。

动物钻研悦醉迷，
痴情科普献灵犀，
斑斓新著绽虹霓。
蹄兔象鼩非是论，
蝙蝠麋鹿禄福齐。
文图劲硕妙切题。

注：

本文是为张劲硕的科普著作《蝙蝠是福 麋鹿是禄》写的序，刊载于2023年6月28日《中华读书报》中的《书评周刊·科学》栏目。

科普图书影像鲜

　　这是一次别开生面的图书首发式。2023年5月1日，五一劳动节的傍晚，夏风清爽，人们聚集在京津新城顺园广场。为丰富广大业主节日生活，一场别开生面、寓教于乐的科普讲座正在这里进行，中国科学院动物研究所博士生导师张润志研究员为园区业主讲授"我们的老住户与新邻居——京津新城的昆虫世界万花筒"。北京林业大学原副校长骆有庆教授主持讲座，并通过抽奖的方式向到场业主赠送30本《京津新城昆虫与蜘蛛生态图册》，首发这本科普新书。

《京津新城昆虫与蜘蛛生态图册》收录了京津新城地域131种昆虫，以及13种蜘蛛的生态照片，共910幅。

《京津新城昆虫与蜘蛛生态图册》（以下简称《图册》）2022年11月由湖北科学技术出版社出版，著者为张润志、骆有庆两位著名昆虫学家。《图册》收录了京津新城地域包括半翅目、鳞翅目、脉翅目、膜翅目、鞘翅目、蜻蜓目、双翅目、螳螂目和直翅目的131种昆虫，以及13种蜘蛛的生态照片，共910幅，所有照片均由两位作者拍摄。

京津新城位于天津市宝坻区周良庄镇，东邻潮白新河，跨越柴家铺干渠、马营渠等连通区域内水系，所在区域为燕山山脉至渤海过渡地带，其生物区系基本反映了华北平原的大体情况。开发建设16年来，京津新城经历了从以芦苇、蒲草等为主要植被的荒郊湿地向城市园林住宅转变的物种变化。自2014年始，骆有庆、张润志先后入住京津新城顺园小区，闲暇之余，他们开始以专业目光考察、拍摄小区周围的林木、花卉、虫草，发现了许多有趣的昆虫和蜘蛛。

张润志老师的授课风格幽默、风趣，他告诉听众，他和骆教授两人经常头戴草帽，手拿相机，穿梭于顺园的花径林道，寻找、拍摄各类昆虫、蜘蛛，时不时还会引起小区居民的误会。为了捕捉白纹伊蚊叮人吸血最佳角度的镜头，他曾一动不动伸出胳膊，忍住痒疼让这种毒蚊长久叮咬，直至拍摄到满意的照片为止。

小区业主大都种蔬菜、果树，十分担心害虫对这些农林作物的侵害。张老师结合《图册》刊载的害虫图片，不仅介绍了人们日常生活中常见的蝴蝶、蜜蜂、蜻蜓、螳螂、甲虫等，还重点讲解了危害蔬果花草的斑衣蜡蝉、毛毛虫、蚜虫，以及严重危害林木、果树的外来入侵害虫——美国白蛾的防治办法。他告诉大家，由于各家栽培的蔬菜、种植的果树数量很有限，有时候不一定要使用农药来防治害虫，而是可以用绿色、环保的办法让蔬菜和果树健康生长。他以白毡蚧害虫为例，这种害虫多寄生在柿树的叶、枝、果上，不仅影响柿子生长、发育，还使成熟的果实品相极为难看。他告诉大家，白毡蚧怕潮惧水，业主只要每周都用高压水枪注清水冲洗柿树一次，基本上就可以控制住这种令人生厌的害虫。

蜘蛛和昆虫同属节肢动物，昆虫属于昆虫纲，蜘蛛属于蛛形纲。蜘蛛并不是昆虫，因为蜘蛛无变态发育，而昆虫是完全或不完全变态发育。昆虫的主要特征是身体分为头、胸、腹三部分，成虫长有三对足、两对翅（部分种类或一对翅，或无翅），多数昆虫一生要经历卵、幼虫、蛹、成虫四个阶段，生长发育过程中会有内部和外部的形态变化。而蜘蛛的身体只有头胸部和腹部两部分，长有八只足，腹部通常不分节，无触角，无翅，发育过程中不会经历形态的变化。因此，蜘蛛和昆虫在形态上有很大的区别，掌握了这些知识，就能很好地区分哪个是昆虫，哪个是蜘蛛。

面对小朋友惊讶、好奇的表情，张老师解释道，小区里大部分蜘蛛都以捕食害虫为主，可谓害虫天敌，大家应该善待它们。他还特别强调，自然界的害虫是消灭不完的，也不应该消灭完，人类要努力探寻自然界万物和谐相处的生态平衡点。《图册》照片生动、印刷精美、装帧考究，拍摄的每种昆虫、蜘蛛都标明了拍摄时间、外文学名，昆虫还指出了所属目，附录给出了每种昆虫、蜘蛛的中文名称索引和外文学名索引，以便读者查询。

同为顺园小区住户，我们在门前屋后司空见惯的昆虫、蜘蛛，却成了张润志、骆有庆两位学者悉心考察、认真研究、分享观赏的对象。可见，对有心人来说，处处有学问,时时可研究学问,这部近500页的《图册》宏著,就是两位科学家就地取材、因地制宜、日积月累的研究成果的鲜活见证。在我看来,《图册》还可作为天津市宝坻区地方物种志的重要补充。

开展科普活动是提高公民科学素质的重要手段。科学家利用自身所长在居住小区举办科普讲座,赠送科普图书,十分接地气,可谓公益善举,利莫大焉。张润志、骆有庆都是其专业领域的一流科学家,两人都曾获国家科学技术进步奖,且著述颇丰,他们深入社区,积极参与科普宣讲,可敬可佩。

聆听讲座,受益良多,阅读《图册》,感慨万千。激动之余,特填《画堂春》词一首,祝贺《图册》新书首发,褒赞物业公司与专家学者联袂举办社区公益科普活动。

社区夏夜笑声妍,
专家讲座精专。
蜘蛛粉蚧菜畦翩。
生态和弦。

科普图书公益,
和风细雨新泉。
知识传授妙言连。
滋润心田。

 注:

本文刊载于2023年第5期《中国科技教育》中的《开卷有益》栏目。

孩童阅读竞相妍

"我以为,科普图书是以一种不丧失其阅读深度的方式来引导人们认识世界的。读好的科普图书要踮起你的脚尖往上够,这样你就能伸手摘到星星。"2023年5月6日,在幽静、雅致的北京十月文学院,北京少年儿童出版社举办了"大手牵小手科学伴成长——《讲给孩子的科学大师课》首发式",北京广播电视台《读书俱乐部》节目主持人刘莎女士翻阅新书,发出了上述感慨。

《讲给孩子的科学大师课》是一套由中国科学院老科学家科普演讲团组织创作的少儿原创科普丛书，丛书第一批共6册，分别为《探秘月球》(石磊著)、《恐龙从远古走来》(李建军著)、《再来一场灾难,怎么办》(徐德诗著)、《可爱又可怕的微生物》(孙万儒、田晓昕著)、《北极动物探奇》(高登义著)和《鸟人话鸟》(郭耕著)。丛书主编白武明老师以及各分册主要作者我都很熟悉,在我担任北京理工大学出版社社长和科学普及出版社社长以及中国科技馆党委书记期间,他们都曾给予过我支持和帮助,我也曾聆听过中国科学院老科学家科普演讲团许多团员的精彩科普讲座。这些可敬可爱的作者热心公益,长年奔赴一线为青少年传播科技知识、弘扬科学精神、播撒爱心善意,可谓乐在其中,广受大众欢迎,备受人们尊敬。

这是一套高水平、高质量的少儿科普图书,内容新颖,文字生动,图片精美,编排别致,非常吸引人。我随意翻阅了几本样书,就不忍释卷,当年聆听这些老师科普讲座的情景又一一浮现在眼前。当读到《探秘月球》"引子"部分《月球什么味道》时,我马上就和书中动物园的那些小动物一样,渴望仔细品尝,一口气读下去。每本图书还配置了由作者本人精心录制的与图书内容配套的视频课程,读者用手机扫二维码即可收看,实现足不出户在线学习科学家的精品科学课,感受科学家的科研探索精神。我想,孩子们一定会像我一样,喜欢上这套既有硬核科技知识又通俗易懂的科普丛书。

作为曾经的出版人,我要向《讲给孩子的科学大师课》丛书作者表示深深的敬意,对中国科学院老科学家科普演讲团将开展科普活动的成果逐一转化成科普图书这一创新举措感到惊喜、钦佩。丛书主编白武明教授为著名地球物理学家、现任中国科学院老科学家科普演讲团团长。据他介绍,演讲团成立26年来,已举办近33 000场科普讲座,听众有上千万人,且绝大多数为青少年;每位团员都有丰富的科普演讲经验,如孙万儒老师就已讲授1 800多场,他们通过与孩子们直接交流,积累了大量第一手科普创作素材,但创作时仍精益求精、从严要求。白主编披露,第一批作者近10位,有些团员对自己的稿件认真斟酌、反复修改、仔细打磨,不想轻易交稿;有位老科学家初稿写完后,先让上小学的孙女阅读,小孙女说看不懂,结果稿件一直没有敢交给出版社,至今仍在修改。

读《恐龙从远古走来》中解释恐龙定义的那段文字,我就体会到,丛书的各位作者太了解孩子们的兴趣和爱好了,因而能够从孩子们最感兴趣的问题落笔,吸收孩子们的鲜活语言,关注孩子们的思维方式,抓住孩子们的阅读习惯,满足孩子们的好奇心理,呼应孩子们的阅读需求,探索出一条独具特色的少儿科普创作的成功之路。

丛书执行主编石磊老师曾任中国航天报社总编辑,从事航天新闻出版30多年,创作了30多部航天科普图书,屡获各类优秀科普图书奖。首发式上,她向与会者讲述了这样一个感人的故事:丛书第一批作者原本还有一位老师——中国气象科学研究院陆龙骅研究员,他的作品《话说南北极》初稿已经完成,但在图书编辑加工期间不幸去世。陆先生的夫人张德二教授也是著名气象学家,她在整理丈夫电脑时发现了这部书稿,通过与我们联系后知道了事情的原委,遂表示要继续与演讲团和出版社合作,争取将先生遗稿在丛书第二批出版。

在热烈祝贺北京少年儿童出版社佳作迭出之际,我对《讲给孩子的科学大师课》丛书的后续出版充满了期待。中国科学院老科学家科普演讲团目前有68位团员，现在已有6位专家学者率先为丛书奉献了自己的精品力作，使丛书的出版有了一个良好的开端。我相信，日后一定会有更多的演讲团成员投入丛书创作，使丛书更具规模、更有影响，产生更大的社会效益和经济效益，成为科普精品，铸就图书品牌。

有感于斯，特填《浣溪沙》词一首，以示祝贺，以表情怀。

素质提升任在肩，
科学浴普舞先鞭，
孩童阅读竞相妍。

精品丛书着力著，
桑榆霞晚映红天。
欣怡北少靓华篇。

注：

本文刊载于2023年5月12日《科普时报》中的《青诗白话》栏目。

奥运闪烁科技光

　　2004年8月28日,中国选手刘翔在第28届奥运会上以12秒91的佳绩斩获男子110米栏决赛金牌！而在这之前的108年，美国人托马斯·柯蒂斯在雅典举办的首届奥运会上，却是以17.6秒的成绩夺得的这个项目金牌。两人成绩相差近5秒,按刘翔的跨栏速度,托马斯差不多落后了三四十米的距离。今天看来,这确实是一个令人不可思议的差距。

> 《奥运中的科技之光》通过讲述一个个奥运项目发展变迁的小故事，向读者展示了科学基本原理和最新科技成果在奥运项目中的应用。

和100多年前的金牌得主相比，今天的奥运冠军们未必在体能上比他们的先辈有突飞猛进的提高，他们运动成绩的突破很大程度上得益于运动环境、运动条件和运动技术的改善。科技最大限度地激发了人体的运动潜能。而赵致真所著、2008年由高等教育出版社出版的《奥运中的科技之光》，就是这样一本用科技诠释百年奥运变迁的科普著作。阅读这本将现代科技和奥林匹克运动巧妙融合的科普新书，读者无疑可以通过科学更好地欣赏体育，通过体育更好地理解科学。

"更快，更高，更强"，这既是奥运会精神的具体体现，也是竞技体育运动追求的目标。《奥运中的科技之光》通过讲述撑竿跳、跳高、跳远、游泳、百米赛跑、体操、乒乓球、足球……一个个奥运项目发展变迁的小故事，向读者展示了科学基本原理和最新科技成果在奥运项目中的应用，以及体育竞技的巨大需求对科技发展的积极推动作用。

以跳高为例，在从跨越式到滚式、俯卧式的跳高技术演进过程中，运动员由臀部过杆变为腹部过杆，重心越来越低，离杆越来越近，这意味着可以更经济地利用已获得的腾空高度，减少弹跳能量的损失。而背越式则更是一次新的跳高技术革命。运动员起跳后身体形成"反弓"，头、肩、背、腰、臀、腿依次"滑过"横杆，此时跳高者的身体一部分处在横杆之上，其他部分却垂在杆下，身体的重心移出体外并始终低于横杆。显而易见，花费同样的能量把一个人的重心提升到同样的高度，背越式无疑比其他姿势可以跳得更高。因此，人类一次次在跳跃高度上的突破,与其说是肌肉体能极限释放的胜利,不如说是大脑智慧闪光的回报。这些智慧的闪光点燃了历届奥运中灿烂的科技之光。

和跳高项目利用重心科学原理提高成绩不同,撑竿跳高纪录的不断刷新则更多地得益于撑竿材料的改进。在首届奥运会上,美国运动员威廉·霍亚特凭借一根坚硬、沉重、粗笨、实心的胡桃木创造了3.3米撑竿跳高世界纪录。之后,耶鲁大学的吉尔伯特第一次使用中空轻便、富有弹性的竹竿,在1908年的伦敦奥运会上越过3.71米高度夺冠。20世纪30年代,上野、四国盛产的优质竹竿把日本的撑竿跳带进了"辉煌时代"。"竹竿时代"的撑竿跳高世界纪录最终上升到了4.77米。1952年,更轻巧、更柔韧、更富有弹性的玻璃纤维撑竿第一次在赫尔辛基奥运会上亮相,从此,撑竿跳高进入了一个梦幻般的新时代。自1961年美国运动员戴维斯首次用玻璃纤维撑竿跳出4.83米世界纪录,一直到1994年乌克兰运动员布勃卡一举越过至今仍无人超越的6.14米高度,玻璃纤维撑竿势如破竹地不断刷新世界纪录,创造了科技提升奥运成绩的一个又一个的神话。如今,更加轻便、坚韧而富有弹性的碳素纤维和多种复合材料的撑竿已经问世。

这样科技与奥运紧密结合的例证,在《奥运中的科技之光》中比比皆是。在中国力学学会副理事长、北京大学力学系武际可教授看来,"这本书涉及体育科技的方方面面,包括时间与距离的检测,球的旋转与球在空气中的阻力和轨迹问题,跳水运动员的身体旋转问题,跳高运动员的重心问题,运动的安全性与防护问题,游泳的阻力与游泳服的改进问题,自行车赛的空气阻力问题,撑竿跳高的撑竿改进问题,运动场地和设施问题,等等。"作为中国科技新闻学会副理事长、中国科教电影电视协会副理事长、中国作家协会会员,赵致真在叙述奥运项目中所运用到的科学原理和技术设施时,充分发挥了他在影视语言、新闻报道和文字写作上的天赋。他回避了那些绕口、难懂的专业术语,用优雅平白的语言娓娓道来,不但把科学道理讲得透彻明了,还让读者兴趣盎然,不忍掩卷。

科技和奥运的结合使人们对竞技体育有了更深刻的理解和认识。是的,科技不仅使奥运更加精彩,而且还让"力量先于头脑"的体育运动具备了理性光辉和人文情怀。从雅典到北京,奥运会经历了百年沧桑。今天,人们已经相信,没有科技,奥运会的竞技观赏性将大打折扣;离开了科技,奥林匹克运动将陷入原始和乏味。但是,人们也开始认识到,过于依赖科技或滥用科技,奥林匹克运动将可能误入歧途,甚至有可能背离原旨。在北京奥运会召开前夕,我国有个别运动员因尿检呈阳性而被禁赛;2007年, 美国女飞人琼斯也因被查出服用过兴奋剂而被勒令归还所得的奥运金牌。这些滥用科技的极端案例似乎在拷问人类, 科技对于奥林匹克精神究竟意味着什么?《奥运中的科技之光》作者在"科技伴奥运同行"这一章中,也提出了同样的问题:"意味深长的是,现代奥运会创办的初始动机,恰恰是为了避免工业社会技术的异化和人的主体地位的缺失,呼唤人的自然属性的回归。但百年奥运却走上了一条不断与科技结合, 直到对科技高度依赖的道路。这究竟是逻辑的困境,还是历史的必然?"

也许正是基于同样的认识、思考和忧虑,2008年8月8日开幕的第29届北京奥运会,在提出"科技奥运"口号的同时,还提出了"绿色奥运,人文奥运"理念。

也许,只有在"科技奥运,绿色奥运,人文奥运"的旗帜下,我们才能更加准确、全面地通过科学欣赏体育,通过体育理解科学。

这真是:

更快更高加更强，
奥运闪烁科技光。
绿色人文融合紧，
现代体育洁净康。

 注：

本文与李娜合作撰写，刊载于2008年第15期《科技导报》。

阡陌交通绘葱茏

　　"《交通天下：中国交通简史》（以下简称《交通天下》）是一部佳作，脉络清晰、图文并茂、通俗易懂。这一著作的付梓，不但有利于读者了解中国交通发展的主要脉络，也有助于弘扬交通人的自强精神，为交通强国建设增添力量。"《交通天下》一书2023年5月由人民交通出版社股份有限公司出版，原铁道部部长傅志寰院士欣然作序并写下上述评语。诚哉斯言！在我看来，这部恢宏的交通简史不仅概述了中国交通发展全貌，彰显了交通科技人文情怀，还探讨、研究了交通行业发展规律，展示了古今交通建设成就。

交通，随着人类文明的诞生而出现，伴随着人类社会的进步而发展。交通在国民经济建设、国家安全和社会发展中具有基础性、先导性、战略性地位，发挥着服务性、支撑性、牵引性作用，其发展史是人类社会发展史的一个缩影。中国出版的第一部综合性交通史著作，可追溯到1937年，年仅28岁的历史学家白寿彝先生撰写的《中国交通史》；但是，受时代的局限，该书关于现代交通的内容单薄。之后的半个多世纪里，国内虽然出版了不少有关交通史的著作，但往往是公路、水运、铁路、航空等行业专家学者各自编纂，其局限性、碎片化问题十分突出，使读者难以准确、完整、全面把握我国交通综合发展的历史脉络和全局面貌。

《交通天下》分上、下册，共23章，全书以交通发展为主线，按照中国各个朝代演进的时间坐标，重点论述交通发展史实、重大事件、建设成就及其演化特点，勾勒了交通从起源、形成到发展、瞻望的全景画面。在古代，交通通常只包括陆路、水路和邮路，现代交通则扩充至公路、水路、铁路、空路、管道五种方式，邮路则拓展至邮政和电信两个方面。"交通"一词的含义也由古时的"感通""通达""往来"等，演变至现代的"各种交通运输和邮电事业的总称"。今天，学者们更愿意将"交通"定义为"人和物的空间位移"，意蕴着通过基础设施、运输工具和运营服务使两地互相连通往来。

正是基于对交通认识的不断深化和交通行业领域的不断拓展，《交通天下》不仅纵向综述了古代辕车马道、驿道邮递、人工运河、茶马古道、传统营城、丝绸之路等颇具中国特色交通运输业的发展简史，横向总结了现代高速公路、高铁、航空、航天、城市交通的发展历程,还专门描述了桥隧、管道、港口、物流、绿色出行等新型交通形式的发展景象,更是在第十九章"宝岛交通"里专门介绍了我国台湾省的交通历史沿革和发展现状。品读《交通天下》,不由得感叹中国交通历史波澜壮阔,褒赞华夏交通图卷气势恢宏,欣喜神州交通事业蓬勃兴旺。

《交通天下》虽然探讨的是交通领域的科技、历史问题,但作者注重从政治、经济、文化、军事、社会以及对外交往等角度,探究交通事业发展与这些因素之间的互动、交融、共促关系,揭示交通发展的条件以及其中所蕴含的哲学思维和文化内涵,由此总结中国交通起源、形成、发展的基本规律。秦始皇扫六合、统天下后,制订"车同轨"法令,人、货运输成本得以降低,军队物资得以从全国各地快速调度。沟通海河、淮河、黄河、长江和珠江水系的大运河,不仅方便了南北数千里的水上往来和人货运输,还造就了运河沿岸的繁荣昌盛。古老的丝绸之路促进了东西方贸易往来、文化交流、宗教传播和文明互鉴,成为中国改革开放的滥觞。从明朝郑和七下西洋宣示皇权帝威,到清朝施行"封锁禁运"的闭关锁国政策,事实证明,不能顺应时代潮流的落后交通理念将极大地影响国运和民生。

正因为交通与政治、经济、文化、历史、军事、社会等紧密相连,以陆化普教授为首的编著者们写作视野宏阔、充满人文情怀,他们在交通主线中融入中国的传统文化、思想精华、艺术特质和创造能力,以饱满的激情褒赞"入川水道:逆流而上的纤夫行船","明修栈道,暗度陈仓:古代交通的神奇之作","挂壁公路:巍巍太行绝壁上的工程奇迹","沙漠奇景:塔克拉玛干沙漠公路","进藏天路:青川滇新入藏通道",以及"腾空延展的华丽玉带:城市与公路大型立体交叉设施",展现了中国人改善生存处境、营造"阡陌交通"、创造美好生活的不屈不挠、艰苦卓绝的奋斗精神和过人智慧。通过深刻反思与交通发展休戚相关的国家战略、政治制度、军事思想、商贸政策、城建规划、文化交流、科技发展、文明演进等，《交通天下》予以读者启示："交通是开路先锋、兴国之要、强国之基，必将为实现中华民族伟大复兴贡献力量。"

《交通天下》对新中国尤其是改革开放以来的交通发展历史轨迹和伟大建设成就做了全面深入的论述，这方面的内容主要体现在第十一章至第二十一章里。其中，第十七章"管道运输"拓展了读者对"交通"的认知，让人们对"中国油气管道运输的未来"充满期待；第二十章"文明跃迁"深化了读者对"交通"的理解，有助于强化人们对"城市交通绿色发展"的责任和担当。第二十二章"辉煌十年"更是讴歌了新时代"填补空白、创造奇迹，交通发展走向新高度"的丰功伟业，作为中国"名片"的"和谐号"动车和"复兴号"高铁、创造世界奇迹的盾构机、在铁路建设中大显身手的"昆仑号"运架一体机、南海"造岛神器"挖泥船，以及沟通世界的"一带一路"，无不彰显了中华民族不竭的创新精神、创造动力和博大情怀，读来令人精神为之一振，倍感骄傲自豪。第二十三章"继往开来"预示"综合交通进入一体化新时代"，人工智能、云计算、大数据等高新技术日新月异，给交通事业发展带来机遇和挑战，展示了构建现代综合交通运输体系、全面建成交通强国和现代化高质量国家综合立体网络的动人前景，让人欢欣鼓舞、激情澎湃。

《交通天下》一书的主要作者陆化普教授为清华大学交通研究所所长、博士生导师，他吸收了研究各种交通运输方式的历史学者的智慧，使图书更具科学性、权威性、综合性和准确性。全书每一章的标题均为四个字，如"源远流长""四海归一""商旅纵横""穿山跨海""飞天梦想"等，每一章的副标题精准概括本章内容；文字、语句可谓高度凝练、生动传神、文气十足，足见作者的历史文化底蕴和文学素养。全书图文并茂、通俗易懂，不仅是一部高水平的学术著作，也是一部优秀的科普图书。

略感遗憾的是，第十二章"高铁飞驰"在论及"中国铁路的百年巨变"时，提到了蒸汽机车、电力机车、动车和高铁，却没有提及磁悬浮列车，以"高铁飞驰"为总题似乎不十分恰当，修改为"列车飞驰"更为准确。第十五章"城市交通"甚至介绍了近些年才出现的电动车、共享单车，却没有给已经开始试运行、前景可期的"无人驾驶"一席之地；第十七章"管道交通"只是单纯介绍油气管道运输，却没有关注已突破概念设计的"真空管道列车"等新型交通运输形式。或许正是这些遗憾，给后继者续写《中国交通史》留下了更大的发挥空间。

品读《交通天下》，受益颇丰，感慨良多，特填《浪淘沙令》词一首，以表情怀。

橡笔话交通，
着墨情浓。
千年演化内容丰。
沥血呕心书简史，
气势恢宏。

阡陌绘葱茏，
巧匠勤聪。
创新创造贯始终。
文化科学融汇进，
华夏昌隆。

注：

本文刊载于2023年第3期《前瞻科技》中的《书阅科苑》栏目。

漫画科学传佳话

　　"我与《可怕的科学》科普丛书结缘于2009年,那一年我刚九岁,当时读到的是这套科普丛书中的经典数学系列,它们带着年幼的我去探寻这些数学问题的'前世今生',让我从此对科学产生了强烈的兴趣。" 2024年1月10日,《可怕的科学·漫画版》(以下简称《漫画版》)新书首发式在北京科学中心举行,作为青少年读者代表,孙治宇应邀讲述《可怕的科学》图书对他成长的影响。2018年,他以715分的高分,作为山东省烟台市理科状元,考入北京大学物理系;如今,孙治宇已是这所海内外知名高等学府的硕士研究生。

《漫画版》丛书于2024年1月由北京少年儿童出版社出版，它是《可怕的科学·经典版》的全新展现。阅读新书，我以为，这套青少年热切期待、寄予厚望的优秀科普丛书，至少有以下六个特点值得同行学习、借鉴。

一是用生动的故事普及科学知识。英国科普作家尼克·阿诺德在《漫画版》每一册里，都讲述了好几个吸引人的科学家故事，通过这种颇受小读者喜爱的方式，传播相关学科领域的科学知识。以《史前怪虫》为例，这一分册讲了三个有关科学家的有趣科学探索故事，分别是美国青年科学家斯坦利·米勒和哈罗德模拟地球初始环境探索生命起源的故事、澳大利亚地质学家霍金纳斯·斯普里格寻找石油的故事，以及澳大利亚科学院首位女性院长多罗西·希尔研究本地珊瑚化石的故事。这些科学家的故事文字简练、语言生动、幽默风趣、惊险刺激，作者娓娓道来、春风化雨、润物无声，小读者读来自然十分开心、不忍释卷、受益匪浅。

二是用有趣的插图解释科学知识。受年龄和理解能力等因素的限制，单用文字解释科学原理、科学现象、科学实验等，小读者阅读和理解常常会有一定的困难，此时，直观、形象、悦目的绘画就能帮上大忙。《漫画版》，顾名思义，绘画成为这套丛书的主体、特色和亮点。各分册插图均由英国漫画家托尼·德·索雷斯绘制，在这位天才漫画家的笔下，书中每个人物和动物性格各异、特征鲜明、表情夸张、便于区分，让小读者十分喜爱、过目不忘。对于有关科学知识讲解的插图，画家的处理更是别具匠心。以《奇奇怪怪的鱼》为例，该分册关于鱼的身体结构及其功能的插图，不仅将鱼的鳃、眼睛、鼻孔、嘴等各部位画得惟妙惟肖、格外仔细，还用文字一一对应予以详细讲解,让人一目了然、很快记住;而《珊瑚丛中众生忙》插图则用两个整页铺开绘制,构建了一个完整的海底生物链图,将围绕珊瑚丛生活的各种海洋生物之间的寄生关系表达得清清楚楚、明明白白。

三是用奇妙的实验强化科学知识。《漫画版》每一册都设计了"疯狂实验"一章,这些实验操作简单、效果奇妙,非常好玩。小读者按照书中说明,通过自己动手做实验,不仅可以掌握基本的科研技能、提高动手能力,更可强化对书中相关科学知识的理解和掌握。以《气象万花筒》为例,这一册有两个"疯狂实验":一是学习如何"建造水下火山",另一个是制造"瓶装的蓝天和橘红色的夕阳"。实验道具都是常用物品,比如玻璃碗、水壶、食品染色剂、塑料瓶、橡胶泥、水、牛奶、茶勺、手电筒等。实验方法简单易学,实验步骤安全可靠,实验效果高仿逼真,由此可模拟出自然界常见的气象景观。小读者做完这些实验后,对其中的科学知识自然印象深刻、融会贯通。

四是用烧脑的游戏巩固科学知识。游戏对小读者非常有吸引力,《漫画版》充分利用游戏的优势,寓教于乐,设置的"智力游戏"虽然如同老师课后布置的家庭作业,但是学生并不感到厌烦,而是积极参与、乐此不疲。一个个知识点,经过反反复复游戏训练后,孩子们脑洞大开,学到的科学知识得以巩固。以《亦敌亦友的动物家族》为例,读者以掷骰子方式玩"疯狂迁徙"游戏,可进一步了解各大洲的动物分布,继而加深对本册图书所讲科学知识的印象。

五是用适当的问答检验学习效果。有些"智力游戏"就像一张张考卷,里面都是一个个烧脑的问题,每个问题都与本册图书中所讲的科学知识有关,以此检验读者的学习效果。当然,所有问题都附有答案,并藏在每册图书的最后一页,这是希望读者先思考,不要忙着看答案。如果你实在是答不上来,那就对照答案找问题和差距吧！以《潜入深海》为例，作者给出的问题有："海参可以通过屁股呼吸。真的？假的？""抹香鲸的肚子里发现了大王鸟的喙。真的？假的？"这些问题新颖、有趣、刁钻，可谓别具一格。

六是用聪明的设计扩充科学知识。《漫画版》每一册都很薄，正文只有38页；每一册都只涉及一个学科领域、几个知识点，阅读起来毫不费力。不像有些厚厚的科普图书，尚未捧卷，读者已望而生畏，知难而弃了。据悉，《漫画版》全套图书共有81册，首发式第一辑只亮相了37册，剩下的44册将在年内全部出齐。常言道，积少成多，集腋成裘。想想看，若把这套丛书81册全部读完，你掌握的科学知识该有多丰富？

"非常感谢北京少年儿童出版社给我的童年和少年时代带来如此优秀的科普读物，很高兴，也很感动在今天这个短视频无比发达的时代，《可怕的科学》又以崭新的形式和今天的孩子们见面，为他们带来科学的滋养。"孙治宇结束时的感慨，想必代表了广大少年儿童读者的心声。我想，这也应该是北京少年儿童出版社全体员工的初心所在、使命所在、欣慰所在。

有感于斯，特填《点绛唇》词一首，祝贺《可怕的科学·漫画版》第一辑面世，同时表达对该套丛书全体创作人员、编辑出版人员的深深敬意。

漫画科学，
轻松阅读无难怕。

知识横跨，
动脑争学霸。

开窍思维，
心智游天下。

孩童讶，
潜移默化，
科普传佳话。

注：

本文刊载于2024年第3期《中国科技教育》中的《开卷有益》栏目。

火星冒险乐孩童

　　一接到火星学校的录取通知书,聪明伶俐、调皮淘气的皮皮就迫不及待地带上三个智能机器猪小伙伴,乘坐"天问十号"宇宙飞船前往火星,开启了一段惊心动魄、奇妙无比的火星之旅。在火星学校,皮皮他们将遭遇什么样的风险?狡猾的火星狼族又会给他们制造什么麻烦?皮皮他们最终能从火星学校顺利毕业吗?认真阅读《皮皮历险记之火星大冒险》丛书,你就能从书中找到上面这些问题的答案。

《皮皮历险记之火星大冒险》丛书于2023年4月由化学工业出版社出版，总共有4册，分别是《火星，我来了》《冰湖里的怪物》《皮皮大战火星狼》和《火星学校的毕业典礼》。丛书采用绘本形式，图文并茂。勇敢乐观的皮皮、憨态可掬的智能机器猪、凶猛笨拙的火星狼、博学睿智的火星学校校长，个个造型可爱，让人印象深刻。

火星是太阳系的八大行星之一，是八大行星中除金星以外距离地球最近的行星，它也是太阳系中与地球环境最为相似的天体之一，吸引着人类前去探索。

人们想知道，火星上面是否存在着生命？地球一旦不再适合人类居住，我们能不能移民火星？

《皮皮历险记之火星大冒险》丛书满足了人们对火星的好奇心和探索欲，故事情节虽然简单，但内容却非常有趣，每一册都留下了悬念，吸引人往下阅读。每当遇到困难和挑战，皮皮和他的智能机器猪小伙伴们总能想出巧妙的办法予以解决，其中不乏令人紧张冒汗、捧腹大笑的场景。不用说，这是一部专门为3到10岁小朋友打造的天文科普漫画图书，读起来一点也不费力气。

《火星，我来了》讲述皮皮和小猪伙伴们从地球乘宇宙飞船出发，来到火星学校学习、探索，了解火星和地球的相似与不同之处，感受宇宙的浩瀚和神秘。在《冰湖里的怪物》中，皮皮一行在火星上寻找水资源，学习在火星环境下提炼水的技术，不料却在冰湖上遭遇怪物，紧张刺激的场面随即出现。《皮皮大战火星狼》把故事情节推向高潮，皮皮和小伙伴们被火星狼围攻，形势万分危急。《火星学校的毕业典礼》中的故事情节发生了大反转,走投无路的狼族最终被火星学校收留,与皮皮他们一起共同建设美丽的火星。这套科普丛书注重寓书于教、寓教于乐,在生动有趣的故事情节中巧妙地融入科学知识,让孩子们在愉快的阅读体验中,懂得团结协作的重要性,增强包容、关爱意识,懂得珍惜友谊,学会如何与不同的人和谐相处。

编创者善于在书中人物的对话过程中进行科普,让孩子们在潜移默化中学习科学知识。在《火星,我来了》中,皮皮他们登上宇宙飞船,猪小妹朱茉莉说道:"不是什么时候都可以去火星的,大约每26个月才有一次好的机会。"这是因为,大约每隔26个月就会出现一次火星冲日天象,火星这个时候离地球比较近,人类就可以用比较少的花费将探测器送往火星。因此,每过26个月,地球上的人类就会掀起一阵火星探测高潮。

这套丛书的每一册图书都给小读者提供了若干个硬核知识点。《火星,我来了》专门介绍了什么是"宇宙飞船和运载火箭""火星的大气层"和"火星的生态环境";《冰湖里的怪物》普及了"火星表面的重力"和"火星上的水资源"等;《皮皮大战火星狼》解释了"火星车的动力来源",以及"在火星上如何传递信号";《火星学校的毕业典礼》则专门讲解了"人类为什么要探索火星""飞船如何在火星起飞",以及"在火星建基地的注意事项"。孩子们在父母的指导下,不仅可以学习、掌握这些有趣的火星知识,同时还能增进与父母之间的感情。

《皮皮历险记之火星大冒险》丛书由中国科学技术馆组织编绘,故事中的人物形象源自具有自主知识产权"皮皮"这一深入人心的文创产品。2017年6月,中国科学技术馆一群富有激情和创意的年轻人,给孩子们倾情奉献了精彩纷呈的大型原创互动科幻童话剧《皮皮的火星梦》;2020年8月,又启动拍摄了同名科幻电影《皮皮的火星梦》，并在中国科学技术馆公映；2022年，又举办了以"皮皮"为主题的微型展览。阅读《皮皮历险记之火星大冒险》丛书的小朋友，不妨到中国科学技术馆参观，观看《皮皮的火星梦》舞台剧和特效电影，进一步感受"皮皮"和他的小伙伴们的魅力。

喜读《皮皮历险记之火星大冒险》丛书，特填《少年游》词一首，以示褒赞，以表祝贺。

默化潜移中。
硬核有趣，
图文并茂，
广阅使人聪。
科普出版提素质，

环宇理相通。
和谐共处，
皮皮斗狼，
嬉戏获知丰。
火星冒险乐孩童，

注：

本文刊载于2023年第11期《发明与创新》（小学版）。

十万答题秀贵州

　　"贵州从何而来？""为什么贵州'天无三日晴,地无三尺平'？"2024年1月20日上午,应上海少年儿童出版社邀请,在贵州省委大楼参加"《十万个为什么·贵州》系列图书编辑出版方案论证会",见证贵州省科学技术协会与少年儿童出版社举办战略合作备忘录签约仪式。

《十万个为什么》系列图书是影响了几代中国人的优秀科普启蒙读物,由少年儿童出版社出版,至今已出版6个版本,被誉为"共和国明天的一块科学基石",荣获出版界的多项殊荣。目前,围绕"科学、新知、探索和发现",该品牌已形成涵盖图书、期刊、电子出版物、舞台剧、主题馆、动漫、短视频、网络平台、教育培训和科技活动等融媒体的少儿科普产业链。

我接触科普图书就是从阅览《十万个为什么》开始的。20世纪70年代初,我和哥哥用三个馒头从同学手中换得一小箱图书,里面就有好几册第一版的《十万个为什么》。我尤其喜欢数学分册,对里面有关速算的内容最感兴趣。

《十万个为什么·贵州》是该品牌的创新拓展,将保持《十万个为什么》原书风格,坚持"大读者写小文章",内容紧扣贵州地域特点和时代特色,推出青少版、成人版、旅游版图书,系列短视频,研学课程,等等。按照策划方案,2024年六一儿童节期间,《十万个为什么·贵州》系列图书4册将面世,它们分别是:《十万个为什么·缘起贵州》(自然地理类)、《十万个为什么·灵动贵州》(生态环境类)、《十万个为什么·云上贵州》(科学技术类)、《十万个为什么·多彩贵州》(人文历史类)。

作为论证专家,我希望《十万个为什么·贵州》系列图书精选问题,突出贵州特色,处理好科学与人文的关系,加强后续营销宣传,发挥好《十万个为什么·贵州》的引领、示范作用,认真总结经验,稳步向其他省(自治区、直辖市)推广、拓展。

有感于少年儿童出版社的勇于创新、开拓进取,不断延长《十万个为什么》产业链,特填《浣溪沙》词一首,以示祝贺,以表情怀。

蓝图已绘事绸缪。

一省示范引风流。

多彩高原彰特色,

专家论证智全收。

品牌科普又新牛,

十万答题秀贵州,

我曾三次造访贵州,最近一次是2018年在遵义干部学院参加培训,来贵阳也是12年前的事了,参观过黄果树瀑布、西江千户苗寨、遵义会议和苟坝会议会址。因当天下午要赶到杭州参加"第二届'6+6'主题出版论坛暨高水平出版智库建设与学科发展研讨会",这次没有时间在贵州游览其他风景名胜,甚为遗憾。

在飞往杭州的飞机上,神游黄果树瀑布、荔波樟江、斗篷山、龙宫、茅台镇、百里杜鹃、马岭河峡谷、梵净山等贵州知名风景名胜,看今朝贵州不甘落后、奋起直追,不由得心潮澎湃,遂信手填得《江城梅花引》词一首,点赞贵州,以表情怀。

龙洞幽。

斗篷奇,

荔波秀,

黄果树雄铺瀑布,

胜景美多优。

多彩高原,

要何由?

为何由?

寻章索句赞贵州。

洞幽。

洞幽。

苗汉牛。

侗女柔。

荆楚讴。

百里杜鹃，

染马岭，

情韵难收。

赤水茅台，

乘兴醉诗游。

梵净禅音羞自大，

黔奋进，

帜新举，

愿慰酬。

注：

本文刊载于2024年2月9日《科技日报》中的《文化》栏目。

细品海鲜情味道

　　2023年12月10日,在浙江温州参加"从田园牧歌到星辰大海——十二城记·无限大事场"科普活动后,热情的主人带我们到当地最大的大排档品尝海鲜。享用完美食后回到酒店,阅读随身携带的《东海寻鲜》一书,别有一番滋味涌心头。

《东海寻鲜》献给读者一桌海鲜美食的盛宴，一次海洋文化的巡礼，一场渔业科普的讲座，一幅故乡美景的图画。

《东海寻鲜》是女作家王寒写台州美食的又一力作，2023年4月由浙江人民出版社出版，全书分"东海至味""生猛海鲜""虾兵蟹将""盔甲战士"4部分，40篇散文构成了一桌海鲜美食的盛宴，一次海洋文化的巡礼，一场渔业科普的讲座，一幅故乡美景的图画，让人满目生悦、满口生香。

东海常指长江口以南、台湾海峡以北的海域，濒临上海、浙江、福建、台湾一带。王寒是浙江台州人，从小在东海边上长大，这里不仅有中国最多的岛屿，还有最美最鲜的海味，"海鲜"已融入她的血脉和基因。在王寒的记忆里，"先呛猪油，再入姜块、蒜块，倒黄酒、酱油，下红糖，这样烧出来的(鲻鱼)汤汁格外鲜甜醇美，鱼肉肥厚入味。""海蜒冬瓜汤，更是胜过鳖裙羹。"

读王寒第一次吃石斑鱼的经历，就能勾起读者身体里的无数"馋虫"。"一大锅石斑鱼端上来，块块鱼肉像白玉，鱼汤像牛奶，雪白浓稠，还有碧绿的葱团，土黄的姜块，翻滚在汤间。石斑鱼没有细刺，吃得过瘾，有时吃到一块胶质的鱼肉，感觉嘴唇都要被粘住了……"单读这些文字，就能让人嘴角流涎。真可谓是"人间烟火中让人垂涎的大海滋味"。

如果只是让人"大饱口福"，那并不是王寒写《东海寻鲜》的本意，读这本饶有趣味的图书，随处都能感受文化的气息，让人回味无穷。鲥鱼扁首燕尾，清雅秀美，风姿绰约。但是，这种海鱼多刺，性格刚烈，离开了水，就香消玉殒。作者由此联想到："人世间，越有才华的人越有个性，是谓恃才傲物、桀骜不驯。江河湖海中，越是肥美的鱼，越是刺多，骨子里也有清高孤傲。"

青蟹煮酒,谈古论今,旁征博引,史料佐餐,海阔天空,文化入味。在闽南话中,"鲨"与"好"同音,因而讨得口彩,常用作婚宴食材,取新婚夫妇百年好合之意。"此外,鲨产卵众多,也包含着多子多福的祝福。"鲨尾似利剑,王寒告诉读者,台州温岭石塘一带渔民,常挂鲨壳尾巴于家中,就像钟馗持剑,以斩刺恶魔、驱赶邪气。

《东海寻鲜》不仅写"海鲜",还涉及许多与"海鲜"有关的台州谚语、民谣等,读来令人莞尔。如"沙蟹爬进盐堆",嘲笑某人自找苦吃;如果要形容一个人立场不坚定,常常左右摇摆,用谚语"沙蟹两头爬"就再恰当不过了。马鲛鱼刺少肉多,鱼骨头油炸过后,酥香无比,台州人习惯用"马鲛鱼——嘴硬骨头酥"这句歇后语,来形容"刀子嘴豆腐心"的人。

"'六月六,蟹晒谷'……农历六月,青蟹已至青春期,虽然还没有完全成熟,但好动异常。滩涂里、礁石缝中的青蟹,耐不住酷热,从洞里钻出来,横着肥硕的身子,成群结队地在滩涂上爬行,像旧时农民晒谷一样。"《东海寻鲜》仿若一场精彩的海洋科普讲座,作者娓娓道来,不经意间给读者传授了不少渔业方面的知识。

"一笼白蟹悦皇亲,台州如何到南京?"对此,王寒猜测"用木屑保鲜的可能性很大。"她判断的依据是:浙东沿海一带渔民,过去都是将白蟹埋入厚厚的碎木屑下,通过喷水保湿,以防白蟹脱水而保鲜。

《东海寻鲜》精选清代画家兼生物爱好者聂璜所绘《海错图》中的插图,配以海鲜食材活物图片和精美渔业摄影图片,可谓图文并茂,艺术味道十足。在《东鲨晴,西鲨雨》这篇文章中,王寒还专门写到了石塘老渔民陈祥来创作的鲨壳画,为读者展示了海洋艺术的魅力。

早年,石塘一带鲎很多,渔民用鲎壳当水瓢、饭勺。一日,陈祥来突发奇想,尝试在鲎壳上作画。鲎壳表面光滑,壳内却遍布褶皱,褶皱里还留有残肉,在鲎壳上作画,可比在宣纸上作画难多了。于是,"祥来买来专业的电动洗牙工具,清理、消毒、风干、晾晒、装裱、加固,一整套程序完成后,开始打谱作画。祥来的工作室,挂着一排鲎壳脸谱,色彩艳丽,表情夸张,远看是净旦生末丑,近看有虾兵蟹将、猛虎雄狮,用色如凡·高一样大胆。"

千百年来,东海民众与海鲜结下了不解之缘,"鲥鱼的鳞片成了佳人额上的花钿,东海的鲛鱼皮装饰了英雄豪杰的刀鞘,龙虾的空壳化身为美轮美奂的明灯,鹦鹉螺成为华美的酒杯,流螺成为唐宋宫廷幽幽的暗香……"海鲜不仅丰富了人们的餐桌,还装点了人们的生活。

谁不说咱家乡美!王寒也不例外,《东海寻鲜》烹饪出的家乡味道充满暖意和温情。定居杭州后,作者与海的距离远了,因为事务繁杂,王寒回老家的次数也少了,但是,"每到春天,草木蔓发,春山可望,我总要来一盘海蛳,那是春天和大海的双重气息,还有余韵流长的故土气息。"在王寒的心中、笔下,"所谓故乡的味道,就是故乡的风物、气息、口味、过往的岁月以及挥之不去的乡愁,共同聚成的味道。"

"人间有味,是味道的味。"喜读美作,神清气爽;细品佳篇,余香缭绕。掩卷沉思,无限感慨,谨填《浪淘沙令》词一首,以示褒赞,以表情怀。

吃货口垂涎，
东海寻鲜。

亲朋欢聚美食研。

烹饪家乡情味道，
书溢香甜。

文化佐炊烟，
诗绪缠绵。

新知渔业绘笔宣。

科技人文融会贯，
醉品佳篇。

注：

本文刊载于2023年第12期《中国科技教育》中的《开卷有益》栏目。

示范权威增慧聪

　　《图说身边的生物》丛书由安徽美术出版社于2023年12月出版，丛书包括《图说身边的生物》上、下两册，和两册与之配套的《科学任务单》。这是一套诚如张劲硕博士所言的博物学类科普图书，不仅适合中小学生课外阅读，同时也适合中小学科学教师辅导借鉴，值得宣传、推荐。

> 了解生物,就是了解生命,就是了解我们人类自己。这正是《图说身边的生物》想要传达给孩子们的核心理念。

生物是自然界中最令人陶醉的事物,从仅由原生质体和细胞壁组成的微小植物细胞,到五官齐全、四肢发达、的非洲河马;从婴儿初到人间的第一声啼哭,到临终前大象悲戚无助的哀鸣;从土壤中细长蚯蚓不知疲倦地向前蠕动,到蓝天中五彩斑斓的蝴蝶迎风起舞;这些形形色色的生命现象,无不让人感到神妙、有趣。那么,了解生物,尤其是了解身边的生物,到底是为了什么?在植物科普作家史军博士看来,"从身边的生灵当中,找到属于自己的生命之美,找到属于自己的关于幸福的终极答案,这恰恰是博物学这门'无用之学'能够带给我们的宝贵财富。"换句话说,了解生物,就是了解生命,就是了解我们人类自己。这正是《图说身边的生物》想要传达给孩子们的核心理念,也是科学教育的初心和使命。

《图说身边的生物》选取了10个自然场景作为叙说话题,每个场景都选取孩子们身边常见的4种生物——2种植物和2种动物。全书总共介绍了20种常见动物如蚊子、萤火虫、蚯蚓、青蛙、蝴蝶等,20种常见的植物如水稻、荷花、芦苇、猪笼草、爬山虎等,让小读者通过观察、了解身边这些常见的生物,来认识生命、探究生命、理解生命,培育其科学、健康的生命观、自然观、世界观,继而学会尊重生命、呵护生命、敬畏生命,学会与自然万物和谐相处,就像张劲硕博士所说的"成长为一个正常的人,成为一个'博学、博爱、博雅'之人,一个有血有肉、有灵魂之人。"

《图说身边的生物》的另一大特色是发挥了作者的智慧和优势,使图书内容更具代表性和权威性。丛书主编陈宏程老师是全国首批高级科技辅导员,曾连续四年带领学生参加全国科普日北京主场活动，享有"全国十佳科技辅导员""北京市十佳科技教师"之美誉。副主编康耘、王鹏都是具有丰富科学教育经验的一线教育工作者。

丛书由遴选出的北京市优秀中小学生作者创作每种生物的故事，由北京市科学教育名师撰写相应的生物科学知识，由著名科普漫画创作团队"大山楂丸船长"绘制书中插图，由专业摄影师提供精美的动植物照片。学生创作故事时天马行空、想象丰富，充满了对大千世界的好奇，对生物生长奥秘的探索，对生命现象的思考。例如，北京市育英学校的学生写动物猫时，自然而然地联想到了"薛定谔的猫"，文章的知识面立刻拓展，眼界立马提升，令人刮目相看。指导教师普及生物知识严谨、科学、细致、耐心，不仅给孩子们传授科学知识，还教授孩子们基本的生活技能。例如，读指导教师撰写的"以饭为名：水稻"一节中的科普内容，孩子们不仅可以获取与水稻相关的基本知识，还能学会为家人蒸米饭，干一些力所能及的家务。指导教师还配合书中内容专门录制了30节视频课，小读者通过扫描二维码可免费观看，并可按照指导步骤独立完成一个个科学实践任务。

《图说身边的生物》每一章结尾处还设有"名词解释"板块，这不仅是对相关知识点进行通俗易懂的解读，更是对本章科学知识的巩固和深化，可谓一石多鸟。和其他众多的科学教育图书相比，这套科普丛书的编创形式十分独特，颇具创新性和示范性。

读过法布尔《昆虫记》的人都知道，这是一部严谨的自然科学笔记，作者将他在荒石园中观察、研究、思索的一点一滴，用手绘图文方式记录下来，成就了一部不朽的科普名著。《图说身边的生物》丛书中的两册《科学任务单》，效仿法布尔《昆虫记》的创作手法，内容设计独具匠心，有利于孩子们进行基础科学训练。

科学知识、科学思想、科学方法、科学精神,构成了科学教育的完整内容体系。小读者通过阅读《科学任务单》,可以学习、掌握如何观察各种生物,如何绘制动植物标本,如何开展实地科学调查,如何撰写自然考察报告,并在上述基础上学会如何思考、提出问题。

《科学任务单》以思维导图、访谈报告、问卷调查、科普身份证、科学项目建议书等形式,给孩子们布置课外阅读、实践作业,鼓励他们在认真阅读丛书的同时,勤观察、勤记录、勤总结、勤思考,不断训练自身的科学思维,不断提升自身的科学素养,掌握相关的科学方法,培育优良的科学精神,养成善于提问、敢于质疑、勇于创新的科学习惯,继而为未来成长打下坚实的科学基础。

优秀的科普图书一定在内容和形式上达到完美统一、高度和谐,不仅普及的科学知识准确凝练,语言通俗易懂,内容生动吸睛,而且形式上也应该喜闻乐见。《图说身边的生物》丛书开本大气,封面清新雅致,插图直观震撼,文字通俗有趣,正文排版新颖时尚,装帧质量上乘,融科学性、艺术性、趣味性于一体。真可谓,一书在握,爱不释手。

每个人孩提时期都对大自然充满了好奇,对未来充满了幻想,科学教育的目的并不是要把每一个孩子都培养成科学家,而是要让他们保持对大自然的热爱、对未知世界探索的激情,成长为具备科学素养、对社会有用的人。

阅读《图说身边的生物》丛书,相信读者们能从中感受自然之美,了解生物之奇,领悟生命之珍,体会科学之妙。有感于斯,特填《破阵子》词一首,以示褒赞,以抒情怀。

图解身边生物，
科学教育情融。
仔细观察勤记录，
培养爱心重启蒙。
和谐求大同。

名教领衔编撰，
图文并茂容丰。
参与多方彰特色，
示范权威增慧聪。
孩童悦趣浓。

注：

本文刊载于2024年第4期《中国科技教育》中的《开卷有益》栏目。

第四篇

人文·情怀

趣话循循传理道

　　汪品先院士于2022年11月在上海科技教育出版社出版的科普新作《科坛趣话——科学、科学家与科学家精神》（以下简称《科坛趣话》），用翔实的史料、生动的趣闻、优美的文笔，探讨科学的真谛，发掘科学家丰富的内心世界，阐述科学与艺术之间的关系，展示科学家精神内涵，可谓新意满满、妙语连连，令人眼前一亮。

《科坛趣话——科学、科学家与科学家精神》用翔实的史料、生动的趣闻、优美的文笔，探讨科学的真谛。

《科坛趣话》为公众提供了认识科学家的新视角。图书开篇即为《科学家的错误》，在汪老看来，"尤其是涉及源头创新的重大科学问题，最初的各种想法多数都是错的"，因此，欲想"深入了解科学家，就要从他们的错误讲起。"书中讲述了许多科学家犯错误的有趣的例子。比如，"不但准确预测了彗星周期，而且对月球运动加速等做出了大量发现"的18世纪著名天文学家埃德蒙·哈雷，当时就主张今天看来非常荒谬的"地球是空心的"观点；曾任英国皇家学会会长、《天演论》原作者赫胥黎，曾误将深海软泥与酒精反应所产生的硫酸钙当成是"原始生物"，据此还以为找到了生命起源的直接证据。关注"科学家的错误"，一方面说明科学研究是一个不断探索、不断纠错、不断深化的过程，认识上出现偏差乃至错误在所难免，另一方面也说明攀登科学高峰的艰难困苦，出现选错方向、走错路的问题也在情理之中。从这样的视角认识科学家，有利于人们理解科学家的失误，甚至失败和错误，为创新发展营造宽容的文化氛围和理性的科研环境。

《科坛趣话》揭示了科学家成功的新奥秘。在第二章"科学家的争论"里，汪老指出，"科学鼓励怀疑，欢迎挑战，于是科学的历史就成了争论的历史"，由此道出了学术争鸣在科技创新中的重要作用。人们对宇宙的认识，就是从"日心说"和"地心说"之争开始的。自20世纪60年代始，"气候为何变暖，新冰期何时来临"的争论在科学界一直延续至今。"可贵的是，科学家的远见卓识可以超越'主流'，提出事后才会得到证明的不同认识"。因此,成功的科学家善于独立思考,敢于坚持自己观点,勇于挑战学术权威。"科学争论之所以有意义,就在于有人不跟风、不盲从",有足够的智慧和勇气,站在真理这一边。"第三章"通过分析"科学家的性格",汪老揭示了科学家成功的新奥秘——"回顾这些大科学家的生平,有一点是他们成功的共同规律:战略家的眼光。只有看准了方向并且坚定不移,才能取得胜利。"因此,"科学家的成功,不能单靠'低头拉车',更要学会'抬头看路',才能走上学术突破的创新之路。"

《科坛趣话》提出了关于科普工作的新见解。汪老认为,"真理本身永远是简单的,然而只有炉火纯青的研究者,才能用简朴而生动的语言解释自己的见解。"第四章"科学家和艺术"不仅阐述了"科学和艺术'本是同根生'",有共同的源头,"是池塘里开放的并蒂莲花",而且还以"文艺复兴旗手"达·芬奇、物理学家爱因斯坦、《寂静的春天》的作者蕾切尔·卡森等著名科学家为例,提出了有关科普工作的新见解。比如,《寂静的春天》一书的出版,引发了世界各国公众对环境问题的关注,促使联合国讨论通过《人类环境宣言》,开启了全球性的环境保护事业,成为科学家从事科普工作的范例。汪老据此强调,"科普既是为大众,也是为科学家自己,是创新文化的必需品",并疾声呼吁"中国太需要具备'两栖'能力的科学家和作家,在当代科学和传统文化之间架设桥梁。"

《科坛趣话》展现了人类认识世界、看待生命的新角度。第五章"科学家和视野"介绍了各种科学趣闻,指出人类的视域不仅决定了认知的高度,还决定了处世的胸怀。借助电子显微镜、天文望远镜、深潜器、粒子加速器等现代高新科学仪器,科学家可突破自身认知的局限,仰观宇宙之宏大,俯察生命之繁盛,深探海底之奥秘,细究粒子之精微,不断发现"意料之外"的现象,通过研究、探索得到

"情理之中"的解释,从而推动科学进步和社会发展。第六章"科学家和寿命"解析了人类与时间的关系,指出相较于空间,人类的认知受时间的限制更为严重,科学发展深化了对寿命的理解,揭示出生命现象超出想象的变化。为此,汪老谆谆告诫"珍惜生命,更要珍惜生命的质量和生命的价值。"这些真知灼见无疑将深刻影响读者的世界观、价值观和人生观。

拜读《科坛趣话》,受益良多,感慨万千,特填《浪淘沙令》词一首,以表褒赞情怀,以示推荐心意。

汪老著鸿篇,
耳目一鲜。
真知灼见妙文连。
趣话循循传理道,
似饮甘泉。

发展创新牵,
思索无边。
质疑争论探前沿。
文化科学融会进,
腾跃冲天。

 注:

本文刊载于2023年4月22日《解放日报》"解放书单"专版。

诗意人生颂科学

郭曰方常年坚持科学诗创作，成果丰硕,《科普创作》杂志第四期开设"郭曰方科学诗笔谈"专题,可谓高瞻远瞩。我认为,郭曰方的科学诗具有把握时代脉搏、紧扣科学主题、感情真挚丰沛、文字朴实优美等特点,分析、总结他的创作经验,对促进科学诗乃至科学文艺发展,意义重大。

> 郭曰方创作的科学诗牢牢把握住了时代发展的脉搏，反映了时代的呼声，体现了时代的需要，激起了广大民众的共鸣。

一是把握时代脉搏，反映民众心声，彰显了郭曰方科学诗的使命担当。郭曰方1964年从郑州大学毕业后，分配到对外经济贸易部工作，不久即赴中国驻索马里大使馆担任外交官，负责援建项目管理；1977年调至中国科学院，先后担任方毅副总理秘书，中国科学院信访办公室主任，中国科学报社总编辑，中国科学院京区党委副书记、机关党委书记等职。他的工作主要是与科技工作者及科学家打交道，见证了自"文革"至今几乎所有重大科技事件，创作的科学诗牢牢把握住了时代发展的脉搏，反映了时代的呼声，体现了时代的需要，激起了广大民众的共鸣，受到读者喜爱。

1978年3月18日，全国科学大会在人民大会堂召开，时任中共中央副主席、国务院副总理邓小平发表重要讲话，指出四个现代化的关键是科学技术的现代化，着重阐述了科学技术是生产力、知识分子是工人阶级的一部分这一重要观点。"科学的春天"终于来临。在拨乱反正、治理整顿的特殊历史时期，作为主管科学教育工作的方毅副总理的秘书，郭曰方为中国科学院科研工作的恢复和发展做出了应有的贡献，他既是"科学的春天"见证者，又是耕耘者，自然对这一来之不易的"春天"有着特殊的感情，因而格外珍惜。在他创作的众多科学诗中，曾多次写到"科学的春天"，如《邓小平与科学的春天》《春天的故事》《从春天的原野出发》等。

"1978年3月18日，/初春的阳光，/那样热情而温暖地/抚摸着，/北京的每一扇窗棂，/每一条小巷。/那位从风雪严寒中，/走出来的老人，/此刻，正迈着矫健的步伐,/踏上人民大会堂的台阶。/这一天,/他将用那双指挥过千军万马,/南征北战的大手,/为共和国的科学史诗,/揭开崭新的篇章。"[摘自《科学精神颂》(长诗)第六章"春天的故事"]这是诗写全国科学大会的点睛之笔,生动阐述了邓小平在"砸碎"套在广大知识分子头上的"枷锁"、极大地推动生产力解放、促进科学技术发展中所发挥的巨大作用,是对邓小平这位科研人员"后勤部长"的由衷礼赞。

2018年,为庆祝改革开放40周年,他又满怀豪情地写下了这样的诗句:"我们不会忘记 40年前/科学攀登的千军万马/从春天的原野出发/在神州大地 山呼海啸般荡起/振兴中华 那气壮山河的呐喊/我们更不会忘记/那位播种科学春天的老人/曾用铿锵洪亮的四川口音/在人民大会堂/庄严地发出/科学技术是第一生产力的/历史性宣言/今天 当我们从十九大的会场/再次出发 抚今追昔/又怎能不感慨万千/科学春天播下的种子/已经花开满枝 硕果累累/科学技术的腾飞/让一个曾经被屈辱被压迫的民族/终于 在全世界的目光中/挺直了腰杆 仰起了笑脸"(摘自《从春天的原野出发》)。当社会上时常出现质疑改革开放的杂音时,郭曰方赞美"科学的春天"的这些诗句,无疑是对其最好的回应和反击。

2000年6月5日,中国科学院第十次院士大会暨中国工程院第五次院士大会召开,时任中共中央总书记江泽民发表重要讲话。他指出:"应形成全国方方面面共同促进科学发展的良好气氛,应在全党全社会大力弘扬科学精神,普及科学知识,树立科学观念,提倡科学方法。弘扬科学精神更带有根本性和基础性。有了科学精神的武装,大家就会更加自觉地学习科学知识,树立科学观念,掌握科学方法。"在这之前的1995年5月6日,中共中央、国务院颁布了《关于加速科学技术进步的决定》，首次提出在全国实施科教兴国战略。而大力弘扬科学精神，在全社会形成讲科学、学科学、爱科学、用科学的良好氛围，则是落实科教兴国战略的重要举措。受江泽民总书记重要讲话和科教兴国战略的鼓舞，应广西科学技术出版社约请，郭曰方联合著名作家郑培明立刻着手为青少年创作一首讴歌科学精神的长篇抒情诗。他们利用节假日和晚上搜集资料、构思框架、捕捉灵感、遣词造句，终于如期完成了《科学精神颂》这部长达4 000多行的长诗，并于当年12月由广西科学技术出版社出版。

《科学精神颂》具有时间跨度大、涵盖科学内容广、涉及科技事件多、描写科技人物精等特点，作者以气势恢宏的笔触、跌宕奔涌的激情，讴歌了我国科技事业发展波澜壮阔的历程，以及几代科技工作者前赴后继、卧薪尝胆用热血和生命创造的辉煌科技成就，彰显了广大科技工作者的崇高品质、爱国情怀和奉献精神。评论家们认为，这是新中国的一部科学史诗，在实施科教兴国战略、大力弘扬时代精神的当下，对激励广大民众，尤其是青少年关心祖国科技发展、投身科技事业，具有重要的教育意义。

郭曰方认为，科学诗人应该以提高全民族的科学文化素养为己任，以强烈的社会责任感、使命感，满腔热忱地关注科学新发现新成就、技术新发明新进展，以诗的形式向公众宣传科技人物、弘扬科学精神、普及科学知识、倡导科学思想、传播科学方法。2006年1月9日，时任中共中央总书记胡锦涛在全国科技大会上宣布中国未来15年科技发展目标：2020年建成创新型国家，使科技发展成为经济社会发展的有力支撑。其时，中国探月工程已经启动，2007年10月24日，"嫦娥一号"成功发射升空。郭曰方闻讯，激动地连夜赶写了《科学，让中国人实现了千年梦想》这首诗，热情讴歌了中国航天事业的骄人成就和"特别能吃苦、特别能战斗、特别能攻关、特别能奉献"的载人航天精神。在这首诗中,他对我国首颗绕月人造卫星升空探月进行了"实况"转播,可谓现场感十足、时代感浓郁、自豪感强烈。"看吧 当喷薄耀眼的火焰/蓦然间 托举着中国的长征火箭/冲天而起 当'嫦娥一号'卫星/旋转着优美的舞姿 频频回首/依依惜别 亲爱的故乡/顿时 欢呼声掌声鞭炮声响彻云霄/在神州大地 卷起排山倒海的声浪/啊 骄傲和自豪 在人们胸中燃烧/兴奋和泪水 在人们脸颊上流淌/此刻 全中国的父老乡亲都举起/森林般的手指 为'嫦娥一号'/挥泪送别 那千年寻梦的轨迹啊/如此光芒四射地划过长空/牵动着全世界惊喜的目光/也写下中华民族 万众一心/自强不息 实现伟大复兴的热望"。

以习近平同志为核心的党中央高度重视科技工作, 党的十九大提出了建设世界科技强国的目标,描绘了建设社会主义现代化强国的宏伟蓝图,强调创新是引领发展的第一动力,为新时代科技工作者创造了前所未有的广阔天地,搭建了开拓创新的宽广舞台。郭曰方在最新出版的《亲爱的祖国》诗集中,再次用诗句憧憬了中国科技发展的美好未来,又一次吹响了向世界科技强国进军的集结号:"科学攀登的道路 坎坷崎岖/前方 依然耸立着万水千山/科学探索的航船 风云万里/远方 依然蜿蜒着激流险滩/既然 历史选择了我们/注定成为 科学攻关的战士/任凭关山万重 风云变幻/又岂能阻挡 我们勇往直前/有科学春天的阳光照耀/有鲜红党旗指引的航线/不忘初心 砥砺奋进/创新超越 卧薪尝胆/用科学的力量托起/对祖国的庄严承诺/建设社会主义强国的梦想/一定要在我们手中实现/啊 明天 属于我们/我们 就是明天/我们 就是明天"。

二是紧扣科学主题,颂扬科学精神,体现了郭曰方科学诗的文学成就。什么是科学诗?科学诗具有哪些特点?如何把握科学诗的创作?这些都是科学文艺研究者不断探索和科学诗创作者热切关注的问题。郭曰方用自己的创作实践很好地回答了这些问题。在他眼里，所谓科学诗，就是科学与诗歌的结合；凡是采取诗的形式讴歌科学精神、传播科学知识、揭示科学真理、抒发科学追求、描绘科学"真善美"的文学作品，都可称为科学诗。在我看来，诗歌的形式多种多样、五彩缤纷，从创作体裁上看，有古体诗、现代诗、朦胧诗……从表达方式上看有叙事诗、儿童诗、哲理诗……，从内容题材上看，有田园诗、战争诗、科学诗等；科学诗只不过是从内容题材上进行划分的一种诗歌形式而已，凡是以科学技术为内容题材或创作主题的诗，均可视为科学诗。

　　郭曰方长期在科技领域工作，亲历了许多重大科技历史事件，目睹了许多重大科技成就的诞生，他与众多科学家有过密切交往，彼此建立了深厚的友谊。这些都为他创作科学诗奠定了坚实的基础。他的科学诗紧扣科学主题，巧妙地选择创作突破口，一个科技事件、一项科技成果、一位科技人物，乃至一种科学现象、一个科技知识点，一旦跃入诗人的眼帘，都会触发他的灵感，萌发他的诗意，激起他的诗情。一首首充满激情的科学诗就这样从创作者的嘴里朗朗诵出，一行行优美动听的诗句就这样从诗人的笔端汩汩淌出。

　　1980年，年仅39岁的郭曰方经检查发现患有胃癌，并已发展到中后期，做完胃切除手术后，便是长达5年的化疗，由此骨瘦如柴，体重骤降。面对死神的威胁，郭曰方写出了自己的第一首科学诗《我是一块煤》。"我是一块煤/没有珍珠那样瑰丽/没有宝石那样娇艳/没有黄金那样高贵//但是，我有一颗会燃烧的心/时刻等待火的召唤/我有一个坚定执着的信念/把一切献给人类//我向往光明/不愿在漫漫长夜里沉睡/我追求解放/尝够了高温高压禁锢的滋味//……是的，我黑/但却表里一致/哪怕是粉身碎骨/我也要发射光辉//当然，有时候我也会受到冷落/被弃置露天,付之流水/但我走到哪里都瞩望未来/既不懊恼,也不气馁//……啊 即便是我最后变成了/变成了炉渣煤灰/我也要充当建筑的骨架/去把风雪严寒击退"。这首诗通过拟人化的手法,把煤的科学功能和生活的美学价值巧妙融合,表达了诗人同疾病作顽强斗争的不屈意志,抒发了诗人执着的人生追求,具有很强的感染力。

"嫦娥一号"发射成功,郭曰方用《历史性的跨越》诗歌表示热烈祝贺。"嫦娥三号"发射前夕,他又写出了《飞吧,嫦娥》给予由衷祝福。时逢周恩来总理和邓小平同志诞辰日,他分别写下了《中国,将再给世界一个新的奇迹——献给周恩来总理》和《邓小平与科学的春天——科技工作者的思念》两首长诗,用科学诗的方式缅怀这两位伟人为中国科技事业发展做出的丰功伟绩。共和国70华诞,他更是满怀深情地写下了《献给共和国的科学家们》诗篇,大力宣扬、歌颂中国科学家胸怀祖国、服务人民的爱国精神,勇攀高峰、敢为人先的创新精神,追求真理、严谨治学的求实精神,淡泊名利、潜心研究的奉献精神,集智攻关、团结协作的协同精神,甘为人梯、奖掖后学的育人精神。

在郭曰方数量众多的科学诗中,题材最多的还是献给科学家个人的诗歌,仅2007年出版的《共和国科学家颂》诗集,就收录了他写给100位科学家的诗。其中,既有为新中国科技事业奠基做出巨大贡献的李四光、竺可桢、茅以升、周培源、严济慈等老一辈科学家,又有"863计划"等重大科技计划的倡导者如王大珩、王淦昌、杨嘉墀和陈芳允等战略科学家,还有与新中国一同成长起来的如韩启德、刘嘉麒、白春礼等中坚专家学者,更有陈景润、林俊德、南仁东、马伟明等"时代楷模"科学家。

他对"两弹一星"元勋更是情有独钟,专门给为研制"两弹一星"(核弹、导弹和人造卫星)做出突出贡献的于敏、王大珩、王希季、朱光亚、孙家栋、任新民、吴自良、陈芳允、陈能宽、杨嘉墀、周光召、钱学森、屠守锷、黄纬禄、程开甲、彭桓武、王淦昌、邓稼先、赵九章、姚桐斌、钱骥、钱三强、郭永怀23位科学家逐一赋诗,表达自己对这些科学伟人的敬意,用诗歌大力弘扬"热爱祖国、无私奉献、自力更生、艰苦奋斗、大力协同、勇于登攀"的"两弹一星"精神。2018年5月30日,在全国科技工作者日这一天,中国科技馆专门为画家杨华女士举办了"'两弹一星'功勋人物肖像画展",以庆祝中国8 100万科技工作者的节日。事后,郭曰方与杨华联袂出版了《大国脊梁——诗画中国"两弹一星"元勋》诗画集。

郭曰方在从事科学诗的创作过程中,不断开拓科学诗的创作视野。他认为,科学诗自然应讴歌科学事件、科技成果、科技人物、科学精神,但却不应局限于此。大千世界的万事万物,如自然界的花鸟鱼虫、社会发展的各种现象……都可用作科学诗的创作素材。现代科技日新月异,科技成果层出不穷,时代的进步和社会的发展为科学诗的创作提供了更为广阔的舞台,开辟了更为宏大的领域。他在《溜边者心语——我的科学艺术情缘》一文中写道:"作为一名科技工作者和文学工作者,我这一辈子能够在科技界工作,有机会为科学服务,为科学家歌唱,这就是我最大的幸福。"

从事科学诗创作近40年来,郭曰方先后独著或与人合著出版了《唱给大自然的歌》《科学的旋律》《科学的星空》《科学精神颂》《共和国科学家颂》《精彩人生——人民科学家颂》《科学发展三字经》《亲爱的祖国》《脊梁——献给共和国科学家的颂歌》《大国脊梁——诗画中国"两弹一星"元勋》等科学诗集,填补了用诗歌歌颂科学、演绎科学家精彩人生的一项文学创作空白,成为独树一帜、独领风骚的科学诗领军人物。

三是饱含真挚感情，坚持实事求是，抒发了郭曰方的博大情怀。郭曰方对科学充满了热爱，对科学家充满了感情，这使他创作的科学诗感情真挚、格外动人。身患癌症后，他在做出后半生致力于科学诗创作的决定时，就展现了其创作初衷和博大情怀："科学家是当今最可爱的人。我期待更多的作家以饱满的激情投入科学题材的创作，也希望自己将来有机会写我所熟悉的科学家。这不仅仅是一种对文学艺术的钟爱，更是对科学的尊重，对科学家的敬仰，对社会不可推卸的一种责任，对科学强国的一份担当。"（摘自《溜边者心语——我的科学艺术情缘》）

汪德昭院士是中国水声事业的奠基人。"文革"期间，中国科学院水声研究所（以下简称"水声所"）被拆，1977年邓小平刚恢复工作，汪德昭就致信邓小平，建议立即恢复水声所，恳请将自己留在水声科研第一线，不要调任国家海洋局副局长。邓小平批转方毅处理，郭曰方为相关部门和汪德昭之间的沟通做了大量细致工作，两人遂成忘年之交。郭曰方敬佩汪老为中国的水声事业披肝沥胆、奋力攀登、无私奉献的精神。1998年12月，闻讯汪老病逝，他满怀悲痛写下了《微笑，在浪花中绽放》一诗，深切缅怀汪老为中国水声物理研究、国防科技事业发展所做出的重大贡献。"你把一生的理想/都交给了海洋/交给了风浪/探听水声的传播/研究声波的聚合/观察鱼群的方位/探测潜艇的动向/你用警惕的神经/和敏锐的目光/捕捉声道声场的变幻/你用科学家的责任/和献身的精神/在万里海疆/为祖国织成了一幅/幸福安康的天罗地网"。其情，如海水般清净；其意，如大海般深沉；其景，如海洋般宽广。

坚持写知悉的科学知识、熟悉的科学人物、亲历的科学事件……这是郭曰方科学诗创作一直坚持的原则。"是的，那就是我们的数学家陈景润/正怀着一览众山小的气概，向着/哥德巴赫猜想的峰巅，/奋勇攀登！/他的身材是那样矮小瘦弱，/他的笑容是那样谦卑腼腆，/他的意志却坚如磐石，/他的理想如阳光般灿烂。/多少次风餐露宿，/多少次彻夜无眠，/多少回涉过激流，/多少次跨过深渊，/他终于完成令举世震惊的冲刺，/将那颗璀璨耀眼的宝石，/戴在了自己的胸前。/森林在振臂欢呼，/大海在高声呐喊，/啊，会当凌绝顶的瞬间，/竟是那样风光无限！/此刻，陈景润却说，/他是在用数学、符号、引理、公式/和逻辑、推理写诗，/那一张张密密麻麻的数学运算稿纸，/就是他闪耀着创新思维光芒，/和富有奇特意境的宏伟诗篇。"这是郭曰方献给好朋友陈景润院士的科学诗。

陈景润长期从事解析数论研究，因在破解"哥德巴赫猜想"方面取得国际领先的成果而闻名遐迩。第一次见到郭曰方，这位个性鲜明、憨厚可爱的数学家就紧紧握住郭曰方的双手说："老同学，你好吗？"郭曰方纳闷："我们怎么会是老同学呢？"陈景润解释道："方毅副总理是厦门人，我也是厦门人，你是方毅的秘书，我们年龄又差不多，自然就是同学嘛！"在郭曰方眼中，这真是一位太有意思的科学家了，两人一见如故，成了好朋友，每次见面都有说不完的话。1996年3月19日，陈景润因病去世，年仅63岁。为了纪念这位伟大的科学家，郭曰方写下了上面这首感人的诗歌——《一个中国人的名字，被写进世界数学史的经典》。

科学现象纷繁无比，创作视角变化多端，诗歌意象千姿百态。作为中文专业毕业的科学诗人，郭曰方善于透过纷繁无比的科学现象，选取最为独特的观察视角，捕捉最为难忘的生活细节，营造最为感人的诗歌意象，创作流芳后世的科学诗篇。"突然　飞机在剧烈地抖动/驾驶舱与地面失去了联系/就在这千钧一发之际/郭永怀和警卫员紧紧地抱在了一起……//烈火吞没了机舱/在农田里熊熊燃烧/然而 有谁能够想到/当两具遗体被吃力地分开/那只沉甸甸的文件包/竟完好无损地抱在郭永怀的怀里"。这是郭曰方歌颂"两弹一星"元勋郭永怀烈士的诗歌《郭永怀，你永远活在我们心里》中最为精彩、感人的一段。郭永怀是唯一参与了"两弹一星"研制三项工作的科学家，怎样表现他的爱国奉献、不怕牺牲的精神，郭曰方最终选取了他在遭遇空难时，用生命守护绝密资料这一悲壮情景，写出了这首感情丰沛的诗篇，留下了催人泪下的诗句。

四是巧施文字艺术，贴近读者需求，展示了郭曰方科学诗的创作特色。一切为了人民的幸福、为了祖国的富强、为了社会的进步，科学家身上所表现出来的这种爱国主义、无私奉献、艰苦奋斗、执着追求、先天下之忧而忧的精神，正是他们对"人生中什么是幸福、怎样活才算值得"的最深刻、最完美的诠释。受身边科学家的感染，郭曰方对"幸福"和"值得"也有着与他们相似的认识。在他看来，数十年来，有机会与科学同行，与艺术同行，为科学服务，为科学家歌唱，这就是人生最大的幸福，这就是生活最大的值得。正因为有这样的感悟和追求，郭曰方的科学诗就显得尤其自然、朴实、优美。

诗是调动文字和感情的艺术，是感情、意境和文字三者美的聚集、交融、升华后的呈现。从写作方式来讲，郭曰方的科学诗似乎应归为抒情诗，而科学抒情诗则因传播普及、大众朗诵的需要，必须做到文字严谨、语言朴实、感情真挚、音韵优美，将科学美与生活美相统一，让读者在美的陶冶和享受中获得科技知识、掌握科学方法、感受科学思想、领悟科学精神。郭曰方也正是以这样的原则进行科学诗创作的。为了使科学诗通俗易懂、便于传播，他都力求内容明了、文字通顺、朗朗上口、适合吟诵。

"你是一颗用中国心点亮的灿烂明星"，这是郭曰方献给已逝科学家、"中国天眼之父"南仁东教授的科学诗歌。诗人站在读者的角度,用科学严谨的术语、朴实无华的文字,发出了一连串"天问",由此颂扬建设"中国天眼"这一大国重器的重大意义,以及以南仁东为代表的科技人员为此做出的贡献和牺牲。"那么 就让我们追随着你的足迹/去探测宇宙空间的奥秘吧/地球 究竟是怎样形成演变的/它与太阳的运动 是什么关系/茫茫宇宙 究竟有没有终极边界/深层空间 究竟由多少星系组成/星系间 究竟还有多少未知天体/那天体上 究竟有没有智慧生命/白洞黑洞暗物质 又是怎么回事呢/中子星脉冲星引力波 又是如何生成/日冕的膨胀加热 与太阳风有什么关系/为什么总会有流星彗星 划破长空/小行星的碰撞 会给地球造成什么后果/是什么力量 主宰着星际的有序运行/环境的变迁 又怎样影响人类的命运/有什么办法 永葆我们的家园欣欣向荣/什么时候 人类可以移居其他星球/实现星际穿越 需要什么样的便捷交通"。

在科学诗的创作过程中,郭曰方积累了丰富的经验,他认为,哪怕是一首简短的传播科学知识的诗歌,同样可以写得富有趣味、包含哲理、充满诗意,唯有如此, 方能引起读者的共鸣, 获得读者的喜爱。他在病中写的《蜜蜂·火柴·萤火虫》,就是这样一首脍炙人口的短诗。"不要总把自己打扮成漂亮的蝴蝶/只会向春天炫耀那美丽的翅膀/还是让自己做一只蜜蜂吧/去为生活酿造甜美的琼浆//不要总把自己吹嘘成一柱栋梁/整天为没有攀上大厦痛苦忧伤/还是让自己做一根火柴吧/去把寒冷黑暗的地方点亮//不要总把自己喻为皎洁的月亮/它的容颜也常被乌云遮挡/还是让自己做一只萤火虫吧/在狂风暴雨中也会发光"。优美的意象、精妙的文字、顺畅的节奏、和谐的音韵,令人读后印象深刻。

郭曰方善于通过"借代"找准科学诗的抒情点,使科学表达更为贴切,感情抒发更加自然,场景描述更为准确。祝贺"嫦娥一号"卫星发射成功,他就借用了传说中的嫦娥这一美丽感人意象,写出了《历史性的跨越——祝贺嫦娥一号卫星发射成功》这首诗。"此时此刻 当我们仰望灿烂的星空/自由放飞浪漫的激情 你可闻到/广寒宫外飘来桂花的酒香/你可听到 美丽的嫦娥姑娘/那悠扬动听满怀激情的歌唱……听啊 穿越38万公里的/茫茫星空 我们竟然可以/清晰听到 嫦娥姑娘美妙的歌喉/那'五星红旗迎风飘扬/胜利歌声多么嘹亮'的优美旋律/怎不叫人心潮澎湃 令人心驰神往/啊 朋友 请高高举起你的酒杯/让我们一起放声歌唱吧/歌唱我们亲爱的祖国/从今走向繁荣富强/开启深空探测宇宙奥秘的时代/谱写和平利用外层空间的篇章"。

近年来,在中宣部、教育部、团中央、中国科学院、中国科协等部门的支持下,谢芳、殷之光、卢奇、曹灿、石维坚等著名艺术家先后在全国各地举办了数十场"科学与祖国"专场诗歌朗诵会,朗诵的诗歌大多为郭曰方创作的科学诗。著名朗诵艺术家殷之光认为,郭曰方的科学诗思想性强,他用朴实感人的诗句,热忱地赞美了科学家的崇高品质和奉献精神,具有强烈的时代气息,正是当今社会发展所需要的。在他看来,郭曰方的诗最大的一个特点就是没有拗口、晦涩的句子,通俗易懂、节奏鲜明、朗朗上口,诗句中蕴涵着浓厚的感情,尤其适合群众朗诵。

是的,郭曰方的科学诗既是科学的赞歌,又是时代的强音。他以独特的视角和特定的主题,书写了我国科学技术发展的历史篇章。他创作的这些科学诗歌,成为体现中华民族自强不息、创新不已的宏大史诗,成为提升广大公民科学素质的优质读本,成为激励广大科技工作者为建设世界科技强国拼搏奋斗的出征战鼓。

谨填《采桑子》词一首,唱颂中国科学家群体,衷心地祝愿郭曰方在科学诗创作的道路上越走越远,取得更加丰硕的成果。

诗坛独谱科学韵,
号角争鸣。
学术争鸣,
激励攻关夺隘行。

笔端巧绘元勋像,
华夏豪英。
时代豪英,
热血一腔奉挚情。

注:

本文与杨虚杰女士合作完成,刊载于2019年第4期《科普创作》。

科学艺术两相宜

　　科学与艺术,看似风马牛不相及的学科,但油气田开发与工程管理专家刘合院士却在这两个领域自由行走,将其融会贯通,取得丰硕成果。《科学之光　艺术之影——刘合摄影作品集》(以下简称《科学之光》)就是最好的见证。有幸获好友刘合院士惠赠《科学之光》大作,细细品读,多有受益,颇多感慨,择要而发。

《科学之光艺术之影——刘合摄影作品集》摄影题材明确、聚焦。

《科学之光》最大的特点就是摄影题材明确,整个作品集只有"科学之光"和"艺术之影"两部分。前者收录的都是与抽油机有关的摄影作品,后者则全部是作者拍摄的颐和园风景照片。除此之外,再无其他。

抽油机,因其不分昼夜地向大地"鞠躬叩头",把埋藏在地下的石油源源不断地送到地面,故又俗称"叩头机"。它是油田中数量最为庞大、最具标志性的设备。颐和园是以昆明湖、万寿山为基址,以杭州西湖为蓝本,汲取江南园林的设计手法建造而成的大型山水园林,也是我国保存最为完整的一座皇家行宫御苑。

刘合一生从事石油开采工作,单在大庆油田就工作了28年之久,常年深入油田一线和抽油机"打交道"。对他而言,抽油机既是研究对象,又是工作伙伴,更是形影不离的朋友。颐和园既是离他住所最近的公园,又是他锻炼身体、放松心情最常去的地方,更是他用镜头捕捉美景的最佳去处。将"忙碌的抽油机"和"唯美的颐和园"选为拍摄对象,自然具有重要意义。

抽油机和颐和园是刘合工作和生活的两个重心。聚焦这两个主题进行摄影艺术创作,既反映了刘合对工作和生活的热爱,又彰显了他一旦认准目标就专心投入其中,不达目的誓不罢休的鲜明个性。

艾青写道:"画家和诗人/有共同的眼睛/通过灵魂的窗子/向世界寻求意境"。摄影是一门通过光学镜头观察世界、探求"真、善、美",重在精神文化创意、直击人类灵魂的艺术。科学研究重在探索自然世界奥秘,旨在了解真相、寻求真理、发现规律。在刘合看来,科学与艺术并没有严格的界限,在本质上是相同的,都是求真、求美。《科学之光》将科学与艺术完美结合,向读者呈现了科学与艺术同源共生、相互融合的极致美。

作为我国采油工程领域的重要领军人物,刘合在科技领域可谓功勋卓著:创建了采油工程技术与管理"持续融合"工程管理模式,攻克了精细分层注水、油气储层增产改造等一系列采油工程关键技术,解决了尾矿资源最大化利用和低品位储量规模效益开发等重大难题,多次荣获国家技术发明奖和国家科学技术进步奖等奖项,并于2017年当选中国工程院院士。

在摄影艺术领域,刘合同样业绩斐然,他"用发现美的眼睛去寻找应该记忆的人和事物,亲近自然,净化心灵。"在他的镜头里,远与近、虚与实、大与小、繁与简、浓与淡、晨与暮、轻与重、疏与密……每一个对准抽油机的画面都是那样的亲切、自然、可爱、动人。在《科学之光》中,万寿山、佛香阁、昆明湖、十七孔桥、排云殿、清晏舫、西堤古柳……无不成为刘合眼中的绝佳风景,百游不倦,百赏不腻,百拍不厌。

哪里有石油,哪里就有抽油机。它们顶风雪、冒严寒、熬酷暑、迎朝阳、送晚霞,始终坚守在石油生产一线,把深埋在地下的石油输送到祖国的四面八方,宛如千百万石油人的化身。作为资深石油科技工作者,刘合表现出了像抽油机一般的坚毅执着、吃苦耐劳的优秀品格。油田的开发历程是漫长的,科学研究同样艰辛曲折,难免会碰到各种各样的困难、挫折甚至失败,坚持不懈乃是走向成功的真理。

从事摄影同样需要辛苦付出,为了一个期盼的镜头常常需要蹲守好几个小时。黄昏到来,山衔落日,西斜的余晖穿过颐和园十七孔桥的每一个桥孔,形成金光穿洞的神奇景象,这是无数摄影者追求的拍摄效果。刘合告诉我,这需要选对时机,找准角度,耐心守候,适时抢拍,得来还需费大工夫。

在追求摄影艺术的道路上,刘合也在不断创新。品读《科学之光》,大同小异的抽油机,山水常驻的颐和园,在一年中不同的季节,一季中不同的时令,同一天里不同的时段,每次拍摄时不同的天气,每个对象不同的拍摄角度,刘合都能找到独特的景,发现不同的美,给读者奉上不一样的惊喜。

2007年,刘合被诊断患有恶性肿瘤并做了大手术,术后曾一度情绪低落、不知所措。后经朋友点拨,他开始拿起相机钻研摄影艺术。从此,自然风景、历史遗迹、人文景观、工作场景都成为他镜头捕捉的对象;行山川湖泊,观落日朝霞,看花鸟虫鱼,揽晨云暮霭,以镜头为笔,以摄影为乐,以作品抒情,对生活和世界的热爱再度被激发。在刘合看来,"摄影是利于健康的一个良方""令我终身受益,愁心去了,病也远离了,尽管后来身体又出现了问题,但自己真的可以坦然面对了。"投身事业,与死神搏命;璀璨人生,光耀星空;强者风范,令人敬仰。

《科学之光》2022年1月由石油工业出版社出版,这是刘合院士的摄影处女作品集,期盼今后能品读到他更多的摄影佳作。有感于斯,谨填《一丛花》词一首,以表情怀。

一生情系抽油机。
艰苦志难移。
分层注水开通道,
控精准、技术新奇。
宏愿在胸,美图入镜,
探地闯骁骑。

皇家林苑丽和颐。
游赏却劳疲。
莫言躯病低沉落，
捕佳作、
心旷神怡。
一见倾心，
终身伴侣，
科艺两相宜。

注：

本文刊载于2022年第7期《中国科技教育》中的《开卷有益》栏目。

激发太空探索欲

　　2005年和2006年,"神舟五号"和"神舟六号"相继成功发射,神州大地旋即掀起一股"载人航天热",人们纷纷把探索的目光投向神秘的茫茫宇宙,载人航天及其相关的科技知识成为大众阅读的兴趣所在。在这样的情形下,江西高校出版社迅即出版《载人航天新知识》丛书,受到广大读者的欢迎和喜爱。

这套内容丰富、图文并茂、彩色印刷、装帧精美的载人航天科普丛书共计6册:《太空之舟——宇宙飞船面面观》《登天巴士——航天飞机忧喜录》《宇宙城堡——空间站发展之路》《苍穹漫步——航天员太空行走》《九天揽月——重返月球再探索》《星际家园——火星探测与开发》,分别介绍了宇宙飞船、航天飞机、空间站3种载人航天器,以及太空行走、月球开发、火星探测3种太空探索活动,涵盖了当今人类载人航天科技的主要研究领域和最新科技成就。

宇宙飞船是人类用来实现飞天梦想最早且至今仍在使用的航天器。《太空之舟》通过讲述一个个生动有趣的载人航天飞行故事,系统介绍了世界各国的载人航天器的关键技术,向读者展现了宇宙飞船造福人类、促进科技发展的广阔前景。

航天飞机是20世纪人类最伟大的航天创举之一,它集航空技术、火箭技术和空间技术于一体,能像普通飞机一样水平着陆,经地面维护和修理后再次发射,多次重复使用。《登天巴士》介绍了航天飞机艰难、悲壮的发展历程,从"挑战者号"和"哥伦比亚号"两次机毁人亡的发射重创,到2005年8月一波三折的"发现号"再次成功发射、返回,作者向我们展示了人类为征服太空所做的巨大牺牲、应对挑战的超常勇气和攻克难关的过人智慧。

在航天科技领域,如果说美国的航天飞机一直引领风骚,那么,苏联/俄罗斯的空间站则长期独占鳌头。借助描述两个航天大国在这一高新科技领域的激烈竞争,《宇宙城堡》介绍了各种各样集实验室、观测站、中转站、维修站等多种功能于一体的载人航天器,包括苏联/俄罗斯的"礼炮1—7号"、"和平号"空间站,美国的"天空实验室"和欧洲航天局利用美国航天飞机发射的"空间实验室",以及由16国参与研制目前正在太空建造的"国际空间站"。

在太空中漫步,是千百年来人类梦寐以求的事情。航天员出舱并开展相关的科学考察、实验活动,首先必须面对真空、失重、辐射、高低温等极端恶劣环境。这不仅是对航天员心理和生理的一大考验,也是对载人航天工程技术的严峻挑战。《苍穹漫步》着重介绍了科学家是如何解决航天员安全地在太空中行走和工作所遇到的各种困难的。读毕,我们不禁对那些经受住了考验的航天员和攻克了太空行走科技难关的航天专家陡增敬意。

1969年7月20日,美国宇航员代表人类首次登上月球;踏进21世纪门槛,人类再次掀起重返月球的热潮:继中国正式启动"嫦娥工程"探月计划,印度的"月球初航"和日本的"月神"探月计划开始紧锣密鼓地实施,美国重返月球和载人登陆火星的计划也越来越明晰,欧洲空间局的月球探测器早已进入月球轨道并预计将于2006年9月登陆月球。人类如何开发月球资源,能否移民月球?《九天揽月》通过描述人类探测月球的历史、现状和未来,力图给出令读者满意的答案。

人类探测火星的目的并不仅仅是寻找地球以外生命的踪迹,更为重要的是要登上火星,探索向火星移民的可能,以此扩大人类的生存空间。《星际家园》描述了人类对火星的不懈探索和美好向往。我们有理由相信,人类的不懈探索一定会得到丰厚的回报,或许在将来,火星会成为人类赖以生存和发展的第二个美好家园。

《载人航天新知识》丛书由中国空间技术研究院和中国科普作家协会联袂组织编写,航天科技专家闵桂荣院士担任主编,庞之浩、吴国兴、周武等一批知名航天科普作家分别任撰稿人,保证了丛书内容的科学性、权威性和新颖性。丛书展现了世界各国载人航天方面的科技新知识,特别是我国"神舟五号"发射后解密的许多资料。各分册既各自独立又相互联系,以知识点串联,构成了航天科普系列图书的有机整体,无怪乎被国家新闻出版总署列为"十五"国家重点图书。

诚如中国科协主席周光召院士在丛书总序中所言:"它揭开了载人航天科技的神秘面纱,能满足读者了解航天新知识及其发展前景的渴求,还可以引发读者对航天事业的兴趣。"我希望,这套科普丛书在传播、普及载人航天科技知识的同时,更能激发和培养人们,尤其是青少年探索神秘太空的浓厚兴趣和攀登科技高峰的无畏精神。

《载人航天新知识》丛书读罢,感慨良多,特填《浣溪沙》词一首,以表情怀,以示祝贺。

人类痴迷探太空,
九天揽月广寒宫,
苍穹漫步缚飞龙。

星际家园宏愿绘,
如今梦想俱成功。
神舟喜看载人腾。

注:

本文刊载于2006年7月5日《中华读书报》中的《科技视野》栏目。

科技就是战斗力

　　1945年8月15日，日本昭和天皇裕仁向全世界广播《停战诏书》，宣布接受《波茨坦公告》所规定的各项条件，无条件投降。70年后的8月15日，拜读甘本祓老师即将付梓的新作《B-29来了：从波音到东瀛》，不禁感慨万千。

国与国之间战争的较量，最终是实力和国力的比拼。20世纪三四十年代，贫穷、落后的中国在经历14年的拼死抗争、3 500多万血肉之躯的巨大伤亡后，最终赢得了对日战争的全面胜利。而从1941年12月7日日本偷袭珍珠港，到1945年8月15日日本宣布投降，以美日对抗为主的太平洋战争，持续时间却只有3年8个月，美军的伤亡人数却少于50万。中美对日作战在伤亡人员、物质损失和时间消耗等方面的巨大差距，我认为，最主要的还是由双方的科技实力造成的。《B-29来了：从波音到东瀛》为这一论点提供了佐证。

B-29轰炸机，又称"超级空中堡垒"，是美国陆军航空队在第二次世界大战亚洲战场的主力战略轰炸机，是当时各国空军中最大型的飞机，也是集各种高新科技为一体的最先进的武器之一。从1934年美国产生研制四引擎远程轰炸机的朦胧构想并和波音公司签约，到1944年正式出厂、列装部队，B-29轰炸机的研制历时整整十年，真可谓"十年磨一剑"。这期间，无数科学家和工程技术人员通力合作攻关，一切从战争需要出发，以超常规的速度解决了机身设计和动力系统、武器系统、电子系统等研制过程中的一个又一个科技难题。

正是有了B-29轰炸机，美军才有能力对日本本土实施有实质性威慑和破坏作用的战略轰炸。1944年6月5日，在首次遭受92架B-29轰炸机对九州岛的狂轰滥炸，以及1945年8月6日和9日广岛、长崎分别遭受B-29轰炸机投下的两颗原子弹的毁灭性打击后，日本从天皇裕仁到普通民众意志完全崩溃，在美军尚未有一兵一卒登陆本土的情况下,很快就宣布无条件投降。

在《B-29来了:从波音到东瀛》这本科普图书里,甘本被老师用史学家的审视眼光、社会学家的人文情怀、科学家的严谨态度、信息学家的灵敏嗅觉、文学家的创作手法,通过描述B-29轰炸机从军事家奇妙构想到科学家创新预研,再到工程技术人员攻关研制,最终到空军勇士剑指东瀛、亮剑诛敌,展现了科技与军事紧密结合、高科技武器威震敌胆、迫敌就范的恢宏历史画卷,生动地诠释了科技是战争中第一战斗力这一颠扑不破的真理。

甘本被老师1937年生于四川成都,童年是在抗日战争的苦难岁月中度过的,因而对战争的残酷有着更为切肤的体会,对残暴的日寇有着更为切齿的痛恨,对维护和平有着更为迫切的渴望,对战争的警觉和反思更加自觉。"我常常想,我们这一代人,已是最后一代亲历抗战的人了,以后的人就只能用'听到',而不能用'见到'来讲述这段历史了。手上有丰富的素材,而国际环境的现实又呼唤着我的责任感,我就奋然命笔了。"在本书的"后记"里,甘老师道出了他创作的初衷。

如今,我们虽然有了航母,但还远没形成战斗力,更没有构筑成海上航母战斗群;虽然中国空军战机已在和平时期飞出第一岛链,但战时尚能做到的依然是近海防御;我们还没有自行研制的战略轰炸机,致使缺乏实现超远程核威慑的战略轰炸手段。因此,增我科技实力,提我国防意识,强我军事力量,铸我钢铁长城,卫我神圣疆土,佑我中华国民,在当今世界形势错综复杂、危机四伏的情形下,就显得尤为重要。

甘本被老师是一位成果丰硕的优秀科普作家,是我十分敬重的长辈。他对创作的执着和勤勉,对同人的谦逊和友善,对晚辈的提携和呵护,对伴侣的忠贞和关爱,令我感动不已。我们是忘年之交,从他身上我学习到了许多宝贵的东西。

《B-29来了:从波音到东瀛》是甘老师《中美联手抗日纪实》系列丛书的第二部,第一部《航母来了:从珍珠港到东京湾》自2014年1月由科学普及出版社出版后,好评如潮,现已重印多次。今天,我已由科学普及出版社社长调任他职,甘老师一如既往地信任我,希望我为这本书作序,我深感荣幸,但更多的是觉得惭愧。在甘老师面前,我永远是一名小学生,恭敬不如从命,我权且把这作为我向他学习、请教的一个机会吧。

衷心期盼《中美联手抗日纪实》系列丛书的第三部《B-29去了:从成都到天宁岛》早日面世,以飨读者。有感于斯,填《浣溪沙》词一首,以表情怀。

国盛民雄科技精,
豪强敌寇岂能侵?
安居乐业享太平。

读史增知存镜鉴,
衰亡落后警长鸣。
图强发奋促勃兴。

注:

本文是为甘本祓先生的科普著作《B-29来了:从波音到东瀛》写的序,刊载于2015年第17期《科技导报》中的《书评》栏目。

桥梁诗话文华美

　　2022年4月23日，第28个世界读书日，何旭辉教授做客天津文艺广播电台，通过解读《诗话桥》一书，引领听众开启一场浪漫的中外古桥和中国古诗词文化之旅，领略中外知名桥梁的审美意蕴和中国桥梁文化的独特风韵。

> 《诗话桥》一书引领读者领略中外知名桥梁的审美意蕴和中国桥梁文化的独特风韵。

桥，通常是指架在水上或空中，以便人、畜、车辆跨越通行的一种日常生活中常见的建筑物。在《诗话桥》作者看来，"桥梁既沟通着现实的两岸，又支撑起人们抵达人生彼岸的心理希望。"由于连接了原本分隔的两端，桥使人们对它产生了更为丰富的联想，引申出了更多的含义，拓展出了更多美好的意义，文化意义上的桥由此而产生，精神上的桥梁由此架设，人们心灵与心灵之间的沟通得以实现。细细品读《诗话桥》，我对桥的概念及其文化内涵、美学意蕴有了更加深入的理解和更加全面的认识。

《诗话桥》2021年7月由中南大学出版社出版，从书名可知，这是一本有关桥与诗的图书。作者用娓娓道来的丽言美话，在读者与图书之间搭起了一座沟通的桥梁，使桥与诗相互连接、互为鉴赏，真可谓"穿越古桥千年历史，品读诗词万种风情"，让人备受教益，悦目舒心。

《诗话桥》分上、下两篇。上篇以桥为关键词，主要介绍中国古桥的发展历史和建筑技艺，探讨古桥历史文化传统和电影艺术中的桥梁，侧重桥梁科技知识普及。下篇以诗为着眼点，重点梳理中国古代诗词中的桥梁意象，挖掘具有代表性的古桥案例及其背后动人的故事，偏重诗词人文修养熏陶。"欣赏桥梁建筑结构之美，品读诗情画意文字之韵"。如果说桥是这本图书的"骨骼"，展示的是桥梁世界丰富的科技硬核知识，那么，诗就是这部图书的血肉，彰显了中华文化绵延温润的人文情怀。

科技与人文融合，坚硬与柔软碰撞，桥梁与诗词联姻，一部优秀的科普图书由此而诞生。

何旭辉教授和杨雨教授是《诗话桥》一书的主要作者。前者为中南大学土木工程学院院长、古桥研究中心主任，长期从事桥梁工程、桥梁风工程的教学与科研工作，是建筑工程领域的知名学者。后者乃中南大学人文与新闻传播学院博士生导师、中国词学研究会常务理事，专攻唐诗宋词研究与批评，是央视《百家讲坛》《中国诗词大会》等品牌节目的文化嘉宾。桥梁工程与唐诗宋词，分属工科和文科研究领域，看似风马牛不相及，但两者之间并非不可逾越。相同的志趣、共同的追求，让这两位学者大咖走到一起，通过"古桥"和"诗词"架起科技与人文融合的桥梁，联袂打造出跨学科交叉创新研究成果——《诗话桥》，树立了科技与人文知识普及图书出版的典范。

"从诗词的文字，看桥梁的意境、文化和历史。从诗词的上下文，想象古代桥梁的美学风貌，领悟其精神意蕴，感受桥梁的文化特质与艺术价值。这是多么美好和值得期待的事情啊！"中南大学原校长张尧学院士为《诗话桥》写的"序"，道出了读者细细品读后的心声。

中国桥梁建造历史悠久，数千年来，在大江南北、平原丘陵、高山湖泊……人们因地制宜、就地取材，用木、石、藤、竹、铁等材料，建造了数不胜数的各类桥梁：横木为梁的木桥、筑石为虹的拱桥、抛索为渡的索桥、造舟为桥的浮桥、架屋休闲的廊桥……"不同建筑类型的桥梁在担负不同实用功能的同时，也在诗意化的审美过程中展现出与众不同的美学风貌。"真可谓五彩缤纷、巧夺天工，让人目不暇接、心旷神怡。

桥，在日常生活中，是具象的实用建筑物件；在中国古典诗词中，它是作者抒发内心复杂情感的文字。现实生活中折柳话别的灞桥，烟雨缠绵的断桥，兴亡盛衰的朱雀桥,繁花似锦的洛阳桥;想象中牛郎织女相会的鹊桥,生离死别的奈何桥……在浩如烟海的中国古代诗词里,文人墨客通过这些唯美唯韵、幽怨悲戚的"意象",给具象的桥梁赋予了丰富的文化内涵和美学意蕴。桥边吟诗,诗中赏桥,桥诗相遇,意境顿开,品读《诗话桥》,无疑成为读者颇为难得的精神享受。

墨韵方从图书落,情怀又向古桥生。何旭辉、杨雨创作团队的贡献并不只有出版《诗话桥》这部创新科普图书,在传播桥梁知识、普及诗词文化的同时,他们还积极担负起了保护古桥文化遗产的历史责任,自觉履行了以"桥""诗"为依托教书育人的崇高使命。自2020年7月始,这两位学科带头人带领他们的研究团队,组建"诗话桥梁"党员博士服务团,利用寒暑假实地深入调研、考察湖南省的古桥,开展相关课题研究,撰写系列美文,建立古桥图库,拍摄古桥保护纪录片,打造"诗话桥"系列论坛,开设全校性跨学科通识课"诗话桥",举办有关古桥文化研究学术研讨会、古桥与诗词讲座、"诗话桥"诗词书法比赛、"二十四桥明月夜"读书会……在创作团队与读者、听众之间架起了四通八达、互动沟通的桥梁,利用各类媒体和平台宣传正能量、传播知识、服务社会,将图书的社会效益和经济效益发挥到了极致。

我曾长期从事图书出版、科普教育工作,热爱中华诗词歌赋,与何旭辉教授一见如故,惺惺相惜,对尚未谋面的湖湘才女、诗词大家杨雨教授也甚为仰慕。品读《诗话桥》,万千感慨,喜爱有加,有感于斯,填《采桑子》词一首,以表祝贺,以示褒赞。

桥梁诗话文华美，
韵古情今。
杠彴流金，
沐静品读倍感亲。
和鸣琴瑟芬芳沁，
质蕙兰心。
聚拢知音，
科普图书喜创新。

说明：杠彴，泛指桥。《新唐书·东夷传·高丽》："帝度辽水，彻杠彴，坚士心。"

注：

本文刊载于2022年第5期《中国科技教育》中的《开卷有益》栏目。

浮云富贵输身健

一剪梅

新燕呢喃润细喉。

水暖游鸭，

白鹭嬉洲。

春风北渡换装柔，

才染枝头，

又绿山头。

芳芯清幽浸妙华。

薄雾蒙蒙，

晨露轻洒。

人间四月竞彩霞，

谢了梅花，

红了桃花。

> 《守护老年健康——常见老年综合征应对指导》着眼于有效改善老年人的健康状况，不断提升广大老年人的生活质量和幸福指数。

四月的北京，春风送暖，百花盛开。刚填完这首《一剪梅》，就收到即将付梓的《守护老年健康——常见老年综合征应对指导》（以下简称《守护老年健康》）医学科普书稿，认真读来，不禁喜上眉梢，击节叫好，欣然作序。

中国是世界上老年人口最多的国家。2021年第七次全国人口普查结果显示，全国约有2.64亿60岁及以上的老年人，占总人口的18.7%，且人口老龄化程度日益加剧。《健康中国行动（2019—2030年）》透露，中国老年人整体健康状况不容乐观，近1.8亿老年人患有慢性病、约有4 000万失能、部分失能老年人。如何应对扑面而来的"银发浪潮"，如何有效改善老年人的健康状况，如何提高老年群体的健康素养，不仅是一个重大的民生福祉问题，还关系到经济社会可持续发展以及国家安全和稳定。

老年综合征是指老年人由多种疾病或多种原因造成的同一临床表现或问题的症候群，这也是现代老年医学研究的核心和热点问题。相对于青壮年，老年人的健康问题更为复杂，老年综合征更具自身特点。同样的疾病，老年人的临床表现、治疗反应和疾病转归，与青壮年有很大的不同，相应的预防、治疗、保健方法存在很大差距。据悉，比较全面介绍老年综合征这方面知识的科普书籍，市场上尚不多见。因此，在我国人口老龄化问题日益严重的情况下，《守护老年健康》着眼于有效改善老年人的健康状况，不断提升广大老年人的生活质量和幸福指数，可谓生逢其时，意义重大。

《守护老年健康》针对吞咽障碍、消化不良、营养不良、便秘、腹泻、排尿困难、尿失禁、阿尔茨海默病等20个常见老年疾病,详细阐述了这些老年疾病产生的原因和可能导致的后果,以及预防、处理和保健的简单易行方法,尤其适合家中有老人的人们阅读、使用。

我的父母均已是耄耋之年,书中所述常见老年疾病在他们身上多有体现,由于自己并不了解相关的预防、护理知识,因而在照顾年老体弱多病的家人时,会有各种各样的困惑和烦恼。我的父亲2020年底因摔跤导致股骨颈骨折,术后曾出现抑郁、幻觉、失忆、厌世等症状和问题,家人一度十分担忧,但又束手无策。细读《守护老年健康》相关章节,方知这些症状叫谵妄,它是由多种原因导致的一种临床综合征,也是老年患者住院期间,尤其是术后最常见的并发症。与此同时,阅读此书也让我们掌握了相应的应对方法。

中南大学湘雅二医院老年医学科始建于1961年,是湖南省最早成立的老年医学专科,为国家临床重点专科,湖南省老年综合征临床医学研究中心。经过60余年的建设发展,该学科现已成为集医疗、教学、科研、保健、康复于一体的大型综合性学科。《守护老年健康》一书编写团队集结了该学科带头人及核心力量,成员均为相关医学领域资深专家,学识渊博,医术精湛,经验丰富,确保了图书的科学性和权威性。

2021年6月25日,国务院印发的《全民科学素质行动规划纲要(2021—2035年)》(以下简称《纲要》),将老年人列入五大重点科普人群,希冀通过实施"老年人科学素质提升行动",提高老年人适应社会发展的能力,增强获得感、幸福感、安全感,实现老有所乐、老有所学、老有所为。编撰、出版《守护老年健康》一书,无疑是把《纲要》相关举措落实到位的具体践行和担当。

《守护老年健康》一书所有参编专家都是湖南省科普作家协会的会员,他们长期合作、无私奉献,共同组织编写、出版过多部医学科普图书,并屡屡获奖,广受欢迎。正是有这样一群热心公益、热衷科普、热爱创作、热情洋溢的医学专家的倾情投入,我们十分欣喜地看到,《守护老年健康》一书内容深入浅出、通俗易懂、图文并茂、音影俱全、案例精当,读来趣妙横生、引人入胜,颇具趣味性和普及性。

我已年逾花甲,退休也近一年,按旧时说法,已经开始步入桑榆之年。对我而言,欲延缓衰老、健康长寿、安享晚年,阅读《守护老年健康》,学习、掌握与老年综合征相关的预防、保健科学知识,无疑受教良多、大有裨益。

南宋理学家魏了翁创作的《虞美人》中有佳句云:"浮云富贵非公愿,只愿公身健。更教剩活百来年。此老终须不枉、在人间。"健康幸福,长命百岁,颐养天年,是古往今来人们的梦想和不倦的追求。感谢《守护老年健康》一书的编撰、出版团队共同奉献这部科普佳作,祈愿天下老人松龄长岁月,鹤语颂永年。

是为序。

注:

本文是为化学工业出版社2022年9月出版的《守护老年健康——常见老年综合征应对指导》一书所作的序,刊载于2022年11月11日《科普时报》中的《青诗白话》栏目。

休虑孩童多问题

　　如何教育好孩子，使之健康成长，将其培养成为有益于家庭、社会和国家的可造之才，可谓是家长心中的第一难事。望子成龙的父母都希望能找到育儿的秘籍。资深媒体人、儿童心理学研究者李峥嵘女士所著的《孩子的问题是问题吗——智慧父母必知的心理成长秘密》（以下简称《孩子的问题是问题吗》）一书，可以说给年轻的父母提供了一个解答育儿疑惑的范本，值得认真一读。

孩子的问题是问题吗？当然是问题。我也养育过孩子，也曾因孩子不好好吃饭、注意力不集中、做作业拖拉、不愿意收拾屋子等一系列日常琐碎问题而焦虑。在孩子成长的道路上，又有哪个父母没有为孩子的问题而烦恼？

即使是被广大读者视为育儿成功者的李峥嵘，同样也不例外。"因为孩子，我们突然多了很多问题，逼着自己去面对习以为常的生活，逼着自己跳出死水微澜的日子。"近年来，李峥嵘经常去学校、社区、媒体开展讲座，每次都有家长私下问她各种孩子的养育问题。可见，孩子的问题真是问题，而且还是年轻的父母十分关心的问题。

《孩子的问题是问题吗》共分3个篇章，分别是"爱不是控制，是成长路上的灯塔""教育不是输入，是成长路上的基石""家庭不是角色扮演，是成长路上的盔甲"，收录了父母们普遍关心的51个育儿问题，并用一问一答的方式为读者释疑解惑。从3个篇章的标题不难看出，作者在育儿问题上所持有的先进、科学理念。

李峥嵘很谦虚，她说："我不是专家，我只是一个好奇的孩子，我把每一次提问看作对我自己懒惰的挑战，把每一次回答当作和父母一起踏上探索自己秘密的征途，希望每一个人勇敢地走上不从俗的道路。"我很欣赏作者这种把自己视为孩子中的一员，与年轻的父母一起讨论育儿问题的心态。

读罢《孩子的问题是问题吗》，你会感到一阵轻松：孩子的问题并不是什么大不了的问题。诚如儿童教育作家蔡朝阳"序"中所言："很多家长的育儿焦虑，其实是不必要的。"他专门以本书作者为例，"李峥嵘养育孩子，相当不拘一格，比如，她没让儿子明仔上幼儿园，直接上小学……但明仔也长大了，没有因为不上幼儿园，个头比别人矮，智力开发比别人晚……事实上，这个没有上过幼儿园的孩子，是一个特别出色的孩子。"

在李峥嵘看来，需要辩证地看待孩子的问题。比如，"孩子喜欢说脏话"，家长通常认为这是一个很严重的问题，但"在心理学家看来，这种表现也很正常，讲脏话就像是进入成人世界的一张门票，给孩子一种成人的虚幻感觉。"正是有了这种科学、理性的认识，再遇到类似问题时，父母们就不会大惊小怪，懂得如何因势利导帮助孩子解决问题。

面对一个个问题，李峥嵘所有的回答都在告诉父母一个原则：不必焦虑，不要急于求成。在她看来，养育孩子的过程是一个父母与孩子交流的过程，与孩子共度的日子是给父母一个重返童年的机会。为此，她进一步阐述道："每一个让成人纠结的养育问题，其实是自己未曾解决的成长问题，是夫妻之间被掩盖的交流问题，是一代代人之间温情脉脉背后的怨言和误解。"是的，当我们的梦想没有实现时，总是希望子女能代替自己实现；当夫妻之间的感情出现裂缝时，首先受到伤害的是孩子；当我们的工作不顺心时，常常会迁怒于孩子……如此看来，孩子身上的问题，总能从父母的身上找到影子。知道了问题的症结所在，就不难找到解决问题的办法。

其实，孩子的问题是应该被认真对待的问题，也是可以解决的问题。如何解决养育孩子中出现的问题，李峥嵘表现出了过人的智慧，她善于找到孩子乐于参与的办法来解决问题，针对许多问题，她都提供了解决的范例。比如，"如何让孩子起床变得容易"，她不是简单地说教，而是把起床变成了自己与孩子一起玩的一场快乐游戏,效果出奇地好。

解决养育孩子中遇见的问题,李峥嵘还表现出了难得的耐心和超凡的洒脱。她建议,年轻的父母不要依赖育儿专家给出的答案,很多问题并没有答案,更不可能有所谓的标准答案。"有一天你走着走着,某些问题就消失了,不再需要解答,同时又有一些新问题出现。不要固执地寻找某一个困扰一时的问题的答案,尤其是不要依赖他人的经验,你自己的生活会逐渐展现出答案与新的问题。"

李峥嵘还善于站在孩子的角度思考问题。关于"孩子做什么都磨蹭怎么办",她认为,这涉及一个大人和孩子如何看待时间和如何理解快慢的问题。大人每天都有很多工作要做,因此,"对成人来说:时间像一支箭,永远指向一个方向,开弓后便一去不回头……"而孩子无忧无虑,对他们来说,时间永远充裕,总也用不完。当我们"理解了孩子的时间观念和我们不一样时,就可以想出很多具体的办法来帮助他们建立新的时间观念",最终帮助他们改掉做事磨蹭的习惯。

在李峥嵘看来,办法总比问题多。理解孩子,相信孩子,依靠孩子,就一定能解决孩子身上存在的各种问题。"所有的一切都需要大人温和而又坚定地和孩子交流。别啰嗦,别心软,一个办法不管用,就换一个办法。"

《孩子的问题是问题吗》2020年7月由中国工人出版社出版,当年8月即重印,可见颇受读者欢迎。青少年科技教育工作者同样需要掌握和传播这方面的知识,有感于斯,特填《小重山》词一首,专作推荐。

休虑孩童多问题。
青春发育路、
步高低。

成龙望子莫焦急。
倾情护，
关爱伴相依。

学者解答疑。
文章循善启，
暖心畦。

娓娓生动美幽溪。
细品阅，
雨后现虹霓。

注：

本文刊载于2022年第9期《中国科技教育》中的《开卷有益》栏目。

杏林仙草多瑰丽

　　高振博士现就职于上海复旦大学附属华山医院，是一位科研、临床兼顾的优秀青年中医大夫，《青杞》是他在新冠肺炎疫情期间居家创作的一部小说。2023年11月中旬，他通过微信把即将付梓的书稿发给我，希望我给这部小说写推荐语。

《青杞》是一部讲述中医药的小说,也是一部关于青春与爱情的图书。小说以作者虚构的济水中医药大学为故事场景,描述了青年学生樊青桐、柳杞儿在校学习中医药的经历。高振是山东人,也有过在中医药大学求学的经历。我认为,书中内容也是作者对中医药学习、探索和思考的经验和成果,值得初入这个领域的青年学子阅读、借鉴。

我认识高振有十几年了。2006年,我在科技导报社工作期间,高振就是我们刊物《科技导报》的热心读者,那时他是新疆医科大学的一名在读硕士生,经常给我们写信,或是谈自己研读某篇学术论文的读后感,或是给我们提出改进刊物质量的意见,或是逢年过节向编辑们问好。《科技导报》其时辟有《读者之声》栏目,高振是这个栏目的常客;他经常以"骑驴下蒙山"的网名在《科技导报》新浪博客上留言、点评。那段时期,他经常给我发邮件;每逢元旦、春节,我们互寄明信片问好。我离开科技导报社后,与高振仍一直保持联系。这次他让我写推荐语,我一点也没觉得意外。2009年,高振被评为《科技导报》年度热心读者;2010年,他再次被评为《科技导报》热心读者,并应编辑部邀请从新疆专程来到北京,出席《科技导报》年度工作总结、表彰大会。

高振的第一篇论文是在《科技导报》上发表的,之后,他由《科技导报》热心读者变成热心作者。我对他的第一篇论文至今仍有印象,文章的责任编辑吴晓丽博士在文字和结构上下了很大功夫。高振不止一次对我说,他永远感恩《科技导报》在他成长道路上所给予的支持、鼓励和鞭策。2008年6月,为庆贺中国科协成立50周年,科技导报社承办了由中国科协调研、宣传部主办的第二届"我与科协"征文活动。高振投了两篇稿件,专门谈他与《科技导报》编辑部交往的情谊,其中一篇文章还获了奖。

我还记得,2010年6月16日,高振给我发来邮件,附上了他写的一篇小说《青春往事》电子文档,希望我帮助联系出版。其时,我刚调任科学普及出版社社长兼党委书记,百事缠身,就把这件事耽搁了。今天,找出邮件中的《青春往事》重新翻阅,发现《青杞》就是《青春往事》的修订版。人们常说,十年磨一剑,高振将这部作品打磨了整整13年!如今,《青杞》即将由百花洲文艺出版社出版,实乃可喜可贺!

屈指算来,我和高振相识已经有17年,但两人至今只见过两次面。2014年9月,我赴新疆农垦科学院拜访著名农业水土工程专家尹飞虎院士,尹老师长期从事植物营养、农田节水和滴灌水肥一体化研究工作,为促进国家高效节水农业发展做出了突出贡献。那次拜访促成了尹院士主编的《滴灌水肥一体化科普》丛书日后在科学普及出版社出版。回北京前,高振陪我参观了他们学校附近的古生态园,我有幸目睹了大量形状各异的胡杨木标本和极为珍贵的硅化木化石,以及难得一见的汗血宝马,着实开了眼界。高振为此还专门写了一首诗,让我见识了他的文学才华。

在高振看来,中医药在数千年的发展历程中,形成了一套比较完整的理论体系,以及行之有效的疾病诊断、预防与治疗方法。与中医药漫长的发展历史相比,青春则是人生一个过于匆忙且躁动多变的小小章节,给人留下了青涩的回忆。"青杞"二字取自我国古代最大的一部彩色本草图谱《本草品汇精要》,小说《青杞》中的主人翁樊青桐和柳杞儿的名字包含了"青杞"二字。柳杞儿善于用更开阔的医学视野考量中医药,钟情于如何利用现代科技助力中医药发展。樊青桐则相对传统,期望从历代医书和中医传统实践中获得真知。大学毕业后,柳杞儿远赴加拿大求学,樊青桐则留在河西走廊追逐梦想,两人从不同方向传承和发展中医药。在《青杞》一书中,高振给这种杏林仙草赋予了更多的含义,希望能在求知求学和处理感情方面对年轻读者有所启迪。

明代朱橚所著的《救荒本草》植物学著作,对青杞有这样的描述:"生青熟红,根如远志"。这不正是高振笔下谦逊的年轻人心存高远志向的真实写照吗?特以一副对联作为《青杞》的推荐语,希望高振喜欢。

杏林仙草救死扶伤传统
医学知识多瑰丽,
岐黄学子躬行实践懂
青春思索富启迪。

注:

本文刊载于2023年12月22日《科技日报》中的《文化》栏目。

神来绘就鬼斧功

　　对不懂绘画艺术的人来说，在欣赏一幅幅中外世界名画时，恐怕很难发现其中所蕴含的科学知识，以及作品背后隐藏的有趣故事。上海科技教育出版社2020年7月出版的《名画中的科学》丛书，不仅为像我这样的"美盲"读者提供了解读名画的科学视角，还让读者在欣赏名画的同时，潜移默化地学习了名画中所蕴含的历史、地理、政治、宗教、文物、绘画等知识，细细读来，让人倍感惊喜。

> 《名画中的科学》丛书让读者一并欣赏了中外世界名画所蕴含的内容美、构图美、礼乐美、语言美、科学美。

《名画中的科学》丛书分为西方名画和中国名画两大部分,每部分各3册图书,分别是展现西方绘画历史的《文艺复兴的觉醒》《从巴洛克到浪漫主义》《从写实主义到印象派》,以及反映中国名画风采的《晋唐之美》《两宋辉煌》《元明清百花齐放》。全书介绍了西方油画大师和中国国画名家各36位,以及他们各自代表画作共600幅,包含300个科学知识点,200个趣味人文知识点。每篇文章都从导览名画切入,然后带领读者走进画家所处的那个时代,了解画家的创作背景、绘画创新、艺术风格、人生经历,继而展开趣妙横生或追根溯源的观画问答,由此探索、解读相关的科学知识。

《拾穗者》是最能反映法国著名田园画家让·弗朗索瓦·米勒绘画风格的一件脍炙人口的油画作品,画面主体是3个在秋收后的田地里弯腰拾麦穗的农妇,背景是忙碌的农人和高高堆起的麦垛,远处是房屋、教堂和云彩。《名画中的科学》丛书作者把米勒列为《从写实主义到印象派》分册介绍的第一位画家,并对其画作《拾穗者》进行解读,表明这幅世界名画在19世纪西方现实主义绘画史上具有崇高地位;将这幅油画解读为"神圣宁静的农民颂歌",道出了发生于贫困农村的米勒对底层民众的深切同情、虔诚尊重和热情歌颂。我小时候也曾在田里捡过稻穗,那是给家里养的鸡最好的饲料。现在城里的孩子很少有人在农田里干过农活,大都分不清小麦和韭菜。为此,这篇文章除介绍米勒及其名画外,还专门介绍了有关小麦特性、种植、加工、食用等方面的科学知识。读者在欣赏《拾穗者》的同时,是不是有了额外的收获和惊喜?

造纸术是中国的四大发明之一,发明于西汉,改进于东汉,到了魏晋南北朝,纸张开始取代帛、简,成为最为常见的书写材料。东晋时期,纸张尚未普及,画作通常是在绢帛上完成的,绘画成为一门奢侈的艺术。顾恺之是我国第一位留下姓名的画家,被誉为"水墨画鼻祖",这位东晋名士创作的《女史箴图》《洛神赋图》《列女仁智图》《步辇图》等传世名画,用的都是绢帛材料。绢帛是用蚕丝织成的软布,可以卷收、剪接,便于保存、携带,容易着色,吸墨效果好,且材料寿命长。但是,绢帛十分昂贵,当时只有王公贵族才有能力将其提供给御用画家作画。了解了这些知识,读者就知道那个时期的画家为什么创作的都是官廷生活题材的内容。

《名画中的科学》丛书介绍的中国名画贯穿中国美术史近2 000 年,鉴赏的西方名画从文艺复兴到工业革命时期跨越600余年,引领读者追随中外绘画大师,开拓鉴赏的眼界,感受绘画的魅力,聆听艺术的音符,触摸时代的脉搏,见证科技的发展,接受美育的熏陶。

高明的画家常常把历史的密码隐藏在画作的每一个细节里,需要读者运用丰富的知识用心探寻、破解。《使节》(又名《法国大使》)是文艺复兴时期被誉为德国肖像画第一人小汉斯·荷尔拜因的得意之作,画中左侧站立的是出使英国的法国外交官德·丹特维尔爵士,另一位是画家的朋友——教会使节德·塞尔弗。仔细观赏画作中的物品,你会看到天体仪、地球仪、日晷、赤基黄道仪等科学观测仪器和乌德琴、风笛等流行乐器,以及科学著作、路德诗篇等书籍,由此彰显画中人物渊博的知识和高雅的兴趣。

文艺复兴发生在14至16世纪的欧洲,是一场在文学、绘画、音乐、科学、政治、宗教、建筑等领域全面展开的思想文化启蒙运动,应运而生的新思潮、新知识、新发现对画家的绘画艺术创新也产生了深刻的影响。画家们自此开始研究透视技巧，重视人体的解剖结构、肢体比例和构图平衡，尝试运用几何原理在平面上体现空间感和立体感。《使节》画面中下方有一个拉长变形的白色骷髅头，那是荷尔拜因用精准的透视法将人的头骨加以变形后绘制的。这幅世界名画中的陈列物件和绘画技巧，从侧面反映了文艺复兴运动给科学、艺术、人文发展带来的巨大推动作用。

元、明、清是中国绘画百花齐放的时代，《名画中的科学》丛书中的《元明清百花齐放》分册介绍了这个时期的12位大画家，历经康熙、雍正、乾隆三朝，居"扬州八怪"之首的清代著名画家金农就是其中之一。他笔下的《梅花图》素洁典雅、生动饱满、繁茂如雪，甚是令人喜爱。在品德高尚的文人墨客眼里，梅花就是清高气质的代表，其颜色、气味、姿态和风骨成为他们不甘屈服于权贵、不愿沦落于世俗的象征。这一分册的"金农《梅花图》——高洁的君子情怀"篇章，介绍了梅为什么会产生香味等植物学知识，使读者在欣赏名画时科学素养提到提升。

《名画中的科学》丛书就像一条精心打造的艺术步道，将绘画、书法、雕塑等艺术知识，与数学、天文、地理、农学等科学知识融为一体，让读者一路欣赏了中外世界名画所蕴含的内容美、构图美、礼乐美、语言美、科学美。在"双减（减轻义务教育阶段学生作业负担、减轻校外培训负担）"成为眼下最受瞩目的民生话题的情况下，这套优秀的科普图书为大力开展以美育为主题的跨学科青少年科学文化素质教育，无疑提供了丰富的阅读资源，做出了科普出版的示范。有感于斯，填《临江仙》词一首，以表祝贺，以示褒赞。

绘画大家名作，

美轮美奂其中。

神来绘就鬼斧功。

珍藏传万世，

经典价连城。

艺术科学融汇，

内容趣妙情浓。

图书出版靓先锋。

欣赏提素质，

青少慧明聪。

注：

本文刊载于2022年第4期《中国科学教育》中的《开卷有益》栏目。

服务『三农』磨下玉

　　农业兴,则百业兴;农村稳,则社会稳;农民富,则全民富。"两会"期间,"三农"成为热门话题,也是提案众多的议题之一。但是,要使"三农"问题真正得以解决,就必须不断提高农业生产现代化水平,持续加强美丽乡村建设,大力普及农业科技知识。在我看来,《现代农业新技术科普动漫片》(以下简称《动漫片》)就是"三农"优秀科普作品中的佼佼者,对提升农民科学素质意义重大。

《现代农业新技术科普动漫片》是"三农"优秀科普作品中的佼佼者，对提升农民科学素质意义重大。

《动漫片》由农业教育声像出版社出版，包括10集科普影片及配套科普丛书和宣传小折页等，它以黑龙江省农业科学院农技推广服务和精准扶贫成功经验为素材，通过讲述龙江大地新型农业主体依靠科技干事创业，实现脱贫致富、增产增收的故事，为北方农民普及种植、养殖两大产业十大类型的198项现代农业实用新技术。认真观看各集动漫影片，仔细阅读丛书各册内容，我认为作品具有如下创新点。

一是聚焦农民现实需求，践行"论文写在大地上，成果留在农民家"创作理念。项目创作坚持以农民为中心，急农民之所急、所需，所普及的内容均来自黑龙江省农科院科技人员下乡服务过程中农民咨询最多的生产实际问题。团队全程邀请农民参与创作，广泛听取农民意见，以是否便于农民理解、掌握、应用作为检验作品成败的依据，实现了科普作品来源于农业生产实际、服务于农民大众需求的初衷。

二是围绕服务脱贫攻坚、乡村振兴大局，精心选择题材内容。黑龙江是我国重要的粮食基地，创作人员将振兴东北农业经济、提升东北地区农业科普教育水平，给"中国饭碗"增添科技分量，视为历史责任和光荣使命。《动漫片》服务对象定位为北方农民，聚焦黑土地优势农产品，精选适应性强、收益高的水稻、玉米、大豆、马铃薯、木耳、苜蓿、西瓜、猪、肉牛、奶牛十大农产品进行科普，充分彰显区域优势和地域特色。

三是突出作品原创性，力求科技与文化深度融合。项目团队由包括农业专家、科普作家、画家、导演、词曲作者、技术农民等在内的155人组成，剧本、绘画、动画、配音配乐等全部为原创,最终形成了10集原创动漫及配套卡通丛书,成功塑造了52个原创人物角色和30个原创卡通形象,把农业技术原理演绎得淋漓尽致,使农民看了就想学,学了就能用,用了就有效。

四是力求作品通俗易懂,使科普作品深受农民喜爱。每集动漫片的名字就颇见项目团队的创作功力,《俺村的玉米合作社》《龙稻屯的故事》《小土豆增效记》《大豆种植小九九》《牛倌父子养牛记》《小西瓜大身价》《胖婶养猪记》《奶牛场大变身》《种苜蓿养牛羊》和《小木耳大产业》均生动有趣,过目难忘。影片表现方式充分迎合东北农民喜好,卡通形象、二人转、快板书、顺口溜使人倍感亲近,让科普作品立马生动起来、鲜活起来,使农民一看就懂,一学就会。

五是发挥全媒体优势,深入基层线上线下全方位传播。作品以《动漫片》为母本,配套开发了口袋书、宣传小折页、"明白纸",以及"云平台"和手机APP,使农民随时随地可看、可学、可用。同时组织农民和农技人员培训,通过电视、广播、网络等渠道播出,扩大宣传普及范围,取得了良好的社会效益和经济效益。

据项目团队负责人刘娣和韩贵清两位资深农技专家介绍,项目技术已在黑龙江、内蒙古、辽宁、吉林等地应用,在中央电视台、黑龙江广播电视台、"学习强国""云上智农""优酷""腾讯""抖音""快手"等媒体平台广泛传播,在农民中反响热烈。抗"疫"期间,依托《动漫片》项目中的实用农业技术,黑龙江省农科院和黑龙江电视台联合创办了《科技助农在线帮》节目,专家答疑解惑,与农民互动,直接为农业抗"疫"服务,深受广大农民欢迎。

我曾多年参加科普作品评奖工作,深感《动漫片》科普作品选题精准、形式新颖、生动活泼、特色鲜明,对该项目创作团队科技人员深入基层精心创作,一心一意为"三农"做实事,肩负使命开展科技精准扶贫,满腔热忱投入疫情防控的行为,感佩不已,特填《苏幕遮》词一首,以表敬意。

白山水,

黑土地;

致富脱贫,

把脉频施计。

农技普及成重戏。

易懂通俗,

百姓方欢喜。

卡通书,

情景剧;

网络传播,

曲艺真谐趣。

服务『三农』磨下玉。

精品出版,

红遍龙江域。

注:

本文刊载于2020年5月29日《科普时报》中的《青诗白话》栏目。

汇编理论破迷蒙

　　2022年9月7日,2021年全国科普讲解大赛在广东科学中心落幕, 来自全国各地76个代表队的232名选手通过"云端"跨时空比拼,为公众呈现了一场集科学、艺术、技能为一体的科普盛宴。受新冠肺炎疫情影响,本届大赛推迟了一年。自2014年启动首届全国科普讲解大赛以来, 这项全国性的科普讲解赛事受到越来越多人关注,至今已举办八届。作为大赛主要策划人和推动者,邱成利博士倍感欣慰,赛后不久,他给笔者赠送了新著《科普讲解》,令我欣喜不已。

《科普讲解》为科普爱好者提供了极为难得、有用的学习、参考资料。

《科普讲解》2022年10月由重庆大学出版社出版,主要介绍科学传播的内涵和意义、科普讲解的概念及其重要性、如何撰写优秀的科普讲解稿、科普讲解大赛的类型、科普讲解大赛技巧等。我曾长期从事科普工作,自然经常接触科普讲解,由于讲解者并非都是专业科普工作人员,还有很多为兼职人员、科普爱好者或志愿者,他们大都并没有接受过专门的科普讲解训练。因此,《科普讲解》的出版可谓恰逢其时,为从事科普讲解或参加科普讲解大赛的选手和科普爱好者提供了极为难得、有用的学习、参考资料。

《科普讲解》具有较深的理论性。《科普讲解》共五章,分别是"绪论""科普讲解""撰写讲解课件""科普命题讲解"和"科普讲解技巧",就我所知,这是国内第一部专门论述"科普讲解"的著作。我以为,全书的理论贡献主要体现在第二章"科普讲解"中。科普讲解是一种深受大众欢迎喜爱的新型科学传播方式。那么,究竟什么是科普讲解,它的作用是什么,又有什么特点,与科普讲座、科普演讲有什么区别? 作者对这些问题都予以了科学、严谨的回答,并从理论上予以诠释、厘清。在邱成利看来,"科普讲解是在一定的时间内,运用有声语言、态势语言及其他辅助方法向听众普及科学知识、弘扬科学精神、传播科学思想、倡导科学方法的活动。"他把科普讲解"一定的时间"限定在三四分钟,要求讲解者在这有限的时间里综合运用科技知识、形体语言,借助图片、视频、音乐、仪器、道具等媒介,通过现场演示、讲述、解释完成活动。因此,科普讲解实际上是一种把科技知识艺术化、通俗化、普及化的"微科普"活动。

邱成利现任中国科学院科学传播中心副主任、研究员,退休前曾任科技部人才与科普司二级巡视员,是科普界名副其实的"老兵"。他长期从事科学传播管理、研究、推广工作,是《国家科学技术普及"十二五"专项规划》《"十三五"国家科普和创新文化建设规划》等重要科普文件主要起草者,也是全国科技活动周及若干重大科普示范活动的主要策划者和实施者。他将自己长期以来对科普讲解工作的研究、思考融入书中,并用以指导科普讲解的具体实践活动。

《科普讲解》具有较好的指导性。科普讲解具有科学性、原创性、艺术性、通俗性、趣味性等特点,降低了科普的门槛,创新了科普的方式,独具魅力,广受欢迎。那么,如何做好科普讲解工作,如何"在一定的时间内"把科普讲解的效益发挥到最大?《科普讲解》的第三章"撰写讲解课件"、第四章"科普命题讲解"和第五章"科普讲解技巧",给出了具体的指导意见。从做好科普讲解前期准备看,作者强调,讲解者需要在"确定讲解内容""选择合适题目""精心撰写讲稿""突出重点内容""善用举例比喻"等方面下功夫。比如,科普讲解者要提前了解受众群体情况,面对不同年龄、不同身份的观众,应选取与之相适应的讲解内容和讲解方式,运用不同的讲解技巧和语音语调,以达到最佳效果。另外,讲解员的仪态、着装也要与所面对的讲解对象以及讲解的内容相匹配,尽量避免违和感。

至于科普讲解的技巧,《科普讲解》给出的"秘籍"是:提高讲解能力、把握关键环节、凸显科技力量、形成风格特点、细节决定成败。作为资深科普专家,尤其是作为全国科普讲解大赛的主要策划人和推动者,邱成利每年都要参加各种各样的科普讲解大赛,以主管领导或以评委、专家身份对参赛选手的表现予以点评。如今,由这些精彩点评形成的理论文字已融入《科普讲解》书中,成为科普讲解参赛者的"葵花宝典"。

《科普讲解》具有较强的示范性。邱成利认为,"科普讲解竞赛改变了讲解格局,充实和丰富了科学传播的内容和形式,使专业讲解员走出了展厅,走上了讲解台,走向了社会;使业余讲解人员走进了展馆,走上了讲解台;使科学知识从科研院所等机构传播到社会,促进了公众了解科技、理解科技、尊重科技、支持科技,这是科普领域一次具有扩散性的创新,意义非同一般。"

创办于2014年的全国科普讲解大赛至今已举办八届,第九届大赛的决赛将于2022年12月下旬进行。据不完全统计,自2014至2020年,全国各地各行业举办各种规模的科普讲解赛事1 578场,各级赛事累计参赛选手超过11.5万。《科普讲解》"附录"共有3部分内容:一是《中国公民科学素质基准》,该文件为公民提高自身科学素质提供了指导,成为做好科普讲解工作的基本遵循;二是"科技常识问答题库",给出了500道题及答案,为科普讲解人员确定讲解内容、选择合适题目提供了参考;三是"2022年科普讲解大赛随机命题",并附有参考答案,为各行各业举办科普讲解大赛提供了范例。

最近,我曾两次赴中国科学院物理研究所参加由邱成利博士策划并主持、几乎每月举办一次的"科学咖啡馆"活动。在这种沙龙似的活动上,每次都是由一位科普专家围绕一个科学主题进行演讲,而提问环节的解答更像是一个个精彩的科普讲解,讲解人必须在规定的时间里用通俗易懂的语言和幽默风趣的肢体动作给听众以满意的答案。最后,邱博士会逐一点评演讲内容,科普讲解的示范性由此得到生动展现。

感佩于邱成利博士对科学传播工作所做出的重大贡献,祝贺《科普讲解》出版,并祝愿该书发挥更大的作用,特填《浣溪沙》词一首,以表情怀。

致力传播屡建功，
汇编理论破迷蒙，
一书在手技能通。

讲解科学明理道，
诠释万物惠民丰。
提升素质助国隆。

注:

本文刊载于2022年第12期《中国科技教育》中的《开卷有益》栏目。

慕课图书众点赞

创作青少年科普图书难度很大，一方面要求内容准确、科学无误，另一方面要求语言通俗易懂、幽默风趣，既能得到科技专家的肯定，又能受到青少年读者的喜爱。值得庆贺的是，徐海教授编著的《名侦探之化学探秘》丛书为专家学者创作优秀青少年科普图书提供了成功范例。

《名侦探之化学探秘》丛书于2018年5月由化学工业出版社出版,包括《名侦探之化学探秘——神秘公寓的真相》和《名侦探之化学探秘——APTX4869的秘密》两册。该丛书以青少年喜爱的日本动画片《名侦探柯南》为切入点,选取影片侦破案例中与化学相关的热点问题开展科普。丛书出版两年多来,先后获2018年度全国优秀科普作品奖、2020年度湖南省科学技术进步奖二等奖、2019年度中国化学会优秀科普作品奖等殊荣,发行23 000余册,产生了良好的社会效益和经济效益。

化学是一门以实验为基础,主要在分子、原子层面研究物质的组成、性质、结构与变化规律,并探寻创造新物质的自然科学。人类生存与发展所需的食物、环境等资源,以及我们日常生活的方方面面,都与化学息息相关。青少年了解、学习、掌握化学知识,对认识自然、改造社会、学会与自然和谐相处至关重要。

《名侦探柯南》片中屡破奇案的小学生柯南深受青少年喜爱,该片自1999年被引进中国,至今已播出1 000多集,而且仍按每周一集持续播放,培养了大量的中国青少年柯南爱好者。尤其是自2020年国内知名的综合性视频网站哔哩哔哩购买了《名侦探柯南》的播放版权之后,柯南的中国"粉丝"变得越来越多。以这部广受青少年欢迎的侦探动画片为蓝本创作《名侦探之化学探秘》丛书,无疑彰显了作者徐海教授独到的眼光和过人的智慧。

徐海现为中南大学化学化工学院教授、博士生导师,这位先后在瑞士联邦理工学院和美国耶鲁大学从事过博士后研究工作，入选国家"万人计划"科技领军人才的资深学者，一直是《名侦探柯南》的忠实"粉丝"。徐海通过调研发现，《名侦探柯南》在中国连播20多年来，收获了大批各个年龄阶段的观众，属地道"全家福动漫"。该片几乎每集都讲述一个独立的破案故事，无需了解太多的前后剧情就可以观看；剧情宣传的向善、求真、探索精神，非常适合对中国青少年进行科学文化素质教育；柯南作为对化学、物理、数学、天文、地理、音乐等知识几乎无所不知的"学霸"和利用科技知识破案的高手，可作为青少年学习的榜样。为此，自2012年起，他就在中南大学面向非化学专业大学生开设"名侦探柯南与化学探秘"课程，探索通过动漫等形式激发学生兴趣来开展化学教学和化学科普的创新型人文教育新模式，取得了良好的教学效果，深受广大学生好评，并获中央电视台、《人民日报》、新华社等权威媒体的关注和报道。

《名侦探之化学探秘》丛书乃是徐海教授"名侦探柯南与化学探秘"课程的总结和升华，他按照"化学知识为主，相关知识为辅"的原则，将丛书每一册的内容分成十章，每章选取一个化学科普主题，并对应《名侦探柯南》中的一个典型案例，以此展开来普及相应的化学等科学知识。以《名侦探之化学探秘——APTX4869的秘密》分册为例，其第九章"绽放在星空的魔术师：烟花"就选自《名侦探柯南》中《复活的死亡信息》一集的剧情；徐海结合剧情详细讲解了烟花的化学组成、生成原理、发明历史和传播过程，以及烟花燃放的三大效应——声响效应、气动效应和发烟效应。青少年阅读这一章时还可欣赏中国古代描写烟花的优美诗词，了解中国烟花之乡浏阳的驰名烟花产品，知晓"长沙市橘子洲周末焰火燃放暨中国·浏阳音乐焰火大赛"等知识；真可谓，知识琳琅满目，内容丰富多彩，科普趣妙横生。

《名侦探之化学探秘》丛书每章的编排、表现形式也颇具创新,每章都设计了如下8个科普互动板块:跟小兰温剧情,跟光彦学知识,跟灰原学化学,跟园子走四方,跟柯南来推理,看基德炫魔术,随优作忆典故,听博士讲笑话;其中小兰、光彦、灰原、园子、柯南、基德、优作、博士均为《名侦探柯南》中的人物。这让熟悉《名侦探柯南》的青少年读者读来倍感亲切、兴趣盎然。

为了使青少年掌握每章化学实验的操作技能,加深对相关化学知识的理解,丛书在每个主题下还设有"推理解答、习题答案与魔术揭秘"板块,并配有相对应的"二维码"。读者据此不仅可测试自己学习、理解、掌握本章知识点的情况,还可通过扫描二维码观看化学实验视频,拓展学习内容。这种编排可谓集科学性、实用性、拓展性、互动性和趣味性于一体,极大地提高了青少年学习化学等科学知识的积极性和主动性。

《名侦探之化学探秘》丛书出版后,徐海教授受邀远赴韩国、澳大利亚等国为国外大学生授课,担任江苏卫视《一站到底》、北京卫视《科学时间》等科普电视节目嘉宾。如今,徐海的"名侦探柯南与化学探秘"课程已开课43轮,选课人数超过7 000人,成为中南大学示范课程;相应的同名网络慕课已正式上线并免费对社会公众开放,成为湖南省精品在线开放课程,已有来自200余所学校的5万余名学生选课,点击人数超过700万。受"名侦探柯南与化学探秘"课程影响,目前全国已有20多所学校开设了相关的课程。基于《名侦探柯南》世界性的影响力,徐海教授还计划开设中英日三语对照版本,届时,该课程将有望成为亚洲最具影响力的网络慕课之一。

品读《名侦探之化学探秘》丛书,感慨万分,填《清平乐》词一首,以表情怀。

柯南探案,
青少欣观看。
科普融合彰典范,
慕课图书点赞。

动漫编著清新,
化学原理入心。
趣味知识传授,
出版频报佳音。

注:

本文刊载于2022年第1期《中国科技教育》中的《开卷
有益》栏目。

声文互动竞芳菲

　　《媒眼看世界：新媒体作品中的科学启迪》（以下简称《媒眼看世界》）一书源于中国科学技术馆与《科普时报》合作开办的《媒眼看世界》栏目，由该栏目刊载的文章结集汇编而成。如今，此书即将由科学技术文献出版社出版，主创人员邀我作序。看到一个栏目的设立产生了很好的效果，带来了上佳的效益，我十分欣喜，欣然应诺。

《媒眼看世界：新媒体作品中的科学启迪》收录了《科普时报》已刊载的60篇专栏文章。

我在中国科学技术馆任职期间，一度分管科普影视中心和网络科普部，这两个部门的职责都是运用新媒体开展科普活动和科学教育。但是，随着信息技术的迅猛发展，新型媒体的形式已远非影视和网络两种媒体所能概括，这对科普场馆教育工作者无疑提出了新的课题和挑战。为此，2019年，我向这两个部门提出了在《科普时报》开设《媒眼看世界》栏目的要求，并将栏目定位为"谈媒体发展，看世界变化"，通过面向社会征稿、定期刊载文章、适时汇编成书的方式，传播新媒技术、增进同行交流、提高工作水平、巩固研究成果、培养科普队伍。

2020年元旦一过，《媒眼看世界》正式开栏，中国科学技术馆科普影视中心讲师耿娴主动请缨，带病撰写的开篇文章《从〈阿丽塔：战斗天使〉看赛博格技术的发展》让人眼前一亮，成为之后众多作者写作的样板。《媒眼看世界》以"网络""影视"为特色，以科学的视角解读、评论热门科普科幻影视作品和新媒体展品展览，阐述科普科幻影视作品中新媒体技术原理及其他高新技术的运用，揭示新媒体技术和信息技术在科学传播中的作用，预测未来科学技术给人类社会发展带来的变化和影响。

正是有了这样一个供大众展示才华的科普文章创作平台，中国科学技术馆同事以及其他科技馆同人等开始积极创作、踊跃投稿，奉献了一篇又一篇科普佳作。据悉，这些投稿者中有科技馆员工、高校教师、在校学生、杂志编辑……他们来自天南海北，各行各业。《媒眼看世界》一书收录了《科普时报》已刊载的60篇专栏文章,全书共5章,分别是"科幻:遇见未来""疗愈:抚慰身心""大爱:点亮人物""创新:技术前沿"和"影视:传播新知"。认真品读全书,诚如图书副书名所言,笔者从以影视为代表的新媒体作品中获得了或多或少的"科学启迪"。真可谓:一书在手,新媒讴歌,目不暇接,美不胜收,受益匪浅,知识丰优,他山之石,可攻玉岫。

我之所以认为,《媒眼看世界》栏目的设立产生了很好的效果,带来了上佳的效益,是因为该栏目有如下几大特点。

一是栏目新颖,影响深远。所有文章不仅在纸质媒介《科普时报》中的《媒眼看世界》栏目刊载,同时还由每位作者全文朗读配音,以"图文+音频"方式在中国数字科技馆网站同名专栏集成展示,为读者带来多重阅读体验。栏目团队成员以及全体作者还通过各自的微信公众号推送,进一步拓宽了文章的传播渠道。《媒眼看世界》栏目自2020年1月开设至今,共收到投稿文章近百篇,已刊发63篇,其中44篇文章被"学习强国"平台全文转载,影响广泛、深远。

二是视角新颖,写作精心。《媒眼看世界》栏目虽然以刊载科普科幻影视作品评论文章为主,但不同于常见的影评,该栏目影评带有浓重的科学色彩。作者以技术爱好者的视角,诠释科普科幻电影的新奇、酷炫、神秘;读者在欣赏影视作品精彩故事情节的同时,还能通过作者的引导获取意外的科技知识。比如,天津科技大学电子信息与自动化学院戴凤智撰写的《"魔镜"靠什么辨识每一张脸》,从家喻户晓的《白雪公主》童话故事入手,通过深入浅出的叙述,为读者揭开"人脸识别技术"的神秘面纱。该文将技术普及与故事写作完美结合,为科普工作者向公众讲好前沿科技做出了示范。

三是解读技术,通俗易懂。吴丹是中国科学技术馆影院管理部工程师,长期工作在影院一线,曾为馆里4个不同影院引进过大量优秀科普电影,积累了丰富的科普电影引进和放映经验,在解读电影技术方面具有独特的优势。她写的第一篇专栏文章《IMAX:放大科学的体验——观科普电影〈别有洞天〉有感》,以中国科学技术馆球幕影院当年首映电影《别有洞天》为例,详细介绍了大格式IMAX电影的技术原理,令人耳目一新,被誉为少有的"技术流派"作者。曾就读于澳大利亚悉尼大学人文社科学院的吴已千,积极思考如何以生动的语言拉近读者与晦涩学术名词之间的距离、弱化艺术与科技之间的学科壁垒等问题,写就了《疫情期间的时间体验——由电影〈时间规划局〉引发的感悟》《人类与合成人的战争谁会赢——观科幻剧〈真实的人类〉展望合成智能发展》等作品,以新颖有趣的方式解读科幻影视作品中所蕴藏的科学原理。

四是面对疫情,尽显担当。2020年初,新冠肺炎疫情暴发后,《媒眼看世界》栏目在抗疫这场没有硝烟的战争中积极发挥作用,赵铮、李竞萌、郝倩倩三位栏目主创人员集中发力,分别撰写的《疫情来了,媒体也是一名战士》《疫情中的"心"生力量》《影片〈传染病〉留给我们的思考》,吹响了科技场馆同人和媒体业界人士抗击疫情的集结号。《媒眼看世界》第二部分"疗愈:抚慰身心"选辑中一半以上的文章都是在疫情期间创作的,完美展现了这些富有责任感和使命感的科普人主动担当、勇于作为的迷人风采。

五是运营栏目,收获满满。中国科学技术馆青年职工赵铮和李竞萌既是《媒眼看世界》栏目创办、运营负责人,也是《媒眼看世界》一书的主编,她俩的感言最具代表性。赵铮在这项工作的总结中写道:"在各类繁杂的工作中,最让我感到心情愉悦的当属运营《媒眼看世界》栏目了。栏目从诞生、发展到结集成书,每一阶段,我都亲身经历——自己亲手带大的'孩子',感情自不一般,运营《媒眼看世界》栏目,让我颇具成就感,更有一种'赠人玫瑰,手有余香'的幸福感。"回忆这段难忘的工作经历,李竞萌更是激动不已:"说实话,参与筹办《媒眼看世界》新媒体影评栏目,最开始内心是惶恐不安的。现在两年已过去,眼见《媒眼看世界》即将成书出版,很庆幸栏目的每一次进步都有我的痕迹,而我的每一次成长更是得益于运营这个栏目过程中的磨练。感谢《媒眼看世界》让我拥有了这一段难忘旅程。"

六是团队协作,将勇兵威。创设《媒眼看世界》栏目,这个任务是由中国科学技术馆网络科普部主任任贺春负责的。大学期间,任贺春曾担任北京理工大学《京工报》主编,有一定的报刊编辑经验;栏目创办之初,作为《媒眼看世界》栏目主持人,她坐镇指挥、集思广益,使栏目很快步入正轨。科普影视中心副主任郝倩倩提出了"图文+音频"的创新展示方式,并撰写了多种类型的样板文章,奠定了栏目创作形式和融媒体传播基调。同时,中国科学技术馆各部门大力支持、密切配合,《科普时报》原总编辑尹传红、责任编辑张爱华悉心指导,确保栏目顺利运行、文章质量优良。据悉,《媒眼看世界》栏目吸引了大批作者,其中很多人是第一次公开发表作品,专栏的开设对科普队伍建设无疑起到了积极的推动作用。

出版文字承载了历史深刻的记忆。若干年后再翻看《媒眼看世界》这本图书,我相信,作为科学知识的传播者,所有为这本图书的出版付出过努力的人,都会感到欣慰和自豪。

有感于斯,填《浪淘沙令》词一首,以赞《媒眼看世界》图书全体作者,以表欣喜、欣慰之情。

栏目展全媒，
酷靓华瑰。

桑田沧海幻轮回。
技术高新推社会，
变化宏恢。

网影与民偎，
冰雪红梅。
声文互动竞芳菲。
创作刊行兴队伍，
将勇兵威。

 注：

本文刊载于2023年第3期《中国科技教育》中的《开卷
有益》栏目。

亡羊补牢犹未晚

拉萨北京两茫茫，

彼雾霾，

此湛蓝。

一国迥异，

何处话感伤？

纵使自得居首都，

尘满面，

情何堪？

夜来幽梦忽还乡，

戴口罩，

闭门窗。

自顾无言，

唯有肺紧张。

但愿来年金秋夜，

月如斯，

圣洁光。

《 直 面 危
机——社会发
展 与 环 境 保
护》由环境史
研究专家梅雪
芹教授撰写，
是一部环保研
究专著。

2014年10月8日,北京入秋后的第一个重度雾霾日。其间,我正在拉萨参加中国科协援藏工作会议。当晚,我站在布达拉宫广场呼吸着醉人的新鲜空气,欣赏纯净天空中皎洁明亮的圆月，禁不住作《江城子》词一首(见370页)。

雾霾是人们对大气中各种悬浮颗粒物含量超标的笼统表述。高密度人口的经济及社会活动所产生的大量细颗粒物尤其是PM 2.5（空气动力学当量直径小于或等于2.5微米的颗粒物)的排放量,一旦超过大气循环能力和承载度,细颗粒物将持续积聚,并受静稳天气等气候条件的影响而产生雾霾。作为一种大气污染状态,雾霾天气对人类健康影响甚大,极易导致急性鼻炎、急性支气管炎、支气管哮喘、慢性支气管炎、阻塞性肺气肿和慢性阻塞性肺疾病等呼吸系统疾病，以及由此伴生的高血压、冠心病、脑出血等心脑血管疾病。2014年1月4日,国家减灾办公室、民政部首次将雾霾天气纳入2013年自然灾情进行通报。如今,雾霾天气已经成为公众热门话题,治理雾霾已经成为民众的热切盼望。

《直面危机——社会发展与环境保护》(以下简称《直面危机》)于2014年3月出版,由环境史研究专家梅雪芹教授撰写。在这部环保研究专著里,雾霾和河流污染、采矿污染、垃圾污染等环境污染现象,被认为是威胁人类生存发展的重大危机。书中"致命的烟雾"部分，针对工业化时代存在的两种典型空气污染现象——煤烟型空气污染和光化学空气污染,专门讲述了发生在1952年冬季英国的伦敦烟雾事件和20世纪中叶美国的洛杉矶光化学烟雾事件,以及其给人们健康和生命造成的巨大危害。

"……巨大的烟幕降临市区,导致城市中心的能见度急剧下降,让楼房、街道变得朦朦胧胧。在这阳光被遮蔽的白天,洛杉矶的数千居民感到眼睛刺疼,喉咙好像被刮擦一般,伴有咳嗽、流泪、打喷嚏等症状,严重者呼吸不适、头疼恶心,难受至极。"如果说洛杉矶光化学烟雾事件还只是让南加州的居民感到自己的生活由此出现了严重的问题,那么,伦敦烟雾事件则让所有英国人感受到了巨大的恐慌。"据统计,在1952年12月5日之后的一周时间里,伦敦死了4 703人,远远高于前一年同期的1 852人,而在大雾之后的两个多月时间内,又有超过8 000人相继死亡。""不少人死在了病床上,以至于医院的太平间满员,不得不借用解剖部门的实验室,而市政府在了解情况后在好几个地方安排了临时停尸所。一时间,负责殡葬事务的工作人员用光了储备的棺材,花店用于编织葬礼花圈的鲜花也脱销了。"

《直面危机》一书以英、美、日等发达国家工业化进展为背景,讲述其经济社会快速发展时期环境问题的出现、恶化和应对的历史,旨在分析人类生产、生活方式的变革与自然环境之间相互作用关系的变化及其结果,为我国治理包括雾霾天气在内的环境污染提供了经验和智慧。

当前,为应对雾霾天气,我国各级政府部门从控制PM2.5入手,采取压减燃煤、严格控车、调整产业、强化管理、联防联控、依法治理等重大举措,使空气质量慢慢得到改善。2014年11月APEC峰会期间,北京的天空连续几天出现罕见的蓝天,惊喜的人们将这期间的北京蓝天命名为"APEC蓝"。然而,"APEC蓝"持续时间不长,在我写这篇书评的时候,APEC峰会刚刚结束不久,北京开始重现雾霾天气,令人唏嘘不已。那么,我们应该怎么办呢? 诚如美国历史学家罗德里克·纳什所言："环境正在向我们发起反扑；有鉴于此，我们倡导一种针对环境的行为革命。当然，由来已久的观念和制度难以轻易改变，而今天是我们在这颗星球上度过余生的第一天。我们将重新开始。"

是的，我们将重新开始。治理雾霾，保护环境，从我做起，从今天做起。认真阅读《直面危机》中所描述的那些发生在异国他乡的环境污染事件，设身处地体会人们所遭遇的创伤和痛苦，直面我国当前存在的包括雾霾在内的各种环境污染问题，亡羊补牢，犹未晚也。

《直面危机》是中国科学技术出版社策划出版的《生态文明决策者必读丛书》

 注：

本文刊载于2014年第33期《科技导报》中的《书评》栏目。

汉语诗词美学构

　　林海兄的《林海谈诗》将由北京工业大学出版社出版，他联系我说："我的诗友很多，但是从对诗歌的挚爱，对新诗的热情，对于新的理论和主张的认识等诸多方面看，你是最合适的写序人选，再加上我们几十年的友谊，那就非你莫属了。"被他高帽子一戴、一忽悠，我头脑一发热，连书稿都没看，就一口答应下来了。拿到《林海谈诗》书稿并翻阅后，我开始后悔了。

> 《林海谈诗》是一部兼顾学术性和趣味性的关于诗的美学的图书。

《林海谈诗》是一部兼顾学术性和趣味性的关于诗的美学的图书,重点探究了汉语古典诗词和现代诗的创作理论和方法,作者用结构主义理论方法,建构了一个完整的汉语古典诗词和现代诗的美学体系——从高到低分别为诗的语言美、诗的意境美、诗的哲理美和诗的蕴涵美4个层次,观点非常独特。书中第二章"诗的结构"重点谈唐诗宋词的格律,而古典诗词格律正是我的软肋,我又是林海所嘲笑的那种既不懂格律平时还喜欢写点自以为是格律诗的人,不敢为他写序,自然情有可原。

好在"诗的结构"这一章,林海教授是用自然科学的方法,借助结构主义的理论,来对中国古典诗词格律进行解析的。我与林海是北京理工大学校友,同样的理工科出身,又有近三十年的交情,再加上十几年前我曾担任过大学出版社的社长,从为老朋友、老同行热心帮忙的角度考虑,我写这篇序的底气也就有了,胆子自然也就壮了。

林海"文革"前考入清华大学通信专业,作为改革开放后的第一批研究生,在北京理工大学攻读信号处理专业的硕士和博士学位。所谓"信号处理",就是把记录在某种媒体上的信号通过特定技术处理抽取出有用信息的过程,它是对信号进行提取、变换、分析、综合等操作的统称。信号处理以数字信号处理为中心,这是因为信号通常可以用数字形式表示,而数字化的信号则可以在计算机上通过软件来实现计算或处理。在全球日益信息化、网络化的今天,信号处理技术无疑是一门极其富有活力的学科,正以强大的渗透力被应用到越来越多的领域。

没想到,林海居然把他的专业知识运用到了对诗词,尤其是中国古典诗词格律的解析上,并取得了意想不到的奇效。

在林海看来,中国古典格律诗词和现代诗的知识是结构性的,以唐诗格律为例,只要找到了这个结构的原点,再按照一定的规律生成新的节点,就可以生成唐诗格律全部完整的结构。林海把唐诗格律知识结构的原点定义为"平仄交错的句式",通过将"仄起仄收""平起仄收""仄起平收"和"平起平收"4种标准句式构成唐诗七言绝句的原位正体,由此推导出七言绝句的原位变体、换位正体和换位变体其他3种格律,以及七言律诗的原位正体、原位变体、换位正体和换位变体4种格律,继而推导出五言绝句和五言律诗的原位正体、原位变体、换位正体和换位变体共8种格律,从而推导出了唐诗的全部16种格律。

更绝的是,林海还给出了唐诗格律的数学表达方式,以及上述推导的数学演绎过程。他把律诗中的平仄声分别看作2进制数字,用"0"表示律诗中的平声,用"1"表示律诗中的仄声,再将每句的2进制数字转变为16进制数字,连起来,就得到了一首唐诗格律的"数字表达式"。

以王之涣的《登鹳雀楼》这首著名的五言绝句为例,其数字化的描述过程如下:

白日依山尽,11001=19

黄河入海流。00110=06

欲穷千里目,00011=03

更上一层楼。11100=1C

这首诗的最终数字表达式为:"1906031C"。

当用类似于信号处理的数字化方法来表达唐诗的格律时,林海发现,其格律变化蕴含着下述 5 条规律。规律一:正体 + 03 = 变体;规律二:原位正体两联对换 = 换位正体;规律三:五言 0 换成6 = 七言;规律四:绝句正体 + 绝句正体 = 律诗正体;规律五:绝句变体 + 绝句正体 = 律诗变体。有了这 5 条数学规律,学诗者就能够从五言绝句的原位正体出发,用数学推导的方法导出唐诗的其他 15种格律。林海对这5条规律进行了验证,证明了它们不是对个别现象的描述,而是对具有同一性质的诸多现象的本质的概括,在规定的条件下,具有普遍的意义。林海对唐诗格律进行数字化表述和数学规律的揭示,无疑是中国古典诗歌理论的一个重大创新。掌握了这5条规律,唐诗的格律完全就不需要死记硬背了。在《林海谈诗》中,作者对以上这套理论和方法进行了详尽的叙述,我在此就不赘述了。

林海认为,唐诗的格律在结构上是封闭的,其形式是有限的,而宋词的格律在结构上是开放的,其形式是无限的。人们可以从一个或若干个结构原点出发,形成宋词的形式结构,但不可能穷尽之。有意思的是,林海还发现,人们完全可以在宋词现有的格律结构上,再发展出新的格律节点,轻松地创造出一个个新的词牌,而这个过程是无限的。在《林海谈诗》一书中,林海给出了用他的结构主义理论和方法来创造新的词牌的生动实例, 这使得这部颇具学术性的诗论平添了许多趣味。书中,林海对"诗的声韵""诗的修辞""诗的美学"等问题的结构主义解析同样精彩。

我和林海相识于20世纪80年代后期,当时他正在北京理工大学攻读博士学位,毕业后曾短暂留校工作。那时,不惑之年的他才情四溢,诗书画摄影俱佳。他的现代诗《几何学的烦恼》《沉睡的维纳斯》等,曾给我留下深刻的印象。那段时间,我在学校组建了一个松散的诗社,一群志趣相投的青年教师、研究生经常凑在一起交流诗作、共叙友情。林海长我17岁,当过兵,做过基层公务员,教过书,13年前以大学教授身份退休,是我亦师亦兄的好朋友。他在从事教学、科研工作之余,还致力于汉语诗词的创作与理论研究,并自2006年始,以"莲花王子"的笔名在新浪等网站发表他的原创文学、艺术作品和理论研究成果,讲授古典诗词格律等知识,传播中华文化艺术。

我曾在科学普及出版社任职,现在又在中国科学技术馆工作,有着多年从事科学技术普及工作的经历。在我看来,自从2002年颁布《中华人民共和国科学技术普及法》、2003年实施全民科学素质行动计划以来,我国的科学普及工作越来越受到重视,广大科技工作者参与的积极性也越来越高,公民的科学素质也在不断提高。但是,相对自然科学知识的普及,社会科学知识的普及工作却明显滞后。林海认为,我们的生活需要诗,诗能使我们的生活更美好。基于这样的理念,他将自己长期以来对中国古典诗词和现代诗体系研究的成果系统化、科学化,完成了《林海谈诗》一书,成为普及社会科学知识的样板,可谓功德无量。

我曾经读过一些关于中国古典诗词和现代诗创作与欣赏的理论著作,都因为这些大作不能像傻瓜相机那样被我这种智商不太高的人轻松掌握,最终都没有勇气认真读完,更谈不上准确掌握了。汉语古典诗词和现代诗创作与欣赏的理论,被林海这个理工男用通俗的结构主义方法解析了、建构了,《林海谈诗》给了我学习诗词的勇气和信心。为此,我非常愿意向读者推荐《林海谈诗》,相信这部图书对欣赏和创作中国古典诗词和现代诗会有很大的帮助。

这真是:

莫笑痴呆理工男，

文学根底不一般。

汉语诗词美学构，

阳春白雪变笑谈。

注：

本文是为林海先生所著《林海谈诗》写的序，刊载于2017年9月15日《科普时报》中的《青诗白话》栏目，该书2017年12月由北京工业大学出版社出版。

撷朵浪花做书签

　　古希腊哲学家赫拉克利特曾说：人不可能两次踏入同一条河流。时光飞逝，发生了的事情皆已成过去，不可能重来。但是，我们可以通过回忆再现过去、还原往事、重现历史。如果把时间比喻成一条河流，人们可以采撷河流中的一朵朵美丽浪花，用回忆来体味曾经绽放过的人生风采。

《如河的行板》就是梁进生命河流中一朵朵迷人的浪花奏响出的一首美妙交响乐曲，不妨认真欣赏，慢慢琢磨，仔细品味。

这是我读完梁进所著的《如河的行板》之后的一些感慨。梁进是同济大学数学系金融数学专业教授、博士生导师，科学网上著名的博主。我与她因志趣相近，都爱读书、猜谜、写诗、制联，两人在科学网博客上相识；之后因2012年出版她的《淌过博物馆》科普图书，而结为好友；同年7月29日，邀请她来京在中国科技馆"科学讲坛"上做专题科普讲座，由此有了更多交流的机会。文理兼通、学识渊博的梁教授邀我为她的散文集新作《如河的行板》作序，我自然恭敬不如从命。

《如河的行板》收录了梁进的16篇散文，外加一首词作结语；记录了她与命运抗争、为事业拼搏、探索真理的坎坷成长历程，讲述了她中学毕业后海内外求学、学成归国后在名校从事教学科研工作等往事。每篇文章都似一股出涧的溪水，缓缓流淌；全部文章汇聚成一条奔流的小河，清新秀丽，浪花时起。作者似一位高超的音乐指挥家，把汉字码放得五音和谐，把文章调度得段落妥帖，把篇目安排得起伏跌宕，让读者似乎是在用眼睛倾听一场美妙的"如河的行板"，甚为愉悦，甚是享受。

梁进是数学家，我很欣赏她《随机人生》这篇数理与文理、哲理相结合的散文。随机过程是一连串随机事件动态关系的定量描述，通过研究随机过程，人们可以透过事物发展表面的偶然性，描述出事物发展的必然性，并以概率的形式来呈现。若将时间作为随机过程的一个重要变量，那么，人生和命运就是一个以时间为标志的不确定过程。在梁进看来，"如果说人生有一只看不见的命运之手引导，我们也可以像刻画风险资产价值那样试图用随机过程来描述这只手。"为此，她用数学语言给出了青年学子掌握自身命运的一系列定性分析建议。

生活的道路通常并非一马平川，人生实际上是一个不断面临选择，并不断做出决策的过程。不同的选择和决策，将把人引至不同的方向，对人生将产生不同的影响。梁进的忠告是："由于面临选择时，你并不能确定未来的随机事件，所以犹豫徘徊不能帮你，事后后悔更是没有意义，只有在分析可能性后，当断则断。"2005年，梁进在学成回国前，曾有机会到著名投资银行雷曼兄弟在伦敦的总部做金融工程师，在经过慎重考虑后，还是选择回国发展。2008年，雷曼兄弟破产，引发金融海啸。梁进很庆幸自己当时做出了一个无比正确的决定。

人生的河流并非风平浪静，前方的道路通常充满了不确定性。按照随机过程理论，过去的信息越多，未来的确定性就越大，就越可能朝着期望的方向发展。《如河的行板》告诉我们，乐观的生活态度、广博的知识储备、丰富的人生阅历、浓厚的人文情怀，都能增加我们走向成功的可能性。因此，梁进从小就养成了读书的好习惯。"文革"期间，"对我们孩子来说，最大的饥荒是书荒。""到了爱看书的年龄，没有书看，真是'饿'得发慌。'饿'字当头，饥不择'食'，也不管禁不禁，是不是'毒草'，抓到什么书都看，就算是饮鸩止渴吧。"我和梁进算得上是同时代的人，她采撷的一朵朵孩提时代有关读书的往事浪花，激起了我记忆的涟漪。

人生有高潮，也有低潮。过去发生的事将会影响你未来的发展，但这种影响并不是决定性的。"因此，取得成功，应心生感激，不幸失败，当坦然接受。""只要大限未到，未来仍然有其他各种可能，你仍然可以继续调整参数。"2010年，梁进被检查出患有癌症，她把这种不幸视为"不平凡的人生的又一大险滩"，自己不过是再闯一次滩而已，即使身患重病，仍和医生、护士谈笑风生，泰然处之。如今，她的身体已完全康复，这自然也得益于她乐观的人生态度。在"结语"《满庭芳·夏夜遐思》这首词里，梁进把这种豁达的生活理念表达得更为清晰："弃得失，放眸宇际，心坦比穹苍。"

梁进对生活充满了激情，充满了热爱，充满了幻想。《杂色童年》《里斯本童话》等16篇散文里，情节一个比一个精彩，故事一个比一个动人。尤其是《玉佛之约》，讲述一名中国抗日青年地下工作者与一位美丽的葡萄牙姑娘在上海偶遇，并结下生死友谊、产生绝世爱情，匆匆分别后50多年一直默默思念、苦苦期盼的动人故事，文章写得一波三折、情真意切、荡气回肠。今年正值抗日战争胜利70周年，读来更觉扣人心弦，催人泪下，使人深思。

我以为，《如河的行板》就是梁进生命河流中一朵朵迷人的浪花奏响出的一首美妙交响乐曲，不妨认真欣赏，慢慢琢磨，仔细品味。

赫乐哲言岁月迁，梁君佳作似河绵。

随波漫溯生平事，对卷犹听过往弦。

数理辩中寻妙谛，风云幻处悟真诠。

文魂笑绘沉浮路，墨韵留香伴梦眠。

夜深了，撷朵浪花做书签，合上《如河的行板》样书，欣然入睡。

 注：

本文是为梁进女士所著《如河的行板》写的序，该书2015年11月由现代出版社和中国科学技术出版社合作出版，本文刊载于2015年10月28日《中华读书报》。

叩谢高堂享欢颜

　　父亲的自传体著作《筑梦人生—— 一个地质勘探工作者的心路历程》即将出版,看到那么多朋友为此书作序作跋,作为儿女,我们兄妹三人觉得也应该写点什么。于是,哥哥和妹妹推选我代表他们写一个后记,一来表示祝贺,更重要的是借此机会表达我们对父母的感恩之情。

（一）

哥哥和我分别出生于1959年和1961年,妹妹则出生于1964年。母亲生下哥哥和我时,正值国家经历三年困难时期,我祖父正是在1960年因饥饿水肿而病亡。据父亲说,我出生的那一天,当时凭出生证可以给产妇供应一斤肉、一斤鸡蛋补充营养。可是,父亲跑遍了整个长沙市区的商铺,却没有找到一星肉、一个蛋;最后,还是在一个偏远公社的一家小店铺里,才买到一小瓶豆子碎肉罐头。母亲生儿养儿不易,至今想来,仍令人心酸、唏嘘不已。

我出生后不久,母亲从萍乡煤炭学校选煤专业毕业。其时,国家经济极为困难,尽管各领域都奇缺技术人才,但是,为了减少吃"皇粮"的人口,替国家分忧解难,母亲那届毕业生全都积极响应国家号召,在家待业,自谋生路。可以想象,靠父亲一个人微薄的工资,上要赡养两边的老人,下要哺育儿女,生活该有多么艰难啊!

很小的时候,我曾随父母在江西萍乡生活过一段时间。记得有一天,家门口来了一个要饭的妇女,还带着两个孩子,母亲给了她们一碗饭后,那女人还不肯走。母亲就让我把压岁钱拿出来给她们,压岁钱装在一个小雪花膏盒子里,有四五枚硬币;我捡出其中一两枚面值小的递过去,母亲很生气,让我全部给了她们。要饭的走后,母亲对我说:"人家饭都没有吃,我们怎能那么小气呢?"

我小学三年级是在江西丰城的白土小学上的。母亲那届毕业生在待业多年后,国家经济开始好转,但没有人再想起他们这些曾为国家做出牺牲的年轻人。于是,她的同学中有人牵头组织上诉,终于使这些被遗忘了的人得以重新分配工作,母亲被分配到总部在丰城县的195地质队。每次谈到这件事,母亲都会对那几位牵头的同学表示敬佩和感激。

其时,母亲所在的195队二工区驻扎在白土公社(现改为白土乡),我是随母亲在这个公社的小学上的学。白土靠近山区,离县城很偏远,据说当时是丰城最贫穷的一个公社。我的班主任叫徐文孝,是个小伙子,他非常喜欢我(2014年5月,我仅凭记住的徐老师姓名,通过丰城县公安局,竟然在白土乡找到了他,并通过他又找到了三位三年级时的班上同学。师生见面,大家格外激动)。195队的队员大多来自山东,食堂以面食为主食,这对一辈子吃米食的徐老师来说,实在是稀罕,同时也充满了诱惑。一天放学后,徐老师用粉笔盒装了满满一盒大米,问我能不能帮忙换两个馒头尝尝。我回家跟母亲说后,母亲很生气,责怪我不应该收老师的大米,第二天一上学,她就让我给老师带去了两个馒头,并把米退还给了老师。

可以说,我们兄妹三人从小就深受父母言传身教,懂得做人要善良,要有正义感,要有同情心,要甘愿付出,要帮助那些需要帮助的人。

我和兄妹的生日,都是母亲的受难日。感恩父母给予我们生命,养育我们长大,关爱我们进步,教育我们成长,培育我们成才,帮助我们解难,凝聚我们亲情。父母的恩情比天高,孩儿永志不能忘记。2017年"五一"期间,我和妻子回长沙与父母团聚,并在我生日那天赋诗一首,以代表兄妹三人感谢父母养育恩情。

思忆五十六年前,
灾荒岁月降人间。
踏遍星城无肉迹,
寻尽商铺绝蛋颜。
为父方知育儿苦,
庆生更晓奉慈甜。
难得偷闲却公务,
叩谢高堂享欢颜。

（二）

父亲出生于长沙郊区农村,兄妹众多,家境艰难。1952年,初中还未毕业,为了给家庭减轻负担,不满17岁的父亲就私自报名,考取了远在河南焦作的中央燃料工业部干部学校,学习勘探技术。之所以考这样一所别人都不愿去的学校,并非父亲从小对勘探技术情有独钟,而是入校后不仅食宿等费用全免,每月还有津贴补助,可以省下钱来寄给家里。

第二年,父亲以优异成绩毕业,被中南军政委员会分配到位于江西萍乡的地质调查所第一普查勘探大队(现901地质大队的前身),开始了他长达18年的地质勘探生涯。他先后参与完成江西省第一份地质报告——《萍乡高坑煤矿详查地质报告》,设计了65毫米小口径钻井的取芯工具以及微型反循环钻探法,创新黄金堆喀斯特地层钻进方法,执笔完成我国第一部喀斯特地层钻进工艺,被评为江西省地质系统劳动模范。

1970年6月8日,父亲负责的勘探井在江西省清江县(现樟树市)洋湖公社毛埚村钻探施工,意外地发现了盐岩,而且矿品优质、藏量巨大。以发现盐矿的日期命名的六八盐矿(后改名为江西盐矿)筹备小组遂成立,父亲负责生产组,很快组织打下了第一口盐井,并于当年10月1日熬出第一锅食盐。在此之前,母亲所在的195队一直在赣中的高安、上高、丰城一带的荒野游弋,父亲所在的901大队则常年活跃在赣西的萍乡、莲花、安福等地的贫瘠山区,两人长年跋山涉水,风餐露宿,寻煤找矿,天各一方,十分艰苦。江西盐矿成立时,父亲刚调到195队不久,现作为钻探骨干又被留在盐矿重新创业;没有办法,父亲趁机提要求,把母亲也调了过来,从此结束了"牛郎织女"两地分居、地质勘探四处奔波的生活。

到盐矿后,我们先后住过矿里的储盐仓库和附近村庄老表(江西人对农民的称呼)家里,全部家具只有两三个樟木箱子以及几个父亲自制的小木凳。尽管如此,比起之前的勘探队居无定所、三月半载就得搬家迁徙的流浪生活,我们已经很满足了。

说起地质工作的艰苦辛劳,现在的很多年轻人恐怕很难相信。听父亲说,当年他们在赣西的偏远山区勘探时,当地民兵发现这群头戴鸭舌帽、肩背帆布包、脚穿大头靴的年轻人,手持榔头"鬼鬼祟祟"东敲敲、西望望,还以为是台湾派来的空降特务,遂押送到公社好一顿审问。我还记得,有一次,我乘坐老式嘎斯卡车跟随母亲一行人去工地,车厢后挡板的梯子上挂着的一扇新鲜猪肉,引得一只饿狼跟着我们跑了好几里地,最后实在觉得无望,才悻悻然离开。

小时候,我们兄妹三人有时这个跟父亲跑,那个跟母亲跑,相互很难在一起聚面。听父亲说,他们在莲花县的坊楼公社找矿时,有一天上班后,他就把妹妹一个人锁在屋里,怕她跑出来有危险。望着门外自由玩耍的孩子,年幼的妹妹非常羡慕,便搬出家里的白糖罐子,把勺子舀着糖一勺一勺伸出门缝递给孩子们吃,为的就是让他们能跟自己说说话。糖分光了,孩子们一哄而散,剩下妹妹一个人在屋子里使劲地哭。

大约是1968年夏季的一天,母亲把我从萍乡接到高安,火车到新余后,一停就是好几个小时。母亲刚下车准备给我买点吃的,谁料想,火车竟然轰隆隆地就开走了,我吓得哇哇大哭。好在火车开到下站又开回了新余,那阵子可把我母亲急坏了。后来听母亲说,那次是有人劫持了火车,准备开到南昌搞武斗,半路被拦了回来。

有很长一段时间,我们兄妹三人被父母送回长沙,交由二姨妈和外婆外公抚养。我们住在城南侯家塘的一个大祠堂里,祠堂里有近20户人家;单我们家就有九口人,除外婆、外公、二姨妈和我们兄妹三人外,还有二姨妈的三个儿子。外婆心地善良,外公老实慈祥,二姨妈宽厚仁爱,三位长辈如同父母般疼爱我们;三个表哥比我们都大很多,时刻护着我们,让外人不敢来欺负。我们在外面惹了祸,邻居找上门都是冲着我们的二姨妈嚷嚷。记得有一年,母亲回长沙探亲,三位表哥争着向小姨妈问好,我们三兄妹也傻乎乎地冲着母亲直喊"小姨妈",母亲难过得直掉眼泪。

(三)

父母到一起工作后,全家难得开始真正团聚。父亲一辈子热爱学习,刻苦钻研技术,但生性耿直,从不攀附权势,入党晋升常被人以"骄傲自满,看不起人"为由而挡住,因而一直都是在技术职务上晋升,最终成为矿里的总工程师、江西省整个盐业系统说一不二的绝对技术权威。年近半百时,他被民主党派吸纳,成为清江县的人大代表,后任人大常委会委员。

父亲骨子里是个理想主义者,工作认真负责,精益求精,能拼敢干,按照现在时髦的话说,绝对敢担当,勇作为。记得盐矿创建时,在一个寒冷冬天的夜晚,钻井旁水塘里的一台抽水泵坏了,需要钻到水下抢修,矿里的人都围在水塘边观看,领导急得来回踱步。这时,我看见父亲和另外一个叔叔脱下衣裤,跳进水里检查、排修,两人捣鼓了半天,终于让水泵又转了起来。爬上岸后,父亲和同事急忙穿上类似于志愿军冬装的条纹棉衣,冻得牙齿直打架,接过一瓶白酒,两人轮流往肚子里灌。当时,我的心里充满了自豪。那一刻,父亲在我们心里就是英雄。

1971年,父亲力排众议,把我们兄妹三人的户口从人人都羡慕的省会城市长沙,迁移到了贫穷落后的江西老区。在他看来,受知识和能力的限制,姨妈和外婆外公尽管对我们都倾注了全部的爱,但无法给我们兄妹三人提供良好的家庭教育以及今后的学习辅导，长此以往，很可能会耽误我们的前程。现在想来，父母的这个决定真是太英明、太伟大了。

我们兄妹三人都在长沙市区的枫树山小学读过书，后来我才知道，那是长沙市最好的小学之一。到江西盐矿后，我们先后在洋湖公社晏梁小学和盐矿子弟小学读过书，尽管两个学校的教学、师资都极为落后，设施也极为简陋，但我们从此却得到了父母无微不至的关爱以及耳提面命的教诲。

父母是我们人生最好的老师。母亲年轻时非常爱读书，能记得曾做过清朝最后一个皇帝溥仪写的《我的前半生》书中的许多细节，她经常给我们讲俄罗斯文学，尤其是童话，还有苏联电影里的故事等，我至今还记得她给我讲过的华西丽莎、三头凶龙等童话中的主角。父亲就更不用说了，上中学时就被聘为《湖南大众报》特约通讯员，在901地质大队就是颇有名气的文学青年，《萍乡煤矿工人报》曾专门给他开过专栏。到盐矿后，父亲经常写诗填词，与矿里同样热爱文学的几位挚友交流、讨论，作品颇丰。经常有父亲的同事朋友到我家吃饭、聊天，我也常听父亲给他们讲《史记》《战国策》《资治通鉴》《左传》等古籍里的故事。令人极其痛惜的是，父亲年轻时期的那些诗作、散文等作品，大都在那个荒唐的年代被烧毁了，仅存的一些报刊样稿也在历次搬家中不慎丢失。

受父母言传身教，我们从小耳濡目染，养成了喜爱读书的习惯。小学期间，我们三兄妹就读过大量的连环画、小说以及当时的所谓"禁书"。高尔基的《童年》《在人间》《我的大学》三部曲，《钢铁是怎样炼成的》《破晓记》《铁道游击队》《林海雪原》甚至《三国演义》等小说，我都是在小学读完的。

父亲、母亲淳朴、善良、刚正，又都非常有个性。1956年，母亲初中毕业，响应时任国家主席刘少奇的号召，不顾家人反对，相约另一个女孩子，一起跑到湖南沅江县的一个村子里,立志做有知识的新一代农民。在之后的两年里,两个举目无亲的女孩子备受磨难,最后不得不又跑回了家。父母两家是远房亲戚,每年都有来往,母亲年轻时非常漂亮,父亲对她可谓一见钟情;母亲从沅江回来后,父亲遂展开了猛烈的求爱攻势。母亲被父亲的才华所吸引,1958年从农村跑回家后,又不顾全家人的反对,用和父母断绝关系的激烈方式,只身跑到萍乡和父亲结了婚。

(四)

一个人事业能否取得成功,一辈子能否有所成就,能否得到他人的尊重,除智力的因素外,我认为,非智力因素同样非常重要,而认真、负责、三思而后行等良好的习惯,很大程度上却有赖于儿时的教育和养成。在这方面,父亲40多年前对我的一次言传身教,令我铭记终生,让我受益一辈子。

记得在我十多岁的时候,有天下午,我看到家里桌子上有一个圆形的电灯开关盒,就很好奇地把它拧开了。现在想来,开关盒里面的机构并不复杂,只是一个简单的弹簧拉伸回复装置。我没有认真观察,研究各个零件的具体位置,就用螺丝刀很快把开关盒拆卸了。等玩够了拆卸开的开关盒后,我再想把它装好复原,笨手笨脚的我却怎么也做不到了。折腾了好一会儿还是装不上去,我就随手把拆散的开关盒零部件扔到桌上,想起身一走了之,跑出去玩耍。

没想到,从我对开关盒感兴趣、开始拆卸、试图复原直至撒手不管,父亲一直坐在不远处观察我。见我起身要离开,父亲马上站起来制止:"青儿,你准备就这样把开关盒扔下不管了吗?""是的。我装不回去了。"我理所当然地回答道。"不行。你今天必须把它装好、复原;否则,不准吃晚饭。"父亲让我坐下,非常严肃地命令我。

我只好又乖乖地坐下来，重新开始鼓捣那个开关盒。但是，或许我天生动手能力就差，折腾了将近一个小时，还是无法复原。父亲一直坐在身旁一声不吭地监工，急得我眼泪禁不住也流出来了。

看到我实在没能力复原，父亲从我手中把开关盒接了过去，亲自示范，很快就把它安装好了。随后，父亲语重心长地对我说："青儿，你要永远记住，无论做什么事情，首先要把后果考虑好。比如，拆这个开关盒之前，你就要考虑自己是不是还能把它安装回去，万一安装不好又怎么办，只有这样，你才会在动手前仔细观察开关盒的结构特征，记住每个零件的具体位置，掌握开关的基本原理，这样就不会发生拆卸后复原不了的情况。另外，对待任何事情，你都要有责任心，必须善始善终，负责到底，绝对不能有始无终，半途而废，不了了之。开关盒拆卸后，装不上去就一扔了事，岂不就报废了？还有，干任何事情都要认真、仔细、严谨，要学会观察，学会思考，学会请教。爸爸一直在屋里，你装不上去，为什么不求助爸爸呢？"

在我之后的人生道路上，父亲的那次教育对我影响极大。参加工作后，我曾多次转岗转行，先后在期刊编辑部、高等院校、杂志社、出版社、社团机关、科技场馆等单位工作过，干过编辑、记者、教师、行政管理员、党务工作者、公务员等职业。这些工作大都是源于组织安排、工作需要，有的则是出于个人的兴趣和爱好。每次转岗转行前，我都会仔细分析、认真权衡、扪心自问、三思而行：你真的为此准备好了吗？你真的能够在新的岗位上全力以赴工作吗？你真的能抵御新的岗位上可能遇到的各种利诱吗？如果干不好，你准备怎么收场呢？想明白了这些，无论新的岗位新的领域新的局面怎样复杂，条件多么艰难，收入如何不堪……自己都能够随遇而安、从容面对、泰然处之，认真履职尽责、尽心尽力；无论遇到什么困难,碰到什么问题,遭遇什么挫折……自己都能够永不服输,绝不妥协,誓不放弃,善始善终做好每一件事。

可以说,父亲是我们兄妹三人人生道路上的第一位思想导师。

（五）

父亲一生多次转岗,经历丰富,成就不俗:搞探矿,技术一流;当教授,授课精彩;办企业,收效骄人;写文章,著述颇丰;是我们兄妹三人心中的偶像和楷模。但是,晚年回忆往事,父亲最为得意的却是:成功地把三个孩子教育好了,而且从来没有用过打骂的手段。在父亲看来,打骂孩子是父母无能的表现——你没有本事用理性的办法说服、教育孩子,只能用以强凌弱的暴力手段压服,那不是无能又是什么? 父亲认为,打骂孩子的结果只有两个:要么是打骂出一个奴才来——孩子被打怕了,打服了,最终只会俯首帖耳,不是奴才又是什么? 要么就是打骂出一个蠢材来——孩子被打怕了,打服了,最终也没明白其中的事理,不是蠢材又是什么?

我和哥哥是1977年高中毕业的同班同学,哥哥是班上的学习委员,我是宣传委员,在学校老师看来,我俩应是当年班上最有希望考上大学的学生。其时,我属下放知识青年, 因年龄太小, 当年8月被敲锣打鼓送到偏远的农村知青点后, 第二天又乘坐送我们下放的汽车回到了家里, 与留城的哥哥一同在矿上待业。父亲和母亲都非常有远见,当时并没有像矿里其他家长一样想方设法让孩子赶快打工挣钱,或招工顶替,或找其他门路,而是四处帮我们寻找学习资料,督促我们备考复习。父亲坚信,"四人帮"已被打倒,国家发生了重大变化,建设"四个现代化"一定会需要知识、需要人才,考大学是我们兄妹三人自我改变命运、做一个对家庭对社会对国家真正有用的人的唯一途径。

我们三个孩子没有辜负父母的期望。恢复高考的第一年，我和哥哥因为复习准备仓促，双双落榜；第二年，两人如愿以偿，都考取了大学，一工一文、一北一南，入学深造。妹妹不甘示弱，1979年，年仅15岁的她也考上了大学。两年之内，我们兄妹三人先后考上大学，为矿区子弟树立了榜样，成为当时矿上轰动的一大新闻。父亲和母亲也成为矿里教育孩子成功的典范，经常被家长们请去"传经送宝"。父亲在教育子女方面非常有智慧、有远见、有耐心、有方法，在苏氏和我母亲周氏家族中数他对子女教育最为成功。我们考上大学后，父亲曾填过一首词《江城子·育儿随想》，里面的"诱导青年，设身理更详；会做父母知孩想，少说教，多商量"这句，就是他老人家一辈子践行的子女教育观的忠实写照。

我们三兄妹上大学期间，父母一直坚持给我们写信，关心我们，教导我们，指导我们。母亲大约一个月写一封信，父亲写得更勤一些，有时我一个月能接到父亲两三封信。母亲更多地从生活上关心我们，提醒我们及时添衣减被，注意天气冷暖变化，多多保重身体，同时也会给我们讲些人情世故，让我们懂得礼尚往来，学会处理各种人际关系。父亲则更多地从我们的品行、修养、学习、交友、识人、做事等方面给予指导，可谓动情晓理、细心周到、无微不至、入耳入心。

（六）

1981年冬，我即将大学毕业，面临着是毕业参加分配工作，还是考研继续深造的选择。其时，父母一直节衣缩食，过着苦日子供我们兄妹三人读大学，家里已经开始借账，但他们却没有给我们透露任何拮据的信息，照样满足我买书、订刊的需求，所有的来信都是报喜不报忧。父亲鼓励我报考研究生，在他看来，尽管我的学习成绩在班上并不名列前茅，但我知识全面，文理不偏，心理素质好，长于临场发挥，完全可以和那些学习优秀的同学竞争。1982年1月24日，在这个雪霧的清晨,父亲专门给我填词一首《八声甘州·励青儿考研攻关》,激励我迎接挑战,争取考研成功。

对晨曦破晓雾寒天,
居赣凭栏远望,
寄语五凤楼,
与儿同游。
银粉泻沙丘。
小驹征程进,
励志如蜡梅,
不惧雪寒纠。
拳毛挺竖,
好男儿,
用功苦读,
彩照当头。
听任风吹雨打,
业成败,
背水战荆州,
切莫杞人忧。
胸有成竹在,
期来日,
功成志就,
预习深究。
扫尽残愁。

我没有让父亲母亲失望,那一年,我考取了硕士研究生,也是班上唯一当年就考上研究生的。父亲闻讯,喜出望外,马上又寄来一首祝贺之词《虞美人·贺青儿考研成功》。

珍惜青春用功早,
芳愿今初了。
登山正在半途中,
轻整行装还需苦用功。
崎岖道上人行少,
疾风知劲草。
神往『四化』永挥鞭,
热血一腔洒尽荐轩辕。

祝贺之余,父亲还不忘告诫我谦虚谨慎、再接再厉,勇攀新高峰。

1985年,我研究生毕业留校,暑假回长沙探亲,父亲听了我的学习、工作情况汇报,又认真通读了我自编的诗集《爱的交响》,等我回到学校后,遂给我寄来他新写就的一首自由诗《我读着你的诗篇》。这首诗不仅是父亲对我诗集写的点评，更是父母对自己孩子今后人生的叮嘱与期望。

我读着你的诗篇，
一双智慧的眼，
闪耀在我的眼前。
机敏，天真，
看到的都是细流涓涓。

我读着你的诗篇，
一颗纯洁的心，
跳跃在我的眼前。
朴实，单纯，
把世界看成阳光一片。

我爱你的诗篇，
更爱你未来的幸福，
像蜜一样甜。
勇敢，认真，
硕果一定丰圆。

我读着你的诗篇，
一张热诚的脸，
微笑在我的面前。
诚恳，稚气，
爱的火焰已经点燃。

我爱你的诗篇，
更爱你的事业，
能揭地掀天。
专注，勤奋，
理想一定能实现。

我爱你的诗篇，
更爱把你牢牢地，
拴在心间。
希望，幻灭，
就是我们的苦辣酸甜。

诗表人生，
人生是诗，
有沸腾的热血，
就有壮丽的诗篇。
它不一定写在纸上，
但却能在人间流传。

父亲的这首诗，尤其是最后一段诗句，不仅给我传授了写诗创作的最高境界，还给子女道出了人生追求的深刻哲理。我们兄妹三人都非常喜欢这首诗，今后我若出版个人诗集，一定要用父亲的这首诗作为序言。

（七）

良好的家庭教育也使得我们兄妹三人非常友爱、团结、互助。哥哥从小好动，崇尚武功，性格豪放，胆大敢为，同龄人一般都很敬畏他；他喜欢摔跤，因摔跤、冒险，身上到处都是伤痕。我性格比较文静，小时候身体非常瘦弱，体育成绩常常排在班上倒数几名。妹妹心地极为善良，为人老实，甚至有点懦弱。正是因为有了这么一个"厉害"的哥哥，我和妹妹小时候从来没挨过别人的欺负。

大学毕业后，哥哥为了分配到离我近一点的地方，以便更好地照顾我，一口气填了北京、天津、石家庄三个地方。谁知道，他在读的江西财经学院当年为财政部所属高校，他们又是第一届毕业生，就业时很抢手，填北京的同学最终都被分到北京了；现在好不容易有一个人竟然填石家庄，因而哥哥马上就被河北省农业银行抢走，并被二次分配到急缺师资的银行下属干部管理学校当老师。

我读研究生期间，经常去哥哥学校玩，学校地处石家庄远郊，就在滹沱河边，靠近正定县。下火车倒换到最后一站公共汽车，离学校还有十几里地，哥哥每次都是骑自行车早早在那等着接我，非常辛苦，很不容易。学校条件很差，但哥哥都会尽最大努力招待我，给我改善生活，让我带新衣物和零用钱回去。大学四年，由于家庭经济困难，我从没有过任何浪费钱的行为。读研究生后，一则自己已有46元助学金，二则哥哥经常接济我，我买了自行车，也穿起了皮鞋和西服，那时就感觉日子明显好过多了。

我17岁考上大学后，就一直远离父母，长到这么大，基本上没有对父母尽过什么孝,心里一直充满愧疚。为了照顾两老,哥哥和妹妹在父母年纪大后先后从河北和江西调回长沙工作,之后一直陪伴着他们,可谓尽心尽力尽情孝顺父母。我是三兄妹中学历、专业技术职务和行政职务最高的,被家族视为骄傲。父母和兄妹都希望我做一个好官,做一个清官,为此,他们解除了我的一切后顾之忧,从没让我为家里操过心,也从没让我利用职权做过为难的事。平时,父母、兄妹,还有嫂子、妹夫经常资助我,遇到难事,他们更是倾心倾情倾力相助。父母晚年,家里请了两个人专门帮助照顾,也都是哥哥和妹妹两家出的钱。

我想,我们三兄妹以及各自的配偶和家庭,之所以都那么友爱、团结、互助,与各自父母以身作则、率先垂范、言传身教不无关系。是父母给了我们这人世间最难能可贵的精神财富,让我们受用终身。

(八)

父亲还是一位大家公认的好丈夫。母亲中年后开始体弱多病,1980年生了一场大病后,开始行动不便,遂提前退休,之后需拄拐、坐轮椅方能行动。为了让母亲晚年能与长沙的三个姐妹团聚生活,同时也是为了更好地照顾母亲,在江西打拼了30年后,父亲在天命之年调回长沙,重新择业。他选择在一所职业技术大学任教,教书育人,当上了教研室主任,出版了《管理学》《管理心理学》等著作。退休后,他又组织原来的同行创办企业,用其所学服务社会,充裕家庭,扶贫济困,广施善举。

父亲当年在赣西901地质队工作时,有一年的一个下雪天,他从莲花县城欲乘长途汽车赶回队里,幸运地买到了最后一张车票。这时,排在他身后一位背着孩子的妇女央求他:"大哥,求求你帮忙把你的车票让给我好吗?我得赶紧赶回家,孩子太小,禁不起冻。"父亲犹豫了片刻,最后实在是不忍心让那位妇女失望,就把车票让给了她,自己在雪地里步行十几里地回到了队上。不久,有消息传来,那趟长途汽车开到山里后,由于雪后地滑,汽车不慎翻进了山沟,车上的人全部遇难。

这件事对我父亲震动极大,那天他如果没有把车票让给那位妇女,恐怕也难逃一劫。父亲无法接受自己的好心竟然让一对母子送了命的现实,他并不迷信,但最终只能这样来安慰自己:那对母子一定是上天派来救自己命的。这样想后,负疚的心灵也就得到了解脱。从此,父亲更加坚定了积德行善的信念,晚年更是用开办企业挣来的钱大行善举。他每年都出钱资助乡村的养老院,资助亲朋好友的孩子上大学,轮流请亲属国内旅游甚至"新马泰"游,后来把旅游的队伍扩大到了901地质队、195地质队和江西盐矿的老同事好朋友,甚至包括一些曾经与他不和的人。

年过古稀之后,父亲退出"江湖",开始博览群书,潜心研究人学,著书立说,先后出版有《活明白》《活好》等著作,撰写了《筑梦人生》等图书。他的思想和行动总是与时俱进,伴随着技术发展同步学会了上网,用计算机处理文本,发电子邮件,开博客,用微信,聊视频,观抖音,赏快手,一点不落后于时代,丝毫不逊于年轻人。

按妹妹的话说:"这就是我们的父亲——在外撑起一片天,在家营造一屋爱;做事业敢打敢拼,写诗词有情有义;年轻时出类拔萃,年至耄耋仍宝刀不老。"

父亲母亲一辈子相濡以沫、风雨同舟、患难与共,携手并肩已走过61个春秋。家有二老,是为珍宝。2018年清明小长假,我与妻子同回长沙,喜贺父亲母亲钻石婚庆,谨作小诗,以表孝心,以悦慈颜。

椿萱并茂钻石婚，
耄耋人生情愈浓。
相爱如诗写浪漫，
居家似宴展厨工。
黑煤白盐行湘赣，
贤男惠女育子孙。
高堂在上言行范，
百花争艳万树葱。

今细品父亲在自封的"慎独园"居所完成的封山之作《筑梦人生——一个地质勘探工作者的心路历程》，不禁心潮澎湃，遂填《江城子》词一首，以颂老爸并作为后记结尾。

老父聊发少年狂，
酒酣胸胆尚开张，
慎独园，
虽耄耋，
又何妨？
谱华章；
文如泉涌，
工商管学，
佳句随流淌。
行行争最强。
为抒情怀和春唱，
再借人生五百年，
境高远，
从头越，
意飞扬。
拓大疆。

 注:

本文是为家父苏畅斌的最后一部著作《筑梦人生——一个地质勘探工作者的心路历程》写的后记，作于2019年12月25日。2022年10月27日，家父因病不幸去世，谨收录此文以表深切怀念之情。

后　记

这是我的第五部科学人文随笔集,前四部的书名都是7个字,书名都取自书中所收录文章中某一篇的标题。这部书取名时原本也想沿用老套路,交出版社时为"撷朵浪花做书签",没想到本书策划编辑同时也是责任编辑的陈芳芳打破了惯例,改成了只有5个字的书名:"青"声说科普。

这让我有点意外,但仔细一琢磨,新书名很有趣:一方面点明这是一本与科普有关的图书,另一方面告诉读者这是"苏青"写的书,同时暗示,苏青写的文章如同与人谈话,娓娓道来,通俗易懂。改得确实很好,很有意味,值得点赞。从每一篇文章精选的导语、提示语,以及将一本书拆分成上、下两册,我能体会到责任编辑的良苦用心,以及为拙著所付出的辛勤汗水。因此,我首先要感谢这位充满才情和激情的优秀青年女编辑陈芳芳。

我因认识余登兵先生而与安徽科学技术出版社结缘,其时他任这个社的副总编辑,现已升任安徽时代出版发行有限公司总经理。正是经余先生引荐,我有幸认识了现任社长王筱文女士和总编辑王利女士。感谢这些领导的支持和信任,《"青"声说科普》得以在这家"全国新闻出版系统先进单位"出版。

这部图书的装帧设计也很有特色,素雅、时尚、魔幻,充满科技意味,我征求周围朋友的意见,大家都很喜欢。感谢美术编辑王艳女士的倾情设计。同时还要感谢责任校对王一帆先生，帮助把守拙著的文字质量关。另外还要感谢孟祥雨女士，她曾担任拙著责任编辑，虽然后来离职了，但同样为本书的出版付出了心血和智慧。

梁进老师是同济大学数学科学学院教授、博士生导师，她从一位知名金融数学家，换身为知名兼职科普作家，颇具传奇色彩。我和她交往的故事，梁进老师在《序》中已有介绍，我就不再赘言；这也从一个侧面说明，由她给拙著写序，实在是再恰当不过了。

陈颙院士是著名地球物理学家，学识渊深，性情豪爽，平易近人，我们是忘年之交。我在科技导报社和科学普及出版社工作时，曾得到他的大力支持和帮助，至今难以忘怀。汶川地震后第三天，陈颙院士就惠赐"卷首语"栏目文章"以地震科技工作者的眼光审视汶川大地震"，使《科技导报》"汶川地震特刊"陡增亮色和厚度。他为拙著撰写推荐语，令我感动不已。

著名古鸟类学家周忠和院士为人谦和，待人诚恳，他在兼任中国科普作家协会理事长期间，对科普创作极为重视、鼎力支持新人，充满人文情怀，开创了协会工作新局面。在他任内，我经中国科普作家协会推荐，加入了中国作家协会。周院士为拙著撰写推荐语，是对我最大的鼓励和鞭策。

担任中央电视台"百家讲坛"主讲人和"中国诗词大会"点评专家的才女教授杨雨，可谓家喻户晓。我和杨老师是老乡，因都喜爱读书、评书而相识，这样一位精于古诗词研究和评论的著名学者为拙著写推荐语，我备感欣喜、荣幸。

我和田松老师君子之交淡如水，虽然相识已有二十多年，但平时却很少谋面。请他写推荐语，这位东北好汉学者答应得十分爽快，交稿后还一再嘱咐，如不满意可以重写。交友如斯人，幸矣，足矣！

常言道，滴水之恩，当涌泉相报。我是一个典型的"理工男"，由喜爱写作成长为一名自诩的科普作家，除自身刻苦努力外，一路上还离不开众多贵人的点拨、指导和相助，无以为报，谨填《谢池春》词一首，以表感激之情、铭恩之意。

笔底流光，幸得众贤相助。念当初、迷津暗渡；无私提携，似春霖甘露。引前行、志坚如铸。

情恩浩浩，怎可忘于朝暮？待他时、同程再赴。并肩逐梦，把初心呵护。共扬鞭、探寻新路。

2025年4月15日写于北京卢沟桥畔

读者手记：

读者手记：

读者手记：